航天器操控技术丛书

载人登月转移轨道可达域分析与任务规划

Transfers Reachable Set Analysis and Programming of Manned Lunar Landing Mission

贺波勇 曹鹏飞 李海阳 著

国防工业出版社

·北京·

内 容 简 介

载人登月是人类实现星际航行的第一步，阿波罗（Apollo）工程代表了全人类的科技水平。21世纪，重返月球热潮带来了不同于Apollo工程的新飞行模式和月面更高纬度区域、更高要求等载人月球探测新问题。本书以目前看来工程实现性较好的两种飞行模式为研究背景，即近地一次环月两次交会支持的载人登月飞行模式和地月L2点空间站支持的载人登月飞行模式，开展相关转移轨道可达域分析和任务规划方法研究。

本书可作为从事载人航天任务分析与设计、月球及深空探测任务分析与设计、航天动力学与控制等专业方向的研究人员、工程技术人员以及高校师生的参考书籍。

图书在版编目（CIP）数据

载人登月转移轨道可达域分析与任务规划 / 贺波勇，曹鹏飞，李海阳著. —北京：国防工业出版社，2023.8
（航天器操控技术丛书）
ISBN 978-7-118-13024-9

Ⅰ. ①载… Ⅱ. ①贺… ②曹… ③李… Ⅲ. ①载人航天器－奔月轨道－研究 Ⅳ. ①V412.4

中国国家版本馆CIP数据核字（2023）第162667号

※

国防工业出版社出版发行
（北京市海淀区紫竹院南路23号　邮政编码 100048）
北京虎彩文化传播有限公司印刷
新华书店经销

*

开本 710×1000　1/16　印张 15¾　字数 298千字
2023年8月第1版第1次印刷　印数 1—1500册　定价 138.00元

（本书如有印装错误，我社负责调换）

国防书店：（010）88540777　　书店传真：（010）88540776
发行业务：（010）88540717　　发行传真：（010）88540762

丛书编写委员会

主　编：

李恒年（宇航动力学国家重点实验室）

副主编：

罗建军（航天飞行动力学技术国家级重点实验室）
高　扬（中国科学院空间应用工程与技术中心）
姜　宇（宇航动力学国家重点实验室）

委　员：

陈　刚（宇航动力学国家重点实验室）
曹鹏飞（北京航天飞行控制中心）
党朝辉（航天飞行动力学技术国家级重点实验室）
马卫华（航天飞行动力学技术国家级重点实验室）
贺波勇（宇航动力学国家重点实验室）
李海阳（国防科技大学）
刘建平（宇航动力学国家重点实验室）
李　勇（宇航动力学国家重点实验室）
沈红新（宇航动力学国家重点实验室）
王明明（航天飞行动力学技术国家级重点实验室）
张天骄（宇航动力学国家重点实验室）
朱　俊（宇航动力学国家重点实验室）
赵树强（宇航动力学国家重点实验室）

丛 书 序

探索浩瀚宇宙，发展航天事业，建设航天强国，是我们不懈追求的航天梦。近年来，中国航天迎来了一个又一个的惊喜和成就："天问一号"迈出了我国自主开展行星探测的第一步；"北斗三号"全球卫星导航系统成功建成；"嫦娥五号"探测器成功携带月球样品安全返回着陆；中国空间站天和核心舱发射成功，我国空间站进入全面运营阶段。这些重要突破和捷报，标志着我国探索太空的步伐越来越大、脚步将迈得更稳更远。

航天器操控技术作为航天科技的核心技术之一，在这些具有重要意义的事件中，无时无刻不发挥着它的作用。目前，我国已进入了航天事业高速发展的阶段，飞行任务和环境日益复杂，航天器操控技术的发展面临着前所未有的机遇与挑战。航天器操控技术包括星座控制、操控任务规划、空间机器人操控、碰撞规避、精密定轨等，相关技术是做好太空系统运行管理的基础。习近平总书记指出："要统筹实施国家太空系统运行管理，提高管理和使用效益""太空资产是国家战略资产，要管好用好，更要保护好"。这些重要指示，为我们进一步开展深入研究与应用工作提供了根本遵循。

航天器操控技术是做好太空交通管理，实现在轨操作、空间控制、交会控制等在轨操控航天任务的基础。随着航天工程的发展、先进推进系统的应用和复杂空间任务的开展，迫切需要发展航天器操控的新理论与新方法，提高航天器操控系统能力，提升我国卫星进入并占据"高边疆"的技术能力。航天器操控理论与技术的发展和控制科学与工程等学科的发展紧密结合，一方面航天器操控是控制理论重要研究背景和标志性应用领域之一，另一方面控制科学与工程学科取得的成果也推动了先进控制理论和方法的不断拓展。经过数十年的发展，中国航天已经步入世界航天大国的行列，航天器操控理论与技术已取得了长足进步，适时总结航天器操控技术的研究成果很有必要，因此我们组织编写《航天器操控技术丛书》。

丛书由西安卫星测控中心宇航动力学国家重点实验室牵头组织，航天飞行动力学技术国家级重点实验室、国防科技大学等多家单位参与编写，丛书整体分为4部分：动力学篇、识别篇、操控技术篇、规划篇；"动力学篇"部分介绍我国航天器操控动力学实践的最新进展，内容涵盖卫星编队动力学、星座动力学、高轨操控动力学等；"识别篇"部分介绍轨道确定和姿态识别领域的最新研究成果；"操控技术篇"部分介绍了星座构型控制技术、空间操控地面信息系统技术、站网资源调度技术、数字卫星技术等核心技术进展,"规划篇"部分介绍航天任务规划智能优化、可达域、空间机械臂运动规划、非合作目标交会规划、航天器协作博弈规划与控制等领域的研究成果。

总体来看,丛书以航天器轨道姿态动力学为基础,同时包含规划和控制等学科丰富的理论与方法,对我国航天器操控技术领域近年来的研究成果进行了系统总结。丛书内容丰富、系统规范,这些理论方法和应用技术能够有效支持复杂操控任务的实施。丛书所涉相关成果成功应用于我国"北斗"星座卫星、"神舟"系列飞船"风云""海洋""资源""遥感""天绘""天问""量子"等系列卫星以及"高分专项工程""探月工程"等多项重大航天工程的测控任务,有效保障了出舱活动、火星着陆、月面轨道交会对接等的顺利开展。

丛书各分册作者都是航天器操控领域的知名学者或者技术骨干,其中很多人还参加过多次卫星测控任务,近年来他们的研究拓展了航天器操控及相关领域的知识体系,部分研究成果具有很强的创新性。本套丛书里的研究内容填补了国内在该方向的研究空白,对我国的航天器操控研究和应用具有理论支持和工程参考价值,可供从事航天测控、航天操控智能化、航天器长期管理、太空交通管理的研究院所、高等院校和商业航天企业的专家学者参考。希望本套丛书的出版,能为我国航天事业贡献一点微薄的力量,这是我们"航天人"一直以来都愿意做的事,也是我们一直都会做的事。

丛书中部分分册获得了国防科技图书出版基金项目、航天领域首批重点支持的创新团队项目、国家自然科学基金重大项目、科技创新 2030–新一代人工智能重大项目、173 计划重点项目、部委级战略科技人才项目等支持。在丛书编写和出版过程中,丛书编委会得到国防工业出版社领导和编辑、西安卫星测控中心领导和专家的大力支持,在此一并致谢。

丛书编委会
2022 年 9 月

前言

本书是作者就读长沙国防科技大学期间部分学习工作内容的总结，是在21世纪国外航天大国重启载人登月计划时代背景下，参与载人登月论证和预先研究工作的阶段性成果。希望本书有助于青年才俊传承发扬，推陈出新，早日实现我国航天事业第三大里程碑，圆中华民族几千年的"嫦娥奔月"梦。

地月空间探测器除受地月引力分别作用外，太阳引力也不可忽略，轨道动力学表现出较强的非线性。若从庞加莱（Jules Henri Poincaré）证明三体问题不能定量获得解析解算起，以探月为目标，关于地月空间轨道动力学的研究已有130余年的历史。其间，无数伟大的天文学家、力学家与数学家积累了丰富的知识，本书仅以载人登月转移轨道月面可达域分析和两种典型飞行模式的任务规划为著作内容，以期更好地支持我国载人登月深化论证和关键技术的攻关。

作者团队长期从事载人航天和探月工程领域的论证、关键技术攻关研究和实际任务操作，近10年来得到多项载人航天工程项目、国家自然科学基金等课题支持，一直致力于突破载人登月任务分析与规划技术，并且成功开发了载人登月任务优化与系统仿真原型系统，为我国载人登月任务规划做出了积极贡献。

内容安排上，全书共9章。第1章介绍了载人登月工程历史和时代意义、新时代载人登月计划发展现状、载人登月飞行模式、转移轨道动力学模型基础和轨道设计与优化算法等。第2章介绍了载人登月转移轨道可达域研究背景、可达域相关轨道问题研究现状、可达域问题模型及计算基本思路、数值延拓分析策略及其优势等。第3章介绍了载人航天任务规划历史与发展、载人登月任务规划方法和月面驻留站任务规划初步策略等。第4~6章分别介绍了近地一次环月两次交会支持的载人登月飞行模式背景中，着陆器地月转移轨道可达域、载人飞船绕月自由返回轨道可达域和月地返回轨道可达域的分析方法、可达域受地月间时空环境变化特性及人工变轨改变可达域的速度增量需求。第7章介绍了L2点空间站至月球转移轨道可达域分析。第8章介绍了近地一次环月两次交会的载人登月任务规划。第9章介绍了L2点空间站支持的载人登月任务规划。

本书第7章和第9章内容主要由曹鹏飞攻读硕士期间的工作经历支撑，其余各章内容由贺波勇攻读博士期间的工作经历支撑，全书由贺波勇统稿，曹鹏飞和李海阳校对。

　　本书内容参考了美国 Apollo 工程诸多报告，在此感谢为人类唯一一次成功载人登月而奋斗的科学家和工程师。感谢国防科技大学郗晓宁教授、中国空间技术研究院杨维廉研究员、南京大学刘林教授在月球探测轨道动力学与设计方面的奠基性工作经验。感谢周建平院士、唐国金教授、张海联研究员、罗亚中教授和彭祺擘研究员多年来对作者的指导与帮助，感谢曹鹏飞工程师和李海阳教授对本书的鼎力支持和审校，最后感谢西安卫星测控中心李恒年研究员对本书的鼓励与支持。

　　正如前面所述，本书只是针对载人登月轨道设计中一部分内容展开的阶段性成果的介绍，书中难免存在疏漏和不妥之处，敬请读者斧正（heboyong@yeah.net）。

贺波勇
二〇二〇年孟春于西安

目录

第1章 绪论 / 001
1.1 载人登月 / 001
1.2 载人登月工程历史与现状 / 002
- 1.2.1 Apollo工程时代背景 / 002
- 1.2.2 21世纪国外载人登月计划 / 004
- 1.2.3 我国载人登月研究发展概况 / 005
- 1.2.4 载人登月的社会价值和科学意义 / 005

1.3 载人登月飞行模式研究概况 / 006
- 1.3.1 地面一次发射 / 007
- 1.3.2 近地停泊轨道交会组装 / 007
- 1.3.3 环月停泊轨道交会组装 / 008
- 1.3.4 近地停泊轨道+环月停泊轨道交会组装 / 009
- 1.3.5 地月L2点（拟）周期轨道交会组装 / 009
- 1.3.6 其他载人登月飞行模式 / 011
- 1.3.7 载人登月飞行模式特点分析 / 012

1.4 转移轨道动力学模型基础 / 013
- 1.4.1 时间与坐标系统 / 013
- 1.4.2 高精度轨道动力学模型 / 015
- 1.4.3 传统双二体拼接模型 / 016
- 1.4.4 圆型限制性三体模型 / 018
- 1.4.5 伪状态模型 / 027

1.5 轨道设计与优化算法 / 029
- 1.5.1 轨道设计与优化的一般描述 / 029
- 1.5.2 轨道优化的经典方法论 / 029
- 1.5.3 数值优化算法 / 031
- 1.5.4 轨道优化的一些新算法 / 034

1.6 小结 /034
参考文献 /034

第2章 载人登月转移轨道可达域问题与求解策略 /040

2.1 引言 /040
2.2 载人登月转移轨道可达域研究背景 /041
 2.2.1 全月面到达 /041
 2.2.2 任意时刻返回 /042
 2.2.3 定点返回地球 /043
2.3 可达域相关轨道问题研究现状 /043
 2.3.1 一般地月转移轨道 /044
 2.3.2 绕月自由返回轨道 /045
 2.3.3 月地返回轨道 /046
 2.3.4 地月 L2 点低能转移轨道 /047
 2.3.5 地月 L2 点快速转移轨道 /048
 2.3.6 地月 L2 点至月球转移轨道 /048
2.4 可达域问题模型 /049
 2.4.1 可达域问题数学描述 /049
 2.4.2 可达域计算基本思路 /050
 2.4.3 线性化方法验证算例 /051
2.5 可达域数值延拓分析策略 /058
 2.5.1 数值延拓理论 /058
 2.5.2 数值延拓理论验证算例 /060
 2.5.3 基于数值延拓理论的可达域分析策略 /071
2.6 小结 /073
参考文献 /073

第3章 载人登月任务规划技术概况 /083

3.1 引言 /083
3.2 载人航天任务规划层次划分 /084
 3.2.1 战略目标牵引规划 /085
 3.2.2 总体任务周期规划 /088
 3.2.3 任务场景设置规划 /091
 3.2.4 工程实施执行规划 /094
3.3 载人登月任务场景与实施执行规划 /100

　　　　3.3.1　任务场景设置地面预先规划　　　　　　　　　/ 101
　　　　3.3.2　月面驻留站任务规划　　　　　　　　　　　/ 103
　　3.4　小结　　　　　　　　　　　　　　　　　　　　　/ 104
　　参考文献　　　　　　　　　　　　　　　　　　　　　　/ 104

第4章　着陆器地月转移轨道可达域分析　　　　　　　　　/ 108

　　4.1　引言　　　　　　　　　　　　　　　　　　　　　/ 108
　　4.2　着陆器地月转移轨道可达域问题　　　　　　　　　/ 108
　　　　4.2.1　着陆器地月转移轨道描述　　　　　　　　　/ 108
　　　　4.2.2　可达域问题数学描述　　　　　　　　　　　/ 109
　　　　4.2.3　着陆器地月转移轨道精确可达域求解策略　　/ 110
　　4.3　逆向双二体拼接模型可达域计算　　　　　　　　　/ 111
　　　　4.3.1　逆向双二体拼接模型　　　　　　　　　　　/ 111
　　　　4.3.2　可达域遍历搜索　　　　　　　　　　　　　/ 115
　　　　4.3.3　算例分析　　　　　　　　　　　　　　　　/ 116
　　4.4　精确可达域数值延拓优化计算　　　　　　　　　　/ 118
　　　　4.4.1　高精度模型轨道设计优化　　　　　　　　　/ 119
　　　　4.4.2　精确可达域数值延拓计算　　　　　　　　　/ 122
　　4.5　着陆器地月转移轨道可达域影响因素分析　　　　　/ 124
　　　　4.5.1　地月距影响分析　　　　　　　　　　　　　/ 124
　　　　4.5.2　地月转移飞行时长影响分析　　　　　　　　/ 125
　　　　4.5.3　月球赤纬影响分析　　　　　　　　　　　　/ 126
　　4.6　小结　　　　　　　　　　　　　　　　　　　　　/ 127
　　参考文献　　　　　　　　　　　　　　　　　　　　　　/ 128

第5章　载人飞船地月转移轨道可达域分析　　　　　　　　/ 129

　　5.1　引言　　　　　　　　　　　　　　　　　　　　　/ 129
　　5.2　载人飞船绕月自由返回轨道可达域问题　　　　　　/ 129
　　　　5.2.1　绕月自由返回轨道描述　　　　　　　　　　/ 129
　　　　5.2.2　可达域问题数学描述　　　　　　　　　　　/ 131
　　　　5.2.3　绕月自由返回轨道精确可达域求解策略　　　/ 131
　　5.3　四段二体拼接模型绕月自由返回轨道可达域计算　　/ 133
　　　　5.3.1　四段二体拼接模型　　　　　　　　　　　　/ 133
　　　　5.3.2　可达域遍历搜索　　　　　　　　　　　　　/ 135
　　　　5.3.3　算例分析　　　　　　　　　　　　　　　　/ 137

5.4 精确可达域数值延拓优化计算 /139
    5.4.1 高精度绕月自由返回轨道优化设计 /140
    5.4.2 精确可达域数值延拓计算 /143
5.5 绕月自由返回轨道可达域影响因素分析 /145
    5.5.1 地月距影响分析 /145
    5.5.2 近月点高度影响分析 /146
    5.5.3 月球赤纬影响分析 /147
5.6 绕月自由返回轨道月面可达域扩展变轨 /148
    5.6.1 混合轨道单脉冲变轨 /148
    5.6.2 月心椭圆轨道三脉冲变轨 /150
5.7 小结 /155
参考文献 /156

第6章 载人飞船月地返回轨道可达域分析 /158

6.1 引言 /158
6.2 载人飞船月地返回轨道可达域问题 /158
    6.2.1 载人飞船月地返回轨道描述 /158
    6.2.2 可达域问题数学描述 /159
    6.2.3 月地返回轨道精确可达域求解策略 /160
6.3 改进双二体拼接模型月地返回轨道可达域计算 /161
    6.3.1 改进双二体拼接模型 /161
    6.3.2 可达域遍历搜索 /161
    6.3.3 算例分析 /162
6.4 精确可达域数值延拓优化计算 /165
    6.4.1 高精度月地返回轨道优化设计 /165
    6.4.2 精确可达域数值延拓计算 /168
6.5 月地返回轨道可达域影响因素分析 /170
    6.5.1 地月距影响分析 /170
    6.5.2 月地返回飞行时长影响分析 /172
    6.5.3 月球赤纬影响分析 /172
6.6 月地返回轨道可达域扩展变轨 /174
    6.6.1 任意时刻从 LLO 应急返回 /174
    6.6.2 中途单脉冲变轨调整飞行时长 /177
6.7 小结 /179
参考文献 /180

第 7 章　L2 点空间站至月球转移轨道可达域分析　　/ 182

  7.1　引言　　/ 182
  7.2　L2 点空间站至月球转移轨道可达域问题　　/ 182
    7.2.1　L2 点空间站至月球转移轨道描述　　/ 182
    7.2.2　可达域问题数学描述　　/ 183
    7.2.3　L2 点空间站至月球转移轨道精确可达域
      求解策略　　/ 184
  7.3　L2 点空间站至月球转移轨道设计与特性分析　　/ 186
    7.3.1　转移轨道设计模型　　/ 186
    7.3.2　算例分析　　/ 187
    7.3.3　转移轨道特性分析　　/ 187
  7.4　L2 点空间站至月球转移轨道可达域计算与特性分析　　/ 190
    7.4.1　可达域计算模型　　/ 190
    7.4.2　可达域特性分析　　/ 193
  7.5　小结　　/ 196
  参考文献　　/ 197

第 8 章　近地一次环月两次交会的载人登月任务规划　　/ 198

  8.1　引言　　/ 198
  8.2　飞行轨道窗口总体规划　　/ 198
    8.2.1　飞行方案规划问题描述及主要约束条件　　/ 198
    8.2.2　飞行方案总体规划策略　　/ 202
  8.3　主要阶段轨道窗口规划方法　　/ 203
    8.3.1　环月目标轨道窗口规划方法　　/ 204
    8.3.2　月地定点返回轨道窗口规划方法　　/ 206
    8.3.3　绕月自由返回轨道窗口规划方法　　/ 209
    8.3.4　着陆器地月转移轨道窗口规划方法　　/ 210
  8.4　飞行方案规划软件　　/ 214
  8.5　小结　　/ 219
  参考文献　　/ 219

第 9 章　L2 点空间站支持的载人登月任务规划　　/ 221

  9.1　引言　　/ 221
  9.2　空间站支持的飞行轨道窗口规划　　/ 221
    9.2.1　L2 点空间站支持的飞行规划问题描述　　/ 221

    9.2.2 主要约束条件 / 222
    9.2.3 空间站支持的飞行任务总体规划策略 / 223
 9.3 主要阶段轨道窗口规划方法 / 223
    9.3.1 空间站货运补给轨道窗口规划方法 / 223
    9.3.2 空间站人员运输轨道窗口规划方法 / 230
    9.3.3 空间站至月球转移轨道窗口规划方法 / 237
9.4 小结 / 237
参考文献 / 237

第1章 绪 论

1.1 载人登月

在源远流长的人类文明中流传着许许多多与月球相关的故事,引发了人们几千年来连续不断的探月计划。从《山海经·大荒西经》中"帝俊妻常羲,生月十有二,此始浴之"到"嫦娥工程"[1];从古希腊神话中月亮女神 Artemis 和海王 Poseidon 儿子 Orion 凄美的爱情故事到"Apollo 工程"[2];从 Jules Verne 的科幻小说《*Del Terre à La Lune*》到欧洲航天局(European Space Agency,ESA)的"空间探索计划 Aurora"[3];从齐奥尔科夫斯基(Konstantin Eduardovich Tsiolkovsky)的墓志铭"地球是人类的摇篮,但人类不会永远躺在这个摇篮里,而会不断探索新的天地和空间:人类首先将小心翼翼地穿出大气层,然后再去征服太阳系空间!"到苏联的"N1-L3 计划"[4];从《竹取物语》中大筒木辉夜的神话到 Kagyupa 号月球探测器发现月球熔岩管[5-8];从齐普卡族印度人齐娅引发史前"大洪水"的神话到 Chandrayaan 1 号月球探测器发现 500m×100m 完整熔岩管段[9]等。月球是地球唯一的天然卫星,是人类实现星际航行宏愿的最佳首选目标,是空间移民不可逾越的目的地。近年来,月球极地水冰、冻土微生物及熔岩管道的发现,更加激发了人类对月球科学探测研究的热情。

载人登月飞行模式是载人登月工程实施必须解决的首要问题。载人登月飞行模式是指飞行器根据载人登月任务需要分为不同舱段完成不同的变轨任务,以降低整个飞行器质量规模,同时依据运载火箭能力发射多个舱段在空间某个位置或轨道进行交会组装的方式,以降低重型运载火箭运载能力。飞行模式的选择决定了载人登月飞行器质量规模、重型运载火箭能力、任务整体可靠性、工程总体研制进度和具体实施风险等[10]。

对于月球和行星探测任务而言,转移轨道是指飞行器往返于地球与目标天体探测区域的飞行轨迹。这种转移轨道往往穿越多个引力体产生的空间力场,飞行时间长,动力学模型具有时变系数、强非线性等特点,而不同阶段的主要作用力和摄动力角色变换多样[11],导致转移轨道可达域、发射窗口和飞行器轨道机动能力成为决定工程任务能否成功实施的前提和必要的研究工作[12]。载人登月转移轨道穿越地球和月球两个中心引力场，转移中间段还受到太阳长时间摄动，比较贴合真实空间力场的最简单动力学模型是限制性四体问题模型[13-14]，然而目前，存在解析解的动力学模型仅限于二体问题模型[15]。精确的转移轨道动力学模型是具体任务成功实施的基石。

要将航天员和月面科学考察设备从地面发射到月球需将载人飞船从零速度加速至第二宇宙速度，然后月球捕获制动、月面动力下降制动、月面动力上升制动、航天员所在的上升器与返回地球的推进舱交会对接、返回地球转移的入射制动，以及各个飞行阶段的轨道中途修正和飞行器姿态调整所需消耗的燃料是载人登月任务客观存在的运载难题[16]。除了优化设计飞行模式外，对载人登月任务各个阶段的转移轨道进行优化设计，在任务标称方案规划时进一步减小不必要的飞行时长和变轨速度燃耗是降低任务成本的有效手段。从任务中止返回地球的应急能力角度讲，飞行器富余的变轨燃料也是提升应急能力不可或缺的备份，如 Apollo-13 任务应急返回地球时，依靠富余变轨燃耗减少返回地球飞行时长 9 h，解决了航天员应急条件下生命保障物资不足的困境[17]。

本章主要介绍载人登月工程历史与现状、载人登月飞行模式研究概况、转移轨道动力学模型基础、轨道设计与优化算法等。

1.2 载人登月工程历史与现状

1.2.1 Apollo 工程时代背景

1. 原子弹引出撞月探测器

1945 年 7 月 16 日，世界上第一颗原子弹在美国新墨西哥州阿拉莫尔空军基地的沙漠地区爆炸成功，紧接着在波茨坦会议上，美国时任总统杜鲁门（Harry·S.Truman）借机炫耀了原子弹实验成功事件。这一事件让苏联领导人斯大林（Иосиф Виссарионович Сталин）敏锐地意识到，第二次世界大战结束后，高新技术和军事工业将必然成为东西方两个大国争抢世界霸主的竞技场，更是彰显各自社会制度优越性，争取盟国的制胜法宝。1949 年，苏联成功爆炸首颗原子弹，1952 年，美国成功爆炸第一颗氢弹，随后仅仅 10 个月，苏联的首颗氢弹爆炸成功。从此，苏美两国陷入军备竞赛局面[18]。

苏联由于在战略轰炸机方面存在劣势，无法远程投放核武器，大约在 1953 年艾森豪威尔（Dwight David Eisenhower）当选美国总统之前，苏联就开始秘密地研制大型液体运载火箭。艾森豪威尔当选总统后，美国也加速了大型液体运载火箭研究工作，从而为航天器发射及载人登月计划提供了技术基础。1957 年 10 月 4 日，苏联成功发射了人类第一颗人造地球卫星，与苏联官方的低调行为不同，英国广播公司（BBC）和美国《纽约时报》大肆报道了这一事件，并渲染了航天力量在国家战略上的重要性。共和党人艾森豪威尔面临着来自民主党议员、国内民众及同盟国等空前的政治压力，及时调整国家战略，1958 年成功发射了美国第一颗卫星，质量轻于苏联卫星。

1959 年 9 月 14 日，苏联发射了 Luna-2 号探测器，携带着苏联勋章，成功撞击月球表面，成为人类首个到达月球的探测器。赫鲁晓夫（Nikita Khrushchev）访美时将一枚苏联勋章送给艾森豪威尔[16]。

2. 从水星计划到 Apollo 工程

1956 年，苏联着手载人航天的准备工作，但因一贯行事低调和密不透风的保密工作，导致美国 1958 年 10 月才高调宣布代号为"Mercury"的载人近地飞行计划——"水星计划"（Mercury Project）。

1961 年 4 月 12 日，苏联航天员尤里·阿列克谢耶维奇·加加林（Yuri Alekseyevich Gagarin）乘坐"东方 1 号"（Восток-1）飞船在近地轨道成功飞行，实现了人类首次到达太空的宏愿。23 天后，美国航天员谢泼德（Alan Shepard）乘坐"自由 7 号"（Freedom-7）飞船进入地球亚轨道。赫鲁晓夫曾以傲慢的语气宣称："这是资本主义国家追赶我们的时候了！"[19]。苏联对外大肆宣传加加林地外飞行，以证明社会主义制度优越性和苏联科技水平的超级领先地位。

1959 年 4 月，美国国家航空航天局（National Aeronautics and Space Administration，NASA）第一任局长 Grenan 召集 Von Braun、Flacara Faget 等专家商讨未来战略规划。会上，Flacara Faget 首次提出了开展载人登月的设想[16]。同年 5 月，载人航天飞行指挥委员会制定了详细的美国未来载人航天计划报告，开展"土星 5 号"（Saturn-V）系列超重型运载火箭研制工作，并计划于 1970 年前后实现载人登月[19]。该报告于 1960 年初上交国会，由于存在 260～380 亿美元巨额预算，时任总统科学顾问的 Gillian 并不支持该计划[20]。1961 年 1 月，艾森豪威尔卸任，民主党人肯尼迪（John Kennedy）当选总统，同年 5 月 25 日，国会通过代号为"Apollo Project"的载人登月工程。

3. N1-L3 计划失败与 Apollo 成功

1959 年底，苏联在探月计划上还有优势，然而之后的两年，特别是 1961 年美国公布 Apollo 工程，并没有引起苏联过多反应。苏联将战略重心放在研制能够发射军事卫星、气象卫星等空间探测器上。赫鲁晓夫把有效的政府财力放在糟糕的农业、工业和社会保障上，尽管科罗廖夫（Сергей·Павлович·Коропёв）一再争取，赫鲁晓夫并未理会。1962 年 10 月，"古巴导弹危机"爆发，苏联更是将力量集中在核武器军备竞赛上，加上农业方面的旱灾，致使对载人登月计划重视不够、资金投入不足。最终因为 N1 火箭 4 次发射失败，导致 N1-L3 计划宣布失败[21]。

Apollo 计划开始于 1961 年 5 月，1969 年 7 月 16 日 Apollo-11 发射成功，20 日

阿姆斯特朗（Neil Armstrong）迈出了人类登上月球的第一步——"That's one small step for man, one giant leap for mankind!"[22]。1972年12月Apollo-17任务成功，美国相继发射7艘载人登月飞船到达月面[23]，除去Apollo-13任务中止失败[24]，其余6次都成功。Apollo工程是目前人类历史上唯一一次成功完成的载人登月任务，代表着人类航天技术和星际飞行的辉煌成就。

1.2.2　21世纪国外载人登月计划

1. 美国

Apollo-17后，世界进入载人登月静谧期。20世纪80年代初，美国曾提出"自由"号空间站的建造计划，并对其具体方案做出了详细论证。同时，作为对空间站的一项应用，美国提出了基于"自由"号空间站组装的载人登月方案，并对任务规模、支持载人登月的空间站需求、飞行器方案等做出了详细论证。但最后由于经费问题，美国转向与俄罗斯合作建造国际空间站，相应的登月计划并没有得到实施[25]。

直到2004年1月，美国时任总统布什（George Walker Bush）宣布"太空探索新远景计划（The vision for space exploration）"，该报告中阐述了一系列载人空间探测计划[26]。布什还于2005年公布了强调重返月球的"星座计划（Constellation Program）"[27-32]。该计划明确将"全月面到达（global access）"和"任意时刻返回（any-time return）"作为21世纪载人登月计划的使命目标，推荐"人货分离"的奔月飞行方案，提倡载人飞船采用绕月自由返回轨道奔月，并应具备定点返回和应急返回地球能力。

由于重返月球计划财政预算太大，2010年2月1日，美国时任总统奥巴马（Barack Hussein Obama）取消了该计划[33-34]。虽然美国重返月球计划暂时搁浅[35]，但是引发了欧空局、日本、俄罗斯、印度等航天大国或组织开展载人登月预先研究的热潮[36-42]。

2017年10月，美国副总统迈克·彭斯（Mike Pence）在重组后的国家太空委员会（National Space Council）首次会议上，高调宣布美国将重启载人登月计划："We will return American astronauts to the moon, not only to leave behind footprints and flags, but to build the foundation we need to send Americans to Mars and beyond."[43]。

2. 俄罗斯

2007年，俄罗斯联邦航天局（RKA）公布了国家2040年前载人航天发展规划，其中包括载人登月和载人探索火星等发展目标，初步规划2025年实现载人登月，2032年建立月球基地[40]。近年来，俄罗斯对航天的投入明显加大，目前正在开发用于空间站和载人登月任务的新一代载人航天运输系统（PPTS），包括新型载人飞船、新型货运飞船、新型运载火箭，并已着手建设东方港航天中心，于2018年实施首次载人发射。2011 年 4 月，普京发表讲话，表示将加快新一代载人航天运输系统计划的实施，支持2030年建立月球基地[35]。

3．欧空局

2003 年 9 月 23 日，欧空局（European Space Agency，ESA）把第一个月球探测器 SMART-1 送入太空，拉开了欧洲探月的序幕。2004 年，ESA 公布了 Aurora 空间探索计划[44]，提出 2035 年前无人空间探测与载人空间探测的方案设想，最终目标是参与国际合作，将欧洲航天员送往火星，而其间首要步骤就是实现载人月球探测[40]。

4．日本

2009 年 6 月，日本在《航天基本计划——用日本的智慧撼动宇宙》中提出，2020 年前后实现机器人探月，并论证了开展载人登月的意义、目标及所需资金。美国调整"星座计划"后，日本宣布暂不制定自主载人登月计划，载人登月将以寻求国际合作为主。2010 年 11 月，JAXA 公布了月球探索路线图，提出 2020 年建立机器人月球基地，2030 年参与国际载人月球探索活动[39]。

5．印度

印度在其"国家发展十一五（2007—2012 年）计划"中提出未来将进行载人航天飞行，2008 年组建了航天员中心，计划在 2012 年完成航天员选拔。印度空间研究组织（ISRO）于 2016 年首次将 2 名航天员送入近地轨道，并规划载人月球和火星探测计划，于 2020 年左右实现航天员登月，但并没有如期实现[45]。

1.2.3　我国载人登月研究发展概况

2007 年 1 月 27 日，由中国科学院空间科学与应用研究中心牵头，中国航天局、国家气象局、中国科学院、航天集团公司、高等院校等多家单位参与的，主题为"载人登月科学问题"专题学术讨论会在北京香山饭店召开[46]。此次会议的成功举行标志着中国载人登月由梦想向研究计划的切实转变，具有里程碑式的意义。

2016 年，中国载人航天工程副总指挥张育林发表了题为《载人探索月球是中国载人航天发展的现实选择》的讲话[47]。同年 8 月，主题为"立足地月空间技术创新，推动载人航天持续发展"的第四届载人航天学术大会在哈尔滨工业大学召开，促进了载人登月基础技术的交流[48]。

1.2.4　载人登月的社会价值和科学意义

Apollo 工程共有 12 名航天员登上月球，采集月壤和岩石样品共 381.7kg。在生物学、天文学、天体物理等方面完成约 270 项试验，衍生了航空航天、军事工业、通信技术、材料科学、医学卫生、计算机等1000多项应用技术成果,相关技术的推广和再开发,形成了一大批高科技工业群体,带动了传统产业的升级改造,促进了很多新兴产业的出现,进而为形成高度发达的现代化工业奠定了坚实的基础,产生了惠及后续至少50年的显著经济效益,促进了人才培养和国家凝聚力的提升[49-51]。Apollo工程是载人航天领域迄今为止的最高峰,它作为当今世界高科技领域极具显示度和影响力的重大科技探索活动,具有重要的社会价值和科学意义。①对比苏联在竞赛中的失败,在一定程度上可以说,Apollo工程助力了第二次世界大战后世界格局变化中美国国家威望和超级大国地位,凝聚和培养一大批结构合理、素质过硬的高层次人才,极大地激励了他们的开拓、奉献和创新精神,激发了他们的创造力。②月球是离地球最近的研究太阳系起源和未知世界的星球,它和地球一样形成于46亿年前,但月球的"地质时钟"停滞在31亿年前,至今没有发生过显著的火山活动和构造运动,仍保留了早期形成时的历史状况。月球不但蕴藏着地球、太阳系以及整个宇宙起源、演化的无穷秘密,它具有的高真空、低重力、强辐射、弱磁场为科学研究提供了独一无二的实验场所,是人类向深空进发的第一站。③航天产业技术含量高、产业链条长、产业辐射性强,对许多行业领域发展具有带动作用,因而为经济繁荣注入持久动力。载人航天,特别是载人登月的工程融合众多学科和高新技术,解决了人类在极端环境和高风险条件下的生存、工作等问题,体现了对航天产业的最高要求。载人登月将促进数据传输与通信、光通信、高性能计算机、电子技术、自动控制与导航、人工智能、遥科学、自动化加工、新型智能材料、生物工程、医药与医学、深空测控、大推力运载火箭等一系列高新技术的快速发展,使人类在高科技领域实现群体性突破,从而带动生产力水平的提高。同时,载人登月工程的实施将提高机械制造、产品加工、材料制备、计算机科学等工业基础水平,带动传统产业的升级改造,促进新兴产业的涌现,对科学技术向产业化的转化起到积极的促进作用,进而为形成高度发达的现代化工业奠定坚实的基础,并引导国民经济向更高的水平发展。

与Apollo工程不同的是,21世纪载人登月计划关于月球水冰等资源科学探测与开发的主题更明确[52-56]。各航天大国或组织已深刻总结Apollo工程对科技进步和国民工业经济发展的强大刺激作用[57-58],都在加大投资力度,美国更是鼓励商业力量进入该领域[59-60],引起了世界其他国家关于地外空间及其他资源开发等法律问题的一次大讨论[61]。在月球资源开发问题上,李海阳等[62]展望了月球商业开发带来的月球经济新机遇,并基于原位资源利用思想,率先提出了月痕资源商业开发的新体系。

1.3 载人登月飞行模式研究概况

载人登月飞行模式选择是载人登月工程任务实施前期,总体研究和综合论证的重点工作。合理的飞行模式可以降低工程研发难度、缩短工期、提高任务可靠性,并节约经费。本节按照地月转移过程中飞行器模块是否交会组装、交会组装所在轨道将现阶段比较成熟的载人登月飞行模式分为 5 类,即地面一次发射、近地停泊轨道(low earth orbit,LEO)交会组装、环月停泊轨道(low lunar orbit,LLO)交会组装、LEO + LLO 均交会组装和地月 L2 点(拟)周期轨道交会组装[10,63-64]。

1.3.1 地面一次发射

实际上,NASA 在 1959 年前就开始载人登月飞行模式论证研究工作,研究表明,单一飞行器无法完成载人登月全部飞行任务,必须采用月面起飞后环月交会组装形式[16,65]。因此,月面直接返回的方式不可取,Apollo 工程鉴于"Saturn-V"火箭运载能力,最终选择地面一次发射,地月转移过程不实施交会组装的地面一次发射方案。该飞行模式中,着陆器(lunar module,LM)只在月面上升后与环月指挥服务器(command and service module,CSM)在 LLO 上交会对接 1 次。Apollo 工程否定了 LEO 上交会对接 1 次的方案,因为该方案需要发射两枚"Saturn-V"火箭,技术风险更大[65]。地面一次发射飞行模式如图 1-1 所示。

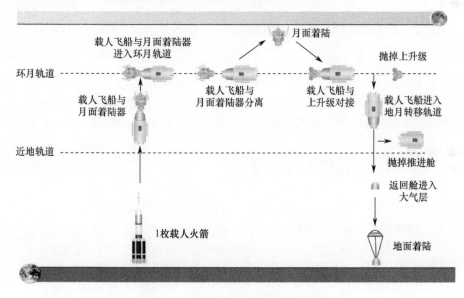

图 1-1 地面一次发射飞行模式示意图

1.3.2 近地停泊轨道交会组装

LEO 交会组装模式的优势在于 LEO 上交会对接技术成熟、发射窗口宽,美国"星座计划"就建议采取该方案[27]。该飞行模式如图 1-2 所示,地面发射时采用"人货分离"方案,需要单独发射一枚载人火箭,提高了发射阶段航天员生命安全保障。但代价是 LEO 上交会对接燃料消耗大于 LLO 上交会对接燃料消耗[66-67]。

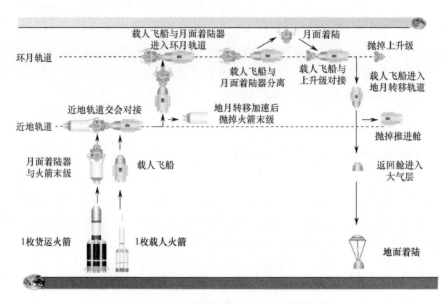

图 1-2　LEO 交会组装一次飞行模式示意图

1.3.3　环月停泊轨道交会组装

LLO 交会组装模式吸取 Apollo-13 任务航天员险些丧生教训[68]，采用地面多次发射，人货分离地月转移，在 LLO 轨道上交会对接组装，航天员进入着陆器，进行月面动力下降，完成月面科考后，航天员乘坐着陆器上升级进行月面动力上升，与轨道器在 LLO 轨道上再次交会对接[69]，飞行模式如图 1-3 所示。

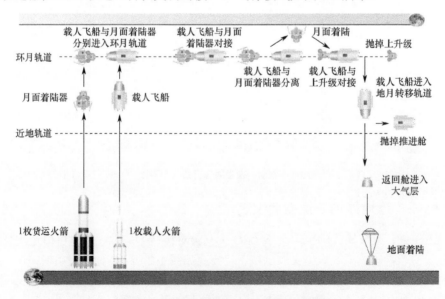

图 1-3　LLO 交会组装一次飞行模式示意图

LLO 交会组装方案的优势除人货分离地月转移可以增加航天员生命安全保障外，还有 LLO 轨道上交会对接燃料消耗小于 LEO 上交会对接燃料消耗；劣势在于多个飞行器奔月窗口耦合，任务综合窗口少，任务持续时间长[70]，在不理想的环月目标轨道（lunar destination orbit，LDO）情况下，地面发射间隔时间长[71]。

1.3.4 近地停泊轨道+环月停泊轨道交会组装

2004 年，ESA 在 Aurora 计划中提出 LEO+LLO 交会组装模式[72]。理论上该飞行模式可以根据飞行器模块分别在 LEO 和 LLO 上交会组装次数（0，1，2，…，N）衍生出无穷种方案，但由于发射和交会组装次数增多无疑导致任务整体可靠性降低，持续时间增长，飞行轨道与窗口规划难度急剧增加。反之，交会对接次数的降低必然要求运载火箭能力的提升。LEO + LLO 一次交会组装飞行模式如图 1-4 所示。

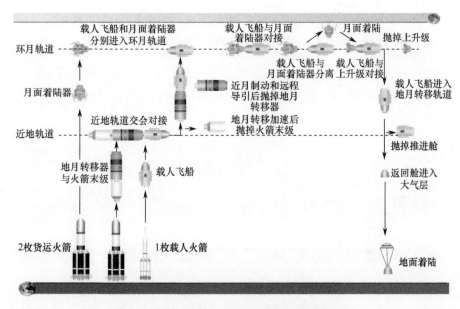

图 1-4　LEO+LLO 一次交会组装飞行模式示意图

1.3.5 地月 L2 点（拟）周期轨道交会组装

地月 L2 点是指地月三体问题 5 个平动点中的共线平动点之一，位于地月连线延长线上，该点附近（拟）周期轨道无中心引力体，需要飞行器机动维持保持。地月 L2 点附近（拟）周期轨道组装模式可以解耦月面着陆器和载人飞船发射窗口，降低任务规划难度，且容易扩大月面覆盖范围。Hopkins 等[73]在 2013 年北京第 64 届国际宇航联合大会（64th International Astronautical Congress）上推荐该飞行模式。实际上，早在 1967 年，Farquhar 等[74]就提出了在地月 L2 点附近 Halo 轨道放置一颗中继卫星，支持 Apollo 工程背面探测任务。"嫦娥"二号拓展任务设计了从 LLO 逃逸到达日地 L2 点的转移轨道[75]，激发了国内学者研究真实空间环境中平动点附近轨道的热情[76-84]。2016 年，曹鹏飞等[79]针对地月 L2 点 Halo 轨道支持登月的轨道优化设计问题开展了初步研究。特别是 2018 年，我国"嫦娥"四号中继星成功部署在地月 L2 点，体现了地月 L2 点（拟）周期轨道空间站在月球探测方面具有的优势，包括与月面站有更长的通信时长、与地球通信无遮挡、兼顾月球背面通信和运营方式相对自主等。如图 1-5 所示，地月 L2 点（拟）周期轨道空间站支持的载人登月任务规划，共包括 4 项基本任务，分别是从地球出发到达空间站货物运输任务、地球与空间站之间的人员往返运输任务、空间站与月球之间的人员往返运输任务和从月球出发直接返回地球的人员运输任务。

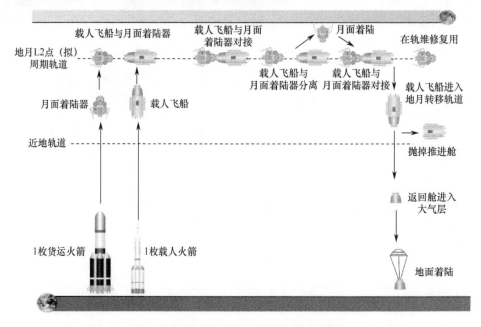

图 1-5　地月 L2 点 Halo 轨道交会组装示意图

基于地月 L2 点空间站组装的载人登月方案具有发射窗口范围广、易扩大月面覆盖范围、解耦奔月与捕获任务窗口、定着陆场返回等优势。特别地，地月 L2 点空间站还兼顾月球背面通信、深空中转站等功能。但该方案也存在人员运输成本高、应急返回能力弱和可靠性低等劣势。这里需要提到的是，近年来美国 NASA 提出的深空之门（deep space gateway，DSG）现改名为月球轨道门户（lunar orbital platform-gateway，LOP-G）[80-82]，设想采用拟垂直 Halo 轨道方案（near-rectilinear halo orbit，NRHO）[83-84]）开发地月空间玻璃舱商业观光旅游业务和载人登月探测。如图 1-6 所示，NRHO 需在远月点进行轨道控制，年均速度增量小于 15 m/s，但需要大约 7 天控制一次[84]，可以认为地月 L2 点 Halo 轨道延拓出的月心垂直椭圆轨道。

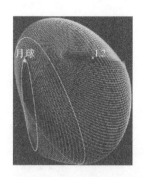

图1-6 地月 L2 点 Halo 轨道演化至 NRHO 轨道[83]

1.3.6 其他载人登月飞行模式

除了上述比较成熟的几种载人登月飞行模式外，近几年，学者也研究了一些新型载人登月飞行模式。

1. 地月 L1 点（拟）周期轨道交会组装

与地月 L2 点（拟）周期轨道交会组装飞行模式一样，地月 L1 点（拟）周期轨道交会组装飞行模式也是 ESA 于 2004 年在 Aurora 计划中提出的[44]。2008 年，Ydi 等[85]论述了地月 L1 点（拟）周期轨道组装方案的诸多优点，如理论上发射窗口多、每天都有一次、容易采用不变流形轨道扩大月面覆盖范围等。2014 年，国内学者高启滨等[86]总结了 NASA 1993 年关于地月 L1 点（拟）周期轨道保持控制研究结论[87]，对比地球同步轨道卫星控制速度增量需求[88]，发现二者的速度增量相当，并比较全面地探讨了该飞行模式的优缺点。

2. 地月周期重访轨道交会组装

地月周期重访轨道也称地月循环轨道，是圆型限制性三体模型（circular restricted 3 body problem，CR3BP）中的第二类庞加莱轨道[89]。基于地月循环轨道载人登月的设想最早由 Apollo-11 航天员奥尔德林[90]于 1985 年提出，后因苏美航天竞赛结束而搁置。2013 年，杨雷等[91]研究了基于地月循环轨道空间站支持的载人登月初步方案，阐述了该飞行模式在定期地月往返运输任务的优势。2016 年，贺波勇等针对高精度轨道动力学模型描述的地月空间引力场中地月循环轨道易发散问题，设计了一种循环轨道维持保持控制策略[92]。

3. 分步式人货分落方案

本节将分步式人货分落方案与人机联合探月设想合并评述。分步式人货分落方案是星座计划中人货分离地月转移思想的演化，即先将月球车和月面上升器发送至月表待科考区域，航天员乘坐飞船（crew exploration vehicle，CEV）抵达 LLO，分离月面下降器，直接下降至月球车所在区域，科考任务完成后，换乘事先停在月面的上升器返回[93]。人机联合探月设想推荐类人机器人与航天员共同完成月球探测计划[94]，飞行方案与人货分落方案类似，这里不展开介绍。

1.3.7 载人登月飞行模式特点分析

在上述载人登月飞行模式中，地月 L1 点和 L2 点属于共线平动点，附近（拟）周期轨道不稳定，在真实空间引力环境中更易发散，需要长期精密定轨和轨道保持控制，地月 L2 点相比于地月 L1 点，具有与月面站更长的通信时长、与地球通信无遮挡、兼顾月球背面通信、轨道维持控制燃料消耗和运营任务在线规划相对自主等优势，特别是我国具有"嫦娥"四号中继星"鹊桥号"的成功经验；周期重访轨道目前面临的月心双曲轨道交会和地心大偏心率椭圆轨道交会问题有待解决，导致该方案不被大多数学者和工程师看好；分步式人货分落方案需要解决月面定点着陆难题，目前还处在概念研究阶段。

地面一次发射飞行模式发射阶段、地月转移过程均不能实现"人货分离"，风险最大。LEO 交会组装飞行模式中地月转移过程不能实现"人货分离"，存在与 Apollo-13 类似的风险。LEO + LLO 交会组装飞行模式相比于 LLO 交会组装飞行模式对货运火箭运载能力需求大幅度降低，给短期内无法研制超重型运载火箭的国家实施载人登月，带来了工程实施的可行性。采用该飞行模式的任务规模大、时间跨度长、任务约束复杂，一方面给"星座计划"提倡的新目标"全月面到达"和"任意时刻返回"轨道设计带来难题，另一方面给任务规划带来新挑战。几种载人登月飞行模式技术对比分析如表 1-1 所列，笔者综合考虑几种飞行模式实施可行性，主要基于 LEO + LLO 交会组装飞行模式和地月 L2 点（拟）周期轨道交会组装飞行模式开展轨道精确可达域及全任务标称方案规划方法研究。

表 1-1 几种载人登月飞行模式技术对比分析

	飞 行 方 案	难点及关键技术
新型方案	L1 点	轨道不稳定，维持燃耗大于 L2 点
	L2 点	维持燃料消耗小，支持月背着陆科考
	周期重访轨道	双曲轨道交会和地心大偏心率椭圆轨道交会
	分步式人货分落	月面定点着陆难题
成熟方案	地面一次发射方案	发射和地月转移阶段不能"人货分离"
	LEO 交会组装方案	地月转移阶段不能"人货分离"
	LLO 交会组装方案	货运火箭运载能力较大
	LEO+LLO 交会组装方案	任务规模大、时间跨度长、任务约束复杂

1.4 转移轨道动力学模型基础

1.4.1 时间与坐标系统

统一的时间系统[95-96]和坐标系统[97-98]是精确描述航天器空间运动的基石和标尺,已经形成成熟和公认的理论知识体系,本节仅给出本书中涉及的时间系统和坐标系统、航天器轨道动力学模型的简要介绍。载人登月轨道动力学模型中,最接近真实地月空间环境的是高精度轨道动力学模型,但高精度轨道动力学模型须考虑摄动因素多、计算逻辑复杂、直接求解困难等问题。通常采用双二体假设拼接模型,将地月引力空间人为分为地心段和月心段两部分,两部分分别采用二体轨道解析理论计算,再在拉普拉斯(Laplace)影响球边界时进行参数拼接,用来计算轨道参数近似值,为高精度模型轨道参数计算奠定基础。除此之外,圆型限制性三体模型和伪状态模型因其特点被许多学者应用。

1. 时间系统

通常所说的时间,包含时刻和时间段长度两种意思。在目前的航天任务中,一般不考虑广义相对论效应,认为时间是均匀、可测量的。时间是描述物质运动的基本要素,而物质运动也为时间计量提供了参考。依据物质运动的不同,存在几种时间计量系统:以地球自转为依据的世界时、以地球公转为依据的历书时和以原子内部电子能跃迁的辐射电磁波频率为依据的原子时。

在研究载人登月转移轨道问题时,涉及的时间基准主要有世界时(UT1)、国际原子时(TAI)、协调世界时(UTC)、地球时(TT)、太阳系质心动力学时(TDB)、儒略日(Julian date,JD)与格里高利历(R. Gregorian calender,R. GC)。各基准相互转化关系如下。

1)UTC 与 UT1

$$UT1 = UTC + \Delta UT1 \qquad (1\text{-}1)$$

式中:$\Delta UT1$ 的绝对值小于 0.9s,当 $\Delta UT1 > 0.9s$ 时,就需要跳秒(LeapSec)。

2)UTC 与 TAI

$$TAI = UTC + LeapSec \qquad (1\text{-}2)$$

式中:LeapSec 由国际地球自转服务(international earth rotation service,IERS)提供每周一次的公报,大约每两年跳秒一次,截至 2017 年 1 月,累计跳秒 37 s。

3)TT 与 TAI

$$TT = TAI + 32.184^s \qquad (1\text{-}3)$$

4)TDB 与 TT

$$TDB \approx TT + 0.001658^s \sin(628.3076 T_{TT} + 6.2401) + O(T_{TT}) \qquad (1\text{-}4)$$

式中：T_{TT} 为 TT 的儒略世纪数，由于 TDB 与 TT 的差小于 1.7 ms，本该在求取 JPL 星历时用 TDB，一般却直接使用 TT。

5）JD 与 R.GC

描述跨世纪长时间计量的单调递增时长一般用儒略日，而我们日常中使用的却是更为方便的格里高利历（通用公历）。给出的公历年（Y）月（M）日（D），时（h）分（m）秒（s）对应的儒略日为

$$JD = D - 32075 + \left[1461 \times \left(Y + 4800 + \left[\frac{M-14}{12}\right]\right) \Big/ 4\right] + \\ \left[367 \times \left(M - 2 - \left[\frac{M-14}{12}\right] \times 12\right) \Big/ 12\right] - \\ \left[3 \times \left[Y + 4900 + \left[\frac{M-14}{12}\right] \times 12\right] \Big/ 400\right] - 0.5 + \frac{h}{24} + \frac{m}{1440} + \frac{s}{86400} \quad (1\text{-}5)$$

式中："[]"为向前取整运算（floor）。

按照式（1-5）反步骤，也可以由 JD 计算 R.GC，这里不再赘述。

另外，地球自转引起的格林尼治恒星时和计算不同时区当地时间的当地恒星时主要在地心惯性系与地球固连系坐标转化时使用。

2. 坐标系统

月球及行星探测任务跨越空间大、飞行时间长，轨道动力学模型如果建立在非惯性系容易产生较大数值计算误差。通常将载人登月转移轨道动力学模型建立在不含科氏和牵连力的笛卡儿三维坐标系，如 J2000.0 协议地心惯性坐标系（以下简称 J2000 地心坐标系）。这里简单给出 J2000.0 协议天球坐标系（以下简称 J2000 坐标系）、地球固连坐标系（以下简称地固系）、月球固连坐标系（以下简称月固系）、月心白道坐标系及月心惯性系的介绍。

1）J2000 坐标系

根据 1976 年国际天文协会决议，1984 年开始采用新的标准历元，定义标准历元 2000 年 1 月 1 日 12h TDB 的平春分点为 x 轴，z 轴指向该时刻平天极，y 轴与其余两个轴构成笛卡儿坐标系。由于天球定义特点是半径无限远，因此 J2000 坐标系原点具有任意性，如 J2000 地心系原点为地球质心、J2000 月心系原点为月球质心。

2）地固系

地固系是非惯性系，x 轴永远在格林尼治天文台所在子午线与地球赤道交点上，z 轴垂直于赤道，指向地球自转轴方向，y 轴与其余两个轴构成笛卡儿坐标系。以勒让德函数描述地球引力场非球形摄动运算在地固系中。J2000 地心系依次经过瞬时平天球坐标系（岁差）、瞬时真天球坐标系（章动）和瞬时地球坐标系（自转）

转化为地固系（极移）。其中，黄经章动和交角章动需要由 JPL 星历求解，极移系数只能由 IERS 预报当前时刻下一年度，对于未来载人登月问题，常忽略未知极移系数引起的微弱影响。

3）月固系

月球和地球构成的共振卫星系统运动接近双星系统，其共同质心绕太阳公转，加上太阳系、木星等大行星摄动力，月球自身质心与形心差距较大、地球潮汐、地球和月球固体潮等的影响，使月球运动非常复杂。卡西尼定则只给出了月球运动的简单平均规律，而喷气推进实验室（Jet Propulsion Laboratory，JPL）星历表则给出了比较精确的月球自转运动（天平动）的欧拉角及其变化率，用于 J2000 月心系与月固系的相互转化。

4）非惯性坐标系

非惯性坐标系（local vertical & local horizontal，LVLH）原点一般设为运动体质心，x 轴由中心天体指向运动体质心延长线方向，y 轴垂直于 x 轴并在瞬时轨道面内，z 轴与其余两轴构成笛卡儿坐标系。LVLH 坐标系常用于交会对接 R-bar 接近方式。本章使用月心 LVLH 坐标系来消除月球公转运动对地月转移轨道参数特征的影响，原点为月心，首先求出月球相对于 J2000 地心系的纬度幅角、倾角和升交点赤经，按照欧拉角 z–x–z 旋转顺序构建 J2000 地心系到月心 LVLH 坐标系旋转矩阵，进而求解月心 LVLH 坐标系中的矢量。

5）月心惯性系

月心惯性系是 IAU 2000 报告中给出的坐标系，z 轴指向 J2000.0 历元月球北极方向，x 轴指向垂直于惯性 z 轴的平面与 J2000.0 平赤道面的交线方向，y 轴与其余两轴构成笛卡儿坐标系。月心惯性系与 J2000 月心系仅差 3 个固定欧拉角 [−3.14227°, 0°, 24.3589°]，按照欧拉角 z–y–x 旋转顺序可以构建从 J2000 月心系旋转至月心惯性系的坐标转化矩阵。

1.4.2 高精度轨道动力学模型

J2000 地心坐标系中，采用微分方程描述的高精度轨道动力学模型表达如下[15]：

$$\begin{cases} \dfrac{d\boldsymbol{r}}{dt} = \boldsymbol{v} \\ \dfrac{d\boldsymbol{v}}{dt} = -\dfrac{\mu_E}{r^3}\boldsymbol{r} + \boldsymbol{a}_N + \boldsymbol{a}_{NSE} + \boldsymbol{a}_{NSL} + \boldsymbol{a}_{SR} + \boldsymbol{a}_{drag} + \boldsymbol{a}_{prop} + O(\boldsymbol{a}_{other}) \end{cases} \quad (1\text{-}6)$$

式中：$\boldsymbol{r}$、$\boldsymbol{v}$ 分别为位置和速度矢量；μ_E 为地心引力常数；$\boldsymbol{a}_N$ 为多体引力摄动加速度，地月系一般需要考虑太阳和月球中心天体摄动，相对位置采用喷气推进实验室（Jet Propulsion Laboratory，JPL）公布的 DE405/LE405（或 DE421、DE431 等）星历插值计算；$\boldsymbol{a}_{NSE}$ 为地球非球形摄动加速度；$\boldsymbol{a}_{NSL}$ 为月球非球形摄动加速度；$\boldsymbol{a}_{SR}$ 为太阳光压摄动加速度；$\boldsymbol{a}_{drag}$ 为地球大气摄动加速度，一般超过地球 120 km 高度即可忽略；a_{prop} 为推进系统产生加速度；$O(a_{other})$ 为木星摄动、相对论效应、潮汐及固体潮摄动等高阶小量，工程设计时一般予以忽略。

当飞行器接近月球时，为避免数值积分计算轨道时小数除以大数产生的积分截断误差积分问题，宜采用 J2000 月心坐标系中位置和速度矢量进行积分运算。此时，需要将 J2000 地心坐标系中位置和速度矢量与 J2000 月心坐标系中位置和速度矢量进行切换，切换方法是选择某一时刻，通过 JPL 星历计算月地相对位置和速度矢量，进行矢量相加。J2000 月心坐标系中轨道动力学模型与 J2000 地心坐标系中轨道动力学模型形式类似，可参考文献[15]，这里不再赘述。

在描述飞行器相对某中心体运动轨道状态时，通常选择更为方便和直观的经典轨道六根数形式 $E=(a,e,i,\Omega,\omega,f)$ 和修正轨道六根数形式 $E_M=(\kappa,e,i,\Omega,\omega,f)$。其中，$a$ 为半长轴；e 为偏心率；i 为轨道倾角；Ω 为升交点赤经（right ascension of ascending node，RAAN）；ω 为近拱点角；f 为真近点角；κ 为近心距，与半长轴和偏心率存在关系式 $\kappa=a(1-e)$。

1.4.3 传统双二体拼接模型

传统双二体拼接模型将地月引力空间人为地分为月球影响球内、外两个部分，如图 1-7 所示。传统双二体拼接模型参数选择有多种方式，目前比较经典的一种方式是将影响球边界入口点处月心 LVLH 坐标系中经纬度 λ_ρ 和 φ_ρ 及月球影响球半径 ρ 作为轨道拼接参数[97]，月球 LVLH 坐标系中，该时刻飞行器位置矢量为

$$\boldsymbol{\rho}=[\rho\cos\varphi_\rho\cos\lambda_\rho \quad \rho\cos\varphi_\rho\sin\lambda_\rho \quad \rho\sin\varphi_\rho]^T \tag{1-7}$$

通过 JPL 星历插值计算出该时刻月地相对位置矢量 r_{M-E} 后，J2000 地心坐标系中入口点相对于地球位置矢量为

$$\boldsymbol{r}=\boldsymbol{r}_{M-E}+\boldsymbol{M}_{LVLHtoMJ2}\times\boldsymbol{\rho} \tag{1-8}$$

式中：$M_{LVLHtoEJ2}$ 为该时刻月心 LVLH 坐标系相对于 J2000 月心坐标系的转化矩阵。

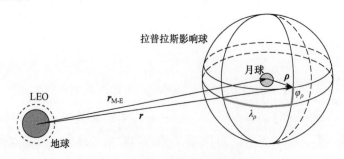

图 1-7 传统双二体拼接模型示意图

入口点相对于 J2000 地心系的赤经、赤纬分别为

$$\begin{cases} \alpha_E = \arctan\dfrac{\rho_y}{\rho_x} \\ \delta_E = \arcsin\dfrac{\rho_z}{\rho} \end{cases} \quad (1\text{-}9)$$

这时,给定地心段轨道倾角 i_E,根据空间位置不同,存在升段到达月球和降段到达月球两种情况,升交点赤经依次计算如下:

$$\begin{cases} \Omega_E = \alpha_E - \arcsin\left(\dfrac{\tan\delta_E}{\tan i_E}\right) \\ \Omega_E = \alpha_E + \arcsin\left(\dfrac{\tan\delta_E}{\tan i_E}\right) + \pi \end{cases} \quad (1\text{-}10)$$

这里,严格限制地心段轨道倾角 $i_E \geqslant \delta_E$,否则超过反正弦运算范围。

如图 1-8 所示,根据圆锥曲线焦点准线特性,从 LEO 轨道出发到影响球入口点处地心二体轨道真近点角距 Δf_E 和飞行时长 Δt_E 决定该段二体轨道参数。在载人登月任务中,地月转移段一般采取省能量的椭圆轨道,$\arccos(2\kappa_E/r-1)<\Delta f_E<\pi$,则

$$\begin{cases} l_E = -r\cos\Delta f_E + \kappa_E + \kappa_E/e_E \\ e_E = r/l_E \end{cases} \quad (1\text{-}11)$$

式中:κ_E 和 e_E 分别为地心段轨道近地距和偏心率,即 κ_E 为 LEO 轨道地心距。

半长轴为

$$a_E = \dfrac{\kappa_E}{1-e_E} = \dfrac{\kappa_E(\kappa_E - r\cos\Delta f_E)}{2\kappa_E - r(\cos\Delta f_E + 1)} \quad (1\text{-}12)$$

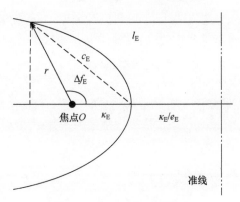

图 1-8 圆锥曲线焦点准线示意图

由余弦定理知

$$c_E = \sqrt{r^2 + \kappa_E^2 - 2\cdot r \cdot \kappa_E \cdot \cos\Delta f_E} \quad (1\text{-}13)$$

地心段轨道可利用兰伯特(Lambert)定理计算,从 LEO 出发到影响球入口点

飞行时长为

$$\Delta t_E = \sqrt{a_E^3/\mu_E}[(\lambda - \sin\lambda) - (\ell - \sin\ell)] \qquad (1\text{-}14)$$

其中

$$\begin{cases} \lambda = 2\arcsin\sqrt{\hbar/2a_E} \\ \ell = 2\arcsin\sqrt{(\hbar - c_E)/2a_E} \\ \hbar = (\kappa_E + r + c_E)/2 \end{cases} \qquad (1\text{-}15)$$

飞行时长 Δt_E 与真近点角距 Δf_E 导数的关系为

$$\frac{d(\Delta t_E)}{d(\Delta f_E)} = \frac{3\Delta t_E}{2}\frac{1}{a_E}\frac{da_E}{d(\Delta f_E)} + \sqrt{\frac{a_E}{\mu_E}}\left[\begin{array}{l}\tan\frac{1}{2}\lambda\left(\dfrac{d\hbar}{d(\Delta f_E)} - \dfrac{\hbar}{a_E}\dfrac{da_E}{d(\Delta f_E)}\right) + \\ \tan\frac{1}{2}\ell\left(\dfrac{d\hbar}{d(\Delta f_E)} - \dfrac{\hbar - c_E}{a_E}\dfrac{da_E}{d(\Delta f_E)}\right)\end{array}\right] \qquad (1\text{-}16)$$

其中

$$\begin{cases} \dfrac{d\hbar}{d(\Delta f_E)} = \dfrac{\kappa_E \cdot r}{2c_E}\sin\Delta f_E \\ \dfrac{1}{a_E}\dfrac{da_E}{d(\Delta f_E)} = -\dfrac{2r(a_E - \kappa_E)\sin\Delta f_E}{\kappa_E^2 + c_E^2 - r^2} \end{cases} \qquad (1\text{-}17)$$

当 $\Delta f_E \to 180°$ 时，导数存在极限值：

$$\left.\frac{d(\Delta t_E)}{d(\Delta f_E)}\right|_{\Delta f_E \to \pi} = \sqrt{\frac{r^3(\kappa_E + r)}{2\mu_E\kappa_E}} \qquad (1\text{-}18)$$

根据牛顿（Newton）迭代法计算飞行时长 Δt_E 和真近点角距 Δf_E 时，一般设置 Δf_E 初值略小于180°，直至迭代收敛到容许误差内，得到半长轴 a_E 及其他轨道参数，进而得到月心段轨道参数，完成轨道拼接计算。

传统双二体拼接模型分段半解析计算轨道，需要经验性地给出初值，然后采用牛顿迭代计算，精度差和缺乏完备性是其明显的缺点，常在轨道初值计算和参数特性分析时使用。本节不直接采用该种拼接模型是因为其参数选取不适宜描述轨道可达域问题，且每次需要牛顿迭代，降低了计算效率。

1.4.4 圆型限制性三体模型

1. 无量纲动力学方程

假设质量为 m_1 和 m_2 的主天体 P_1 和次天体 P_2，围绕其公共质心做角速度为 ω 的匀速圆周运动，第三体 P 的质量为 m，3 个天体质量关系为 $m_1 > m_2 \gg m$，即认为 P 对 P_1 和 P_2 的影响可忽略不计，在这样的假设下研究 P 在 P_1 和 P_2 引力下的运动。在 CR3BP 中，常用坐标系为质心旋转（会合）坐标系 B-xyz，如图 1-9 所示。

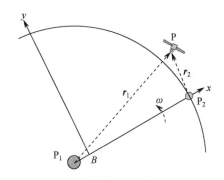

图 1-9 质心旋转坐标系

为了研究方便，引入归一化单位，长度单位 DU 为 P_1 和 P_2 质心间距离，质量单位 M^* 为 P_1 和 P_2 质量的和，P_1 和 P_2 的相对运动周期为 2π，由此可导出时间单位 TU 为

$$TU = \sqrt{\frac{DU^3}{GM^*}} \tag{1-19}$$

速度单位 VU 为

$$VU = DU/TU \tag{1-20}$$

归一化单位时，万有引力常数 G 和角速度 ω 的值为 1。引入质量比 μ，定义为

$$\mu = \frac{M_2}{M_1 + M_2} \tag{1-21}$$

在质量比条件下，P_1 的质量化为 $1-\mu$，P_2 的质量化为 μ。此外，由质心特性可知，P_1 和 P_2 在 $B\text{-}xyz$ 坐标系下的坐标为 $(-\mu,0,0)$ 和 $(1-\mu,0,0)$。P 在 $B\text{-}xyz$ 坐标系下的无量纲动力学方程为

$$\begin{cases} \ddot{x} - 2\dot{y} = \dfrac{\partial U}{\partial x} \\ \ddot{y} + 2\dot{x} = \dfrac{\partial U}{\partial y} \\ \ddot{z} = \dfrac{\partial U}{\partial z} \end{cases} \tag{1-22}$$

式中：U 为与位置相关的伪势能函数，即

$$U = \frac{1}{2}(x^2 + y^2) + \frac{1-\mu}{r_1} + \frac{\mu}{r_2} \tag{1-23}$$

式中：r_1 和 r_2 分别为 P 到 P_1 和 P_2 的距离，表达式为

$$\begin{cases} r_1 = \sqrt{(x+\mu)^2 + y^2 + z^2} \\ r_2 = \sqrt{(x-1+\mu)^2 + y^2 + z^2} \end{cases} \tag{1-24}$$

由式（1-22）可知，无量纲动力学方程是典型常系数非线性的。

2. 平动点

1772年，拉格朗日（Lagrange）和欧拉（Euler）就已经推导出CR3BP存在5个平动点（也称平衡点）。所谓平动点是指动力学方程（1-22）满足以下条件的特解，即

$$x(t) \equiv x_0, \quad y(t) \equiv y_0, \quad z(t) \equiv z_0 \tag{1-25}$$

式中：x_0、y_0、z_0 由初始条件设定，相应地，有

$$\begin{cases} \dot{x}=0, \dot{y}=0, \dot{z}=0 \\ \ddot{x}=0, \ddot{y}=0, \ddot{z}=0 \end{cases} \tag{1-26}$$

将式（1-26）代入式（1-22），不难看出，平动点处应满足：

$$\frac{\partial U}{\partial x}=0, \frac{\partial U}{\partial y}=0, \frac{\partial U}{\partial z}=0 \tag{1-27}$$

具体形式为

$$\begin{cases} \dfrac{\partial U}{\partial x} = x - \dfrac{(1-\mu)(x+\mu)}{r_1^3} - \dfrac{\mu(x-1+\mu)}{r_2^3} = 0 \\ \dfrac{\partial U}{\partial y} = y\left(1 - \dfrac{1-\mu}{r_1^3} - \dfrac{\mu}{r_2^3}\right) = 0 \\ \dfrac{\partial U}{\partial z} = -z\left(\dfrac{1-\mu}{r_1^3} + \dfrac{\mu}{r_2^3}\right) = 0 \end{cases} \tag{1-28}$$

由于

$$\frac{1-\mu}{r_1^3} + \frac{\mu}{r_2^3} \neq 0 \tag{1-29}$$

可由式（1-28）中 z 方向分量求得

$$z = z_0 = 0 \tag{1-30}$$

因此可以得到平动点位于 x-y 平面内。将 r_1 和 r_2 代入式（2-34），有下列两种情况：

$$y=0, \begin{cases} x - \dfrac{(1-\mu)}{(x+\mu)^2} + \dfrac{\mu}{(x-1+\mu)^2} = 0, & x \in (-\infty,-\mu), \text{对L1} \\ x - \dfrac{(1-\mu)}{(x+\mu)^2} - \dfrac{\mu}{(x-1+\mu)^2} = 0, & x \in (-\mu,1-\mu), \text{对L2} \\ x + \dfrac{(1-\mu)}{(x+\mu)^2} + \dfrac{\mu}{(x-1+\mu)^2} = 0, & x \in (1-\mu,+\infty), \text{对L3} \end{cases} \tag{1-31}$$

$$y \neq 0, \begin{cases} x - \dfrac{(1-\mu)(x+\mu)}{r_1^3} - \dfrac{\mu(x-1+\mu)}{r_2^3} = 0 \\ 1 - \dfrac{1-\mu}{r_1^3} - \dfrac{\mu}{r_2^3} = 0 \end{cases} \tag{1-32}$$

通过采用牛顿迭代法在各区间对非线性方程式（1-31）求解，得到3个共线的解，称为L1、L2和L3平动点。对于式（1-32），满足$r_1 = r_2 = 1$，此时解得

$$x_{eq} = -\mu + \frac{1}{2}, y_{eq} = \pm \frac{\sqrt{3}}{2} \quad (1-33)$$

与之相对应的点和两个主天体P_1和P_2构成等边三角形，称为三角平动点，记为L4和L5平动点。5个平动点和两个主天体在会合坐标系中的位置分布如图1-10所示。

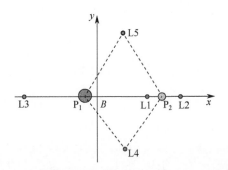

图1-10　5个平动点和两个主天体在会合坐标系中的位置分布

表1-2给出了日地系统和地月系统的平动点与主天体的相对距离信息，其中，γ表示平动点与最近主天体之间的距离。

表1-2　日地系统和地月系统的平动点与主天体的相对距离

平动点	日 地 系 统 $\mu=3.003486074446236\times 10^{-6}$ DU=1.49597870691×10^8 km TU=58.132493 天		地 月 系 统 $\mu=0.012150571430596$ DU=384400 km TU=4.342480 天	
	γ/DU	γ/km	γ/DU	γ/km
L1	0.009973412175893	1492001.225037	0.150934302906477	58019.146037
L2	0.010034122533401	1501083.365249	0.167832736955518	64514.904086
L3	1.000001251464707	149598057.907455	0.992912074394496	381675.401397
L4	1	149597870.691	1	384400
L5	1	149597870.691	1	384400

由表1-2可知，地月系统L1和L2平动点与月球之间的距离，均小于月球影响球半径66200 km，因此两个平动点均位于月球影响球内部。

3. 状态转移矩阵

状态转移矩阵是计算Halo轨道和不变流形的基础，下面简要介绍状态转移矩阵的推导方法。将式（1-28）可写成非线性系统动力学方程的一般形式，即

$$\frac{\mathrm{d}X(t)}{\mathrm{d}t} = F(X(t)) \tag{1-34}$$

假设 $X_0 = X(0)$ 为初始状态，δX_0 为初始微小扰动，经过时间 t，X_0 演化为 $X(t)$，$X_0 + \delta X_0$ 演化为 $X(t) + \delta X(t)$。将 $X(t) + \delta X(t)$ 代入式（1-34），得

$$\frac{\mathrm{d}(X(t) + \delta X(t))}{\mathrm{d}t} = F(X(t) + \delta X(t)) \tag{1-35}$$

将式（1-35）和式（1-34）相减得到

$$\frac{\mathrm{d}(\delta X(t))}{\mathrm{d}t} = F(X(t) + \delta X(t)) - F(X(t)) \tag{1-36}$$

对式（1-36）等号右侧进行泰勒（Taylor）展开并取一阶线性项，得

$$\frac{\mathrm{d}(\delta X(t))}{\mathrm{d}t} = A(t)\delta X(t) \tag{1-37}$$

式中：$A(t)$ 为雅可比（Jacobi）矩阵，将其写成分块矩阵形式，如下：

$$A(t) = \begin{bmatrix} \mathbf{0}_{3\times 3} & \mathbf{I}_{3\times 3} \\ \mathbf{U}_{xx} & \mathbf{K} \end{bmatrix} \tag{1-38}$$

式中：$\mathbf{0}_{3\times 3}$ 为 3×3 零矩阵；$\mathbf{I}_{3\times 3}$ 为 3×3 单位阵；$\mathbf{K}$ 为 3×3 的常矩阵，如下：

$$\mathbf{K} = \begin{bmatrix} 0 & 2 & 0 \\ -2 & 0 & 0 \\ 0 & 0 & 0 \end{bmatrix} \tag{1-39}$$

$\mathbf{U}_{xx}$ 为偏导矩阵，如下：

$$\mathbf{U}_{xx} = \begin{bmatrix} U_{xx} & U_{xy} & U_{xz} \\ U_{yx} & U_{yy} & U_{yz} \\ U_{zx} & U_{zy} & U_{zz} \end{bmatrix} \tag{1-40}$$

式中：$\mathbf{U}_{xx}$ 为时变矩阵，各项元素下标表示对 U 求偏导顺序，计算结果如下：

$$\begin{cases} U_{xx} = 1 + \dfrac{3(1-\mu)(x+\mu)^2}{r_1^5} + \dfrac{3\mu(1-x-\mu)^2}{r_2^5} - \dfrac{1-\mu}{r_1^3} - \dfrac{\mu}{r_2^3} \\ U_{yy} = 1 + \dfrac{3(1-\mu)y^2}{r_1^5} + \dfrac{3\mu y^2}{r_2^5} - \dfrac{1-\mu}{r_1^3} - \dfrac{\mu}{r_2^3} \\ U_{zz} = \dfrac{3(1-\mu)z^2}{r_1^5} + \dfrac{3\mu z^2}{r_2^5} - \dfrac{1-\mu}{r_1^3} - \dfrac{\mu}{r_2^3} \\ U_{xy} = U_{yx} = \dfrac{3(1-\mu)(x+\mu)y}{r_1^5} - \dfrac{3\mu(1-x-\mu)y}{r_2^5} \\ U_{xz} = U_{zx} = \dfrac{3(1-\mu)(x+\mu)z}{r_1^5} - \dfrac{3\mu(1-x-\mu)z}{r_2^5} \\ U_{yz} = U_{zy} = \dfrac{3(1-\mu)yz}{r_1^5} - \dfrac{3\mu yz}{r_2^5} \end{cases} \tag{1-41}$$

对式（1-37）进行积分求解得到：
$$\delta X(t) = \boldsymbol{\Phi}(t,t_0)\delta X(t_0) \tag{1-42}$$
式中：$\boldsymbol{\Phi}(t,t_0)$ 为状态转移矩阵，表征初始状态偏差和终端状态偏差之间的关系。对式（1-42）求时间一阶导数，并将其代入式（1-37）中，得到：
$$\dot{\boldsymbol{\Phi}}(t,t_0) = A(t)\boldsymbol{\Phi}(t,t_0) \tag{1-43}$$

由式（1-42）可知，$\boldsymbol{\Phi}(t_0,t_0) = I_{6\times 6}$，通过积分式（1-22）和式（1-43）可以求出 t 时刻的状态转移矩阵 $\boldsymbol{\Phi}(t,t_0)$。

4. Halo 轨道

Halo 轨道是平动点附近的三维周期轨道，在平动点任务中被广泛应用。CR3BP 模型会合坐标系下，Halo 轨道与 x–z 面相交于两个点，通常取其中距离 x 轴较远的点与 x 轴的距离作为表征 Halo 轨道大小的特征参数，称为法向幅值 A_z。Halo 轨道计算过程比较复杂，通常先利用 Richardson 三阶近似解析解获取初值，然后采用微分修正法修正初值[99]。对于大幅值的 Halo 轨道，还需采用数值延拓法进行求解[100]。

Richardson 给出了 Halo 轨道三阶近似解析解[101]，如下：
$$\begin{cases} x = a_{21}A_x^2 + a_{22}A_z^2 - A_x\cos\tau_1 + (a_{23}A_x^2 - a_{24}A_z^2)\cos 2\tau_1 + (a_{31}A_x^3 - a_{32}A_xA_z^2)\cos 3\tau_1 \\ y = kA_x\sin\tau_1 + (b_{21}A_x^2 - b_{22}A_z^2)\sin 2\tau_1 + (b_{31}A_x^3 - b_{32}A_xA_z^2)\sin 3\tau_1 \\ z = \delta_n A_z\cos\tau_1 + \delta_n d_{21}A_xA_z(\cos 2\tau_1 - 3) + \delta_n(d_{32}A_zA_x^2 - d_{31}A_z^3)\cos 3\tau_1 \end{cases}$$
$$\tag{1-44}$$

式中：$\delta_n = \pm 1$，分别对应着北向 Halo 轨道与南向 Halo 轨道，式中其他系数的物理意义和计算公式见文献[101]。CR3BP 模型会合坐标系下，Halo 轨道关于 x–z 面对称，因此轨道穿过 x–z 面时，速度与 x–z 面垂直，即 x 和 z 方向速度均为 0。基于 Halo 轨道这一特性，给出微分修正求解模型。设 Halo 轨道起始于 x–z 面，初始状态量 X_0 具有以下形式：
$$X_0 = [x_0, 0, z_0, 0, \dot{y}_0, 0]^T \tag{1-45}$$

以 X_0 为积分初值进行轨道积分，当轨道再次回到 x–z 面时，认为积分时间为半个周期 t_f，假设积分半个周期后的状态量为
$$X_f = [x_f, 0, z_f, \dot{x}_f, \dot{y}_f, \dot{z}_f]^T \tag{1-46}$$

则积分终止条件为 $|y_f| \leqslant \varepsilon_1$，约束变量为 $\dot{x}_f$ 和 $\dot{z}_f$，控制变量为 x_0、z_0 和 $\dot{y}_0$。通过调节 x_0、z_0 和 $\dot{y}_0$ 使得 $|\dot{x}_f|$ 和 $|\dot{z}_f|$ 小于 ε_2，即认为轨道是有周期的。由于控制变量个数多余约束变量，因此可以采用固定部分控制变量的方法。为得到某一固定幅值的 Halo 轨道，通常固定 z_0，修正 x_0 和 $\dot{y}_0$。下面给出微分修正详细过程。

假设 $\delta X_0 = [\delta x_0, 0, 0, 0, \delta \dot{y}_0, 0]^T$ 为 X_0 的初始修正量，由文献[102]可得经过 t_f

后的末端改变量为

$$\delta X_f = \Phi(t_f, 0)\delta X_0 + \frac{\partial X_f}{\partial t}\delta t \tag{1-47}$$

展开得

$$\begin{bmatrix} \delta \dot{x}_f \\ \delta \dot{z}_f \end{bmatrix} = \begin{bmatrix} \Phi_{41} & \Phi_{45} \\ \Phi_{61} & \Phi_{65} \end{bmatrix} \begin{bmatrix} \delta x_0 \\ \delta \dot{y}_0 \end{bmatrix} + \begin{bmatrix} \ddot{x}_f \\ \ddot{z}_f \end{bmatrix} \delta t \tag{1-48}$$

积分至 x–z 面时，有

$$\delta y_f = \begin{bmatrix} \Phi_{21} & \Phi_{25} \end{bmatrix} \begin{bmatrix} \delta x_0 \\ \delta \dot{y}_0 \end{bmatrix} + \dot{y}_f \delta t = 0 \tag{1-49}$$

联立式（1-48）和式（1-49）得

$$\begin{bmatrix} \delta \dot{x}_f \\ \delta \dot{z}_f \end{bmatrix} = \begin{bmatrix} \Phi_{41} - \dfrac{\ddot{x}_f}{\dot{y}_f}\Phi_{21} & \Phi_{45} - \dfrac{\ddot{x}_f}{\dot{y}_f}\Phi_{25} \\ \Phi_{61} - \dfrac{\ddot{z}_f}{\dot{y}_f}\Phi_{21} & \Phi_{65} - \dfrac{\ddot{z}_f}{\dot{y}_f}\Phi_{25} \end{bmatrix} \begin{bmatrix} \delta x_0 \\ \delta \dot{y}_0 \end{bmatrix} \tag{1-50}$$

在迭代过程中，以理查德森（Richardson）三阶近似解为初值，先积分到 x–z 面，确定轨道半周期 t_f 并得到 $\dot{x}_f$ 和 $\dot{z}_f$；若 $\dot{x}_f$ 和 $\dot{z}_f$ 均小于 ε_2，则迭代结束；否则，令 $\delta \dot{x}_f = -\dot{x}_f$，$\delta \dot{z}_f = -\dot{z}_f$，代入式（1-50）计算得到 δx_0，$\delta \dot{y}_0$，将其代入式（1-49）计算得到 δt，从而得到修正后的 x_0、$\dot{y}_0$、t_f；重复上述过程，直至迭代结束。Halo 轨道初值微分迭代流程如图 1-11 所示，图中 $\varepsilon_1 = 10^{-11}$，$\varepsilon_2 = 10^{-8}$。

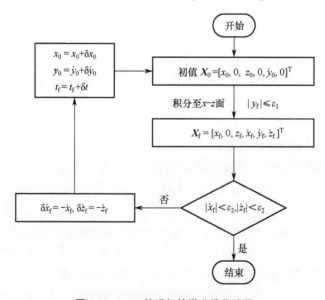

图 1-11　Halo 轨道初值微分迭代流程

给出 CR3BP 模型下 Halo 轨道微分修正求解算例,选取 L2 点 $A_z = 30000$ km 的南向 Halo 轨道。首先,计算该 Halo 轨道的三阶解析解,得到微分修正迭代初值 X'_0 和周期 T' 为

$$\begin{cases} X'_0 = [1.099508879785158, 0, 0.054906962886565, 0, 0.241143871702019, 0]^T \\ T' = 3.373258135108387 \end{cases}$$

(1-51)

采用图 1-11 所示的微分修正流程对初值进行修正,得到修正后的积分初值 X_0 和轨道周期 T 为

$$\begin{cases} X_0 = [1.095345895545096, 0, 0.054906962886565, 0, 0.246454099147264, 0]^T \\ T = 3.352409466028066 \end{cases}$$

(1-52)

以 X_0 为积分初值对式(1-22)进行数值积分,选用 RKF-7(8)变步长积分器,积分时间为 T,得到闭合的 Halo 轨道,如图 1-12 所示。

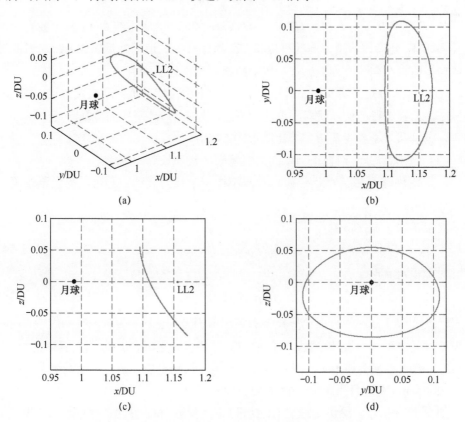

图 1-12　L2 点 $A_z = 30000$ km 的南向 Halo 轨道

(a) 轨道三维图;(b) 轨道 x–y 面投影图;(c) 轨道 x–z 面投影图;(d) 轨道 y–z 面投影图。

5. 不变流形

不变流形根据计算方法的不同可分为不同的类型，相同类型的流形集合在空间形成有方向的管状区域。本节将给出基于周期轨道单值（monodromy）矩阵的不变流形计算方法。

定义 Halo 轨道上的点为不动点，记 M 为不动点的 monodromy 矩阵，即

$$M = \Phi(T, t_0) \tag{1-53}$$

式中：T 为周期轨道周期。

由式（1-53）可知，矩阵 M 为由不动点出发到一个轨道周期后的状态所对应的状态转移矩阵。M 的特征值和特征向量反映了不动点附近的运动特征。记 λ_i 为矩阵 M 的特征值，e_i 为对应的特征向量。由动力学系统知识可知，当 $\lambda_i \geqslant 1$ 时，e_i 对应的方向为该不动点的不稳定方向；当 $\lambda_i \leqslant 1$ 时，e_i 对应的方向为该不动点的稳定方向。对于 Halo 轨道而言，矩阵 M 为一个辛矩阵（symplectic matrix），其特征值形式为 $\{1, 1, \lambda_1, \lambda_1^{-1}, \lambda_2, \lambda_2^{-1}\}$，各自的物理意义如下。

（1）$(1,1)$ 是一对重根，有 $\delta X_0 = M \delta X_0$，这与动力学系统式（1-36）的自治性相关，即 X_0 处沿该轨道方向的小位移 δX_0 经过一个轨道周期后仍为 δX_0，因此对应的特征向量分别代表周期轨道与周期轨道族的切线方向。

（2）$(\lambda_1, \lambda_1^{-1})$ 是一对实根，其中 $\lambda_1 > 1$，为不稳定特征值，代表发散运动模态；$\lambda_1^{-1} < 1$，为稳定特征值，代表收敛运动模态。与 λ_1、λ_1^{-1} 对应的特征向量分别为 e_u 和 e_s，分别代表不稳定流形和稳定流形的方向。

（3）$(\lambda_2, \lambda_2^{-1})$ 是一对模值为 1 的共轭复根，代表长周期运动。

在周期轨道不动点处沿 e_u 和 e_s 方向施加一个状态扰动，则可以得到不变流形的积分初值。

对于不稳定流形，有

$$X_0^s = X_0 \pm d e_s \tag{1-54}$$

对于稳定流形，有

$$X_0^u = X_0 \pm d e_u \tag{1-55}$$

式中：X_0^s 和 X_0^u 分别为稳定流形和不稳定流形积分初值；d 为状态扰动因子，在轨道设计过程中可作为设计参数，d 的取值比较谨慎，必须足够小，使得线性化近方法可行，但太小又会使不变流形丧失实用价值。根据经验，d 在日地系统中一般取 150～200 km，在地月系统中一般取 30～70 km。

如图 1-13 所示，给出了地月 L1 点和 L2 点附近 Halo 轨道的不变流形，其中 u 代表不稳定流形，s 代表稳定流形。Halo 轨道的稳定流形和不稳定流形各有两个分支，稳定流形逐渐趋近 Halo 轨道，不稳定流形逐渐远离 Halo 轨道。

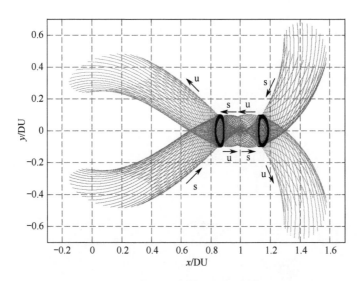

图 1-13 地月 L1 点和 L2 点附近 Halo 轨道的不变流形

1.4.5 伪状态模型

伪状态模型（pseudo-state）也称多圆锥截线法（patched multi-conic），是精度介于双二体假设圆锥曲线拼接法和高精度轨道动力学模型之间的一种快速计算方法。它在轨道全程都考虑了日月摄动力的影响，如图 1-14 所示。

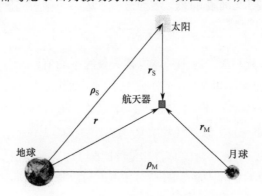

图 1-14 日地月四体动力学模型示意图

地心 J2000 坐标系中仅考虑日地月中心引力的轨道动力学方程为

$$\ddot{\boldsymbol{r}} = -\mu_E \frac{\boldsymbol{r}}{r^3} - \mu_M \frac{\boldsymbol{r}_M}{r_M^3} - \mu_M \frac{\boldsymbol{\rho}_M}{\rho_M^3} - \mu_S \frac{\boldsymbol{r}_S}{r_S^3} - \mu_S \frac{\boldsymbol{\rho}_S}{\rho_S^3} \tag{1-56}$$

式中：μ_E、μ_M 和 μ_S 分别为地球、月球和太阳的引力常数；$\boldsymbol{r}$、$\boldsymbol{r}_M$ 和 $\boldsymbol{r}_S$ 分别为飞船相对于地球、月球和太阳的位置矢量；$\boldsymbol{\rho}_M$ 和 $\boldsymbol{\rho}_S$ 为月球和太阳相对于地球的位置矢量。如图 1-15 所示为多圆锥截线轨道计算示意图。

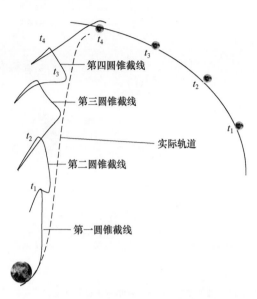

图 1-15　多圆锥截线轨道计算示意图

步骤 1：由 DE405/LE405 星历表求取月球和太阳在初始时刻 t_0 的位置矢量。

步骤 2：地心 J2000 坐标系中初始状态沿二体圆锥曲线传播一个时间增量 dt。

步骤 3：由 J2000 星历表求取月球和太阳在 t_0+dt 时刻的位置矢量（对于下一循环计算，t_0+dt 时刻位置失径成为初始数据，而需求取 $t_0+2\times dt$ 时刻位置矢量）。

步骤 4：在计算时间间隔 dt 内，运动方程右边第三项引起的平均加速度取值为

$$\bar{a}_1 = -\mu_M \frac{\bar{\rho}_M}{\rho_M^3} \tag{1-57}$$

式中：$\bar{\rho}_M$ 为初始时刻和最终时刻月球位置矢量的平均值。

步骤 5：在计算时间间隔内，运动方程中由于太阳引起的平均加速度取值为

$$\bar{a}_2 = -\frac{1}{2}\mu_S \left[\left(\frac{\bar{r}_S}{r_S^3} + \frac{\bar{\rho}_S}{\rho_S^3} \right)_A + \left(\frac{\bar{r}_S}{r_S^3} + \frac{\bar{\rho}_S}{\rho_S^3} \right)_B \right] \tag{1-58}$$

式中：下标 A 和 B 分别表示初始时刻和最终时刻。

步骤 6：再用步骤 4 和步骤 5 的平均加速度对步骤 2 的地心 J2000 坐标系中的状态进行修正：

$$\begin{aligned}\Delta v &= (\bar{a}_1 + \bar{a}_2)dt \\ \Delta r &= \frac{1}{2}(\bar{a}_1 + \bar{a}_2)(dt)^2\end{aligned} \tag{1-59}$$

步骤 7：将修正后的地心状态转化成月心 J2000 坐标系中的状态。月心 J2000 坐标系中的状态沿速度矢量确定的直线返回传播 dt，这就是"无重力场"下的初始状态。

步骤 8：将无重力场下的初始状态沿月心 J2000 坐标系圆锥曲线向前传播 dt，

再将它的最后的状态矢量转回到地心 J2000 坐标系,得到一个新的地心圆锥曲线。

步骤 9:用新的地心圆锥曲线作为开始点,不断重复上述过程,就可以得到一条接近飞行器实际运动的多圆锥截线。

Penzo 等[103]学者对多圆锥截线法做了不同方面的改进,考虑了地球非球形部分摄动项影响及轨道预报校正等,提高了计算精度。

1.5 轨道设计与优化算法

轨道设计问题往往可以转化为一般的含约束非线性优化问题。与线性优化问题研究相比,非线性优化研究还不够完善,但目前已有很多工程适用性较好的优化算法及软件工具,如矩阵实验室(MATLAB)集成的 fmincon 工具箱、IBM 公司的 CPLEX、LINDO 公司的 LINGO、Engineous 公司的 Isight 等。目前,商业优化软件求解非线性规划问题存在不同的局限性。非线性优化算法按照优化目标数量可以分为单目标优化算法和多目标优化算法,多目标优化算法实际上是通过不同目标函数相对权值调整和分层排序等转化为单目标优化问题。按照优化计算机理不同可以分为进化算法和局部梯度算法,进化算法通常需要大量计算优化问题模型,获取进化解。本节对轨道优化设计一般数学描述、轨道优化的经典方法论、全局进化算法和局部启发式搜索算法进行简要介绍。

1.5.1 轨道设计与优化的一般描述

轨道优化问题可以描述为对一个轨道动力学微分方程寻找合适的控制变量 $u(t)$,使得 Bolza 型性能指标达到最小。

$$J = \Phi(\boldsymbol{x}(t_0), t_0, \boldsymbol{x}(t_f), t_f) + \int_{t_0}^{t_f} L(\boldsymbol{x}(t), \boldsymbol{u}(t), t) \mathrm{d}t \qquad (1\text{-}60)$$

式中:t_0 和 t_f 分别为初始时间和终端时间;$\boldsymbol{x}(t)$ 为状态变量,其满足动力学微分方程约束:

$$\dot{\boldsymbol{x}}(t) = \boldsymbol{f}(\boldsymbol{x}(t), \boldsymbol{u}(t), t) \quad (t \in [t_0, t_f]) \qquad (1\text{-}61)$$

边界条件:

$$\phi(\boldsymbol{x}(t_0), t_0, \boldsymbol{x}(t_f), t_f) = 0 \qquad (1\text{-}62)$$

等式和不等式约束:

$$\boldsymbol{C}(\boldsymbol{x}(t), \boldsymbol{u}(t), t) \leqslant 0 \qquad (1\text{-}63)$$

以及控制约束 $\boldsymbol{u}_L \leqslant \boldsymbol{u}(t) \leqslant \boldsymbol{u}_R$,其中 $\boldsymbol{u}_R$、$\boldsymbol{u}_L$ 为控制变量的上、下界。

1.5.2 轨道优化的经典方法论

求解轨道最优化设计问题的方法总体上可以分为间接法和直接法。间接法主要依赖变分法、Pontryagin 极大值原理和动态规划等最优原理,求解非线性系统最优解必要条件等，进而结合约束条件等给出原问题的最优解析解。这种方法多用于动力学模型不太复杂的基础学科，动力学模型复杂或约束条件复杂时很难推导出最优解的必要条件。近年来，快速求解边值问题的方法一直是学者研究的热点，如协调变量初值猜测技术、积分变换、微分变换、进化算法等都在不同具体问题中得到可行性实现，然而并未形成一套普适的求解理论。

1. 间接法

间接法是基于 Pontryagin 极大值原理推导最优控制的一阶必要条件。其将最优控制问题转换为 Hamilton 边值问题（Hamilton boundary value problem，HBVP）进行求解，由于不对性能指标函数直接寻优，因此称为间接法。

利用间接法求解，首先需要引入 Hamilton 函数：

$$H[\boldsymbol{x}(t),\boldsymbol{u}(t),\boldsymbol{\lambda}(t),t] = L[\boldsymbol{x}(t),\boldsymbol{u}(t),t] + \boldsymbol{\lambda}^{\mathrm{T}}(t)\boldsymbol{f}[\boldsymbol{x}(t),\boldsymbol{u}(t),t] \tag{1-64}$$

式中：$\boldsymbol{\lambda}^{\mathrm{T}}(t) = [\lambda_1(t), \lambda_2(t), \cdots, \lambda_n(t)]$，为状态变量 $\boldsymbol{x}(t)$ 的协调矢量。

进一步地将边界条件分解为初始条件 $\boldsymbol{x}(t_0) = \boldsymbol{x}_0$ 和终端约束 $N[\boldsymbol{x}(t_\mathrm{f}),t_\mathrm{f}] = 0$，则 $\boldsymbol{u}^*$ 为最优控制变量的必要条件是：存在非零矢量函数 $\boldsymbol{\lambda}^*(t)(t \in [t_0,t_\mathrm{f}])$，使得 $\boldsymbol{u}^*(t)$、$\boldsymbol{\lambda}^*(t)$、$\boldsymbol{x}^*(t)$、$t_\mathrm{f}^*$ 满足以下条件。

Hamilton 方程组：

$$\begin{cases} \dot{\boldsymbol{x}}^* = \partial H[\boldsymbol{x}^*(t),\boldsymbol{u}^*(t),\boldsymbol{\lambda}^*(t),t]/\partial \boldsymbol{\lambda} \\ \dot{\boldsymbol{\lambda}}^* = -\partial H[\boldsymbol{x}^*(t),\boldsymbol{u}^*(t),\boldsymbol{\lambda}^*(t)]/\partial \boldsymbol{x} \end{cases} \tag{1-65}$$

极小值条件：

$$H[\boldsymbol{x}^*(t),\ \boldsymbol{u}^*(t),\boldsymbol{\lambda}^*(t),t] = \min_{\boldsymbol{u} \subset U} H[\boldsymbol{x}^*(t),\ \boldsymbol{u}(t),\boldsymbol{\lambda}^*(t),t] \tag{1-66}$$

横截条件：

$$\boldsymbol{\lambda}^*(t_\mathrm{f}^*) = \left\{\frac{\partial \boldsymbol{\varPhi}}{\partial \boldsymbol{x}} + \frac{\partial N^{\mathrm{T}}}{\partial \boldsymbol{x}}\boldsymbol{v}\right\}_{t=t_\mathrm{f}^*} \tag{1-67}$$

终端约束条件：

$$\begin{cases} N[\boldsymbol{x}(t_\mathrm{f}^*),t_\mathrm{f}^*] = 0 \\ \left\{H + \dfrac{\partial \boldsymbol{\varPhi}}{\partial t_\mathrm{f}} + \dfrac{\partial N^{\mathrm{T}}}{\partial t_\mathrm{f}}\boldsymbol{v}\right\}_{t=t_\mathrm{f}^*} = 0 \end{cases} \tag{1-68}$$

首先，由极小值条件求得最优控制变量的表达式，它们是关于伴随变量和状态变量的函数；然后再求解由 Hamilton 方程组、横截条件和约束条件组成的两点边值问题，即可得到最优状态 $\boldsymbol{x}^*$ 及其相应的最优控制变量 $\boldsymbol{u}^*$。

利用间接法得到的结果精度较高，且满足一阶最优性必要条件，因此间接法一般是求解最优控制问题首先考虑的方法。但此方法推导最优解的过程较复杂；求解两点边值问题时的收敛域很小，对未知边界条件以及协调变量的初值估计要求很高，因此其应用范围受到了很大限制。

2. 直接法

随着计算机硬件和软件算法的快速发展，求解轨道优化设计的直接法得到了快速发展和应用。直接法是采用参数化方法将最优控制问题转化为非线性规划问题，如仅离散控制变量的打靶法、仅离散状态变量的动态逆法和微分包含法、同时离散控制变量和状态变量的配点法。

打靶法是将连续系统中时间、能量或某特定连续状态量离散，参数化求解离散点上的控制变量，进而采用基函数近似插值得到离散点之间的控制变量，对非线性方程积分求解目标函数。在使用直接打靶法时，如果收敛性较差，可将一次计算分成多段进行，称为多重打靶法。

动态逆法的基本思路是首先设定参数化的期望轨道形式，然后利用动态逆变换求出期望轨道对应的控制变量，最后利用非线性规划求解最优输出轨道便可得到相应的最优解。

微分包含法的基本思路是应用微分几何的微分包含表示由一个动力学系统的状态变量导数构成的一个可达集，并将状态速率约束在一个可行的速端图中。微分包含法的特点是仅离散状态变量，通过对状态变量的变化率的限制将受限控制变量消除。

配点法首先将时间离散，控制变量参数化，采用 Gauss-Lobatto 多项式族来表示节点间状态变量随时间的变化关系，选择合适的配点，可将非线性系统动力学微分方程约束转化为一组代数约束；然后将配点处的状态变量和控制变量作为优化设计变量，将问题转化为一般的非线性规划问题求解。配点法中一类正交配点法——伪谱法，近年来备受关注。伪谱法的基本思路是用全局正交多项式（Chebyshev、Legendre、Radau 等）对状态空间和最优控制空间进行逼近，将最优控制问题转化为非线性代数方程，避免了求解复杂耗时的 Riccati 方程表示的边值问题，最后用成熟的非线性规划方法或矩阵分析方法等求解最优控制问题。

1.5.3 数值优化算法

无论是间接法还是直接法，在求解具体问题过程中都不可避免地遇到含约束函数优化或数学规划问题。一般情况下，函数优化问题是指寻找满足有界子集的函数自变量，使优化目标函数值取最大值或最小值的问题。而数学规划是指在较复杂的约束条件和优化函数数学模型情况问题背景中，通过数学规划或优化算法求得满足所有约束条件的自变量，强调该规划结果的可行性，而不刻意强调该规划结果是否是严格数学意义上的最大值或最小值。由于具体问题建模和约束处理的复杂性，人们更愿意以较小的求解代价接受一定容许误差的数学规划解，而且数学规划的结果往往是邻近最优解的次优解。数值优化算法可根据求解机制分为全局进化算法和局部梯度算法。

1. 全局进化算法和群智能算法

全局进化算法往往是一类模拟自然界生物、物理、数学等现象发展的优化算法，根据随机搜索和大概率统计收敛等基本原理，得到全局收敛的成效，这种算法不依赖初值，优化时间主要和优化目标计算时长和优化问题自身解空间奇点分布有关，如遗传算法、进化规划、进化策略、差分进化、量子遗传等。群智能算法有粒子群算法、模拟退火算法、混沌优化算法、禁忌搜索算法、蚁群算法、混合蛙跳算法、人工蜂群算法、神经网络算法、猫群算法、猴群算法、狼群算法、群居蜘蛛算法、布谷鸟算法、果蝇算法、人工鱼群算法、细菌人工免疫算法、蝙蝠算法、人工萤火虫算法、化学反应算法、文化算法、生物地理算法、入侵野草算法、引力搜索算法、人生搜索算法、竞选算法、人工植物算法和人工演化算法等不胜枚举，这些算法或有自己进化的特点，或根据其他进化机理改进后重新命名，不胜详述[104]。

比较经典的遗传算法（genetic algorithms，GA）属于全局进化算法。它将优化问题离散成有限优化参数，基于达尔文进化理论优胜劣汰自然规律，对这些优化参数的伪码进行遗传、交叉、变异等操作，产生新的伪码，这些新的伪码对应着新的优化参数和优化目标值，对其进行择优选择，即可完成一代优化操作。依据大概率收敛准则，该过程重复无数代后，即可得到全局最优解。

当优化目标存在两个以上时，问题称为多目标优化问题（multiple objective optimization problem，MOOP），全局进化和群智能算法解决这类问题的重要发展分支——多目标进化算法（multiple objective evolutionary algorithm，MOEA）是近年来优化领域的热点，除采用传统的目标加权法、约束法和混合法外，比较著名的 NSGA-II 算法（nondominated sorting genetic algorithm-II）采用非优超排序手段求解 Pareto 最优解集，物理规划法基于偏好函数评价对定量和定性指标评价，进而将多目标优化问题转化为单目标优化问题进行求解。

当优化自变量存在的子集是布尔 0、−1 集合或整数集合时，优化问题称为整数规划或混合整数规划问题，可以通过分支定界、割平面法、隐枚举法或匈牙利法等松弛或分解问题，进而求解原规划问题。

全局进化算法和群智能算法名目繁多，且存在因地制宜等各种改进、改良或结合版本，但普遍的特点是需要多次计算优化目标函数，导致优化时间长，求解的优化结果不严格满足间接法一阶最优性条件，多数情况下是一种次优解。

2. 局部梯度算法和启发式算法

数值优化问题的另一类算法是局部梯度和启发式算法，如经典的牛顿梯度下降法、单纯形法、信赖域反馈法等。该类算法依据当前目标函数对自变量的梯度信息或其他局部信息,以较小规模的目标函数计算量获得目标函数局部最大值或最小值对应的自变量的解,求解的最优解往往具备局部超过 1 次收敛性。对于含有约束的非线性优化问题而言,处理约束的方法一般可以分为两类:一类是通过罚函数法和拉格朗日乘子法等将问题转化为无约束优化问题,再调用无约束优化算法求解问题,这类方法约束满足程度严重依赖罚函数或拉格朗日乘子的选取方法,优化结果往往很难严格满足约束;另一类是通过计算约束域内可行梯度下降方向求解含约束最优化问题,如比较成熟的序列二次规划(sequential quadratic programming,SQP)算法。SQP 算法利用目标函数的二次逼近和约束函数的一次逼近构造一个二次规划问题。

$$\min\left[f(x^k)+(x-x^k)^T\nabla f(x^k)+\frac{1}{2}(x-x^k)^T H_k(x-x^k)\right] \quad (1\text{-}69)$$

$$\text{s.t.}\begin{cases} g(x^k)+(x-x^k)^T\dfrac{\partial g(x^k)}{\partial x}\leqslant 0 \\ h(x^k)+(x-x^k)^T\dfrac{\partial h(x^k)}{\partial x}=0 \end{cases} \quad (1\text{-}70)$$

式中:$x=[x_1,x_2,\cdots,x_n]^T$,$\nabla f(x^k)=\left(\dfrac{\partial f(x^k)}{\partial x_1^k},\dfrac{\partial f(x^k)}{\partial x_2^k},\cdots,\dfrac{\partial f(x^k)}{\partial x_n^k}\right)^T$ 为梯度信息;H 为 Hessen 矩阵,初值通常取 $H_0=I$,并采用 BFGS 算法[104](由 Broyden、Fletcher、Goldfarb 和 Shanno 等研究的拟牛顿法)对其进行修正。

令 $z^k=x^{k+1}-x^k$,则原二次规划问题转化为 z^k 的二次规划问题,即

$$\min\left[z^T\nabla f(x^k)+\frac{1}{2}z^T H_k z\right] \quad (1\text{-}71)$$

$$\text{s.t.}\begin{cases} g(x^k)+z^T\dfrac{\partial g(x^k)}{\partial x}\leqslant 0 \\ h(x^k)+z^T\dfrac{\partial h(x^k)}{\partial x}=0 \end{cases} \quad (1\text{-}72)$$

求解 z^k,进而得到 x^{k+1},依次重复以上步骤,直到获得满足约束的局部最优解。近年来,SQP 衍生了一些改进版本,本节在计算轨道可达域问题时,利用了 SQP_Snopt 算法[105](sparse nonlinear OPTimizer)。它是一类求解光滑非线性规划问题的改进 SQP 算法,采用稀疏序列二次规划算法的有限内存拟牛顿法来近似拉格朗日算子的 Hessian 矩阵,有效地降低了 Hessian 矩阵计算量,提高了运算效率和速度。本书在后续章节中求解载人登月转移轨道精确可达域问题时需要高精度轨道动力学模型积分,积分的每一步都需要在 J2000 地心惯性系和地固系来回转化求解地球非球形摄动加速度,每一步都需要调用 JPL 公布的星历文件插值计算日月位置,数值积分计算量大,不宜采用全局进化和群智能算法,主要利用 SQP_Snopt 算法。然而,局部梯度算法和启发式算法只有配置一个邻近最优解的自变量初值,

1.5.4 轨道优化的一些新算法

近年来，针对一些特殊规划问题，如物流路线优化问题、在线轨迹最优制导规划问题等，产生了诸如基于图论理论的数学规划算法[106]，基于拓扑理论的拓扑优化算法[107]、快速搜索随机树算法[108]、滚动时域算法[109]等，这些优化算法在复杂网络、城市规划、机器人轨迹规划、再入路径规划、直升机路径规划等领域效果优于传统优化算法。

1.6 小结

本章介绍了载人登月工程历史与现状、载人登月飞行模式研究概况、转移轨道动力学模型基础、轨道设计与优化算法简介等，为本书后续章节提供了知识背景并做了铺垫。

参 考 文 献

[1] 裴照宇, 邹永廖, 孟华, 等. 嫦娥工程月球手册[M]. 北京: 国防科工委月球探测工程中心, 2005.

[2] 水天. 永远的辉煌: "阿波罗"登月回顾[J]. 中国国家天文, 2008, 12: 92-97.

[3] MESSINA P, VENNEMANN D, GARDINI B. The European space agency exploration program Aurora[C]. Florida: AIAA 1st space exploration conference, 2005.

[4] 哈维. 苏联/俄罗斯探月历程[M]. 邓宁丰, 译. 北京: 中国宇航出版社, 2009.

[5] ARAKA K, TAZAWA S, NODA H, et al. Lunar global shape and polar topography derived from Kayuya-LALT laser altimetry[J]. Science, 2009, 323(5916): 897-900.

[6] NAMIKI N, TAKANO T. Farside gravity field of the Moon from four-way doppler measurements of SELENE(Kayuya)[J]. Science, 2009, 323(5916): 900-905.

[7] HARUYAMA J, OHTAKE M, MATSUNAGA T, et al. Long-lived volcanism on the lunar far side revealed by SELENE terrain camera[J]. Science, 2009, 323(5916): 905-908.

[8] ONO T, KUMAMOTO A, NAKAGAWA H, et al. Lunar radar sounder observations of subsurface layers under the nearside maria of the Moon[J]. Science, 2009, 323(5916): 909-912.

[9] JIN S, ARIVAZHAGAN S, ARAKI H. New results and question of lunar exploration from SELENE, Chang'E-1, Chandrayaan-1 and LRO/LCROSS[J]. Advances in Space Research, 2013, 52(2): 285-305.

[10] 彭坤, 杨雷. 利用地月空间站的载人登月飞行模式分析[J]. 宇航学报, 2018, 39(5): 471-481.

[11] HE B Y, LI H Y, ZHANG B. Analysis of transfer orbit deviation propagation mechanism and robust design for manned lunar landing[J]. Acta Physics Since. 2013, 62(19): 83-90.

[12] WERTZ J R, LARSON W J. 航天任务的分析与设计（上）[M]. 王长龙，等译. 北京：航空工业出版社，1992.

[13] HILL G W. Research in the lunar theory[J]. American Journal of Mathematics, 1878, 1(1): 5-26.

[14] SCHEERES D. J. The restricted Hill four-body problem with applications to the Earth-Moon-Sun system[J]. Celestial Mechanics and Dynamical Astronomy, 1998, 70(2): 75-98.

[15] 张洪波. 航天器轨道力学理论与方法[M]. 北京：国防工业出版社，2016.

[16] 李成智. 阿波罗登月计划研究[M]. 北京：北京航空航天大学出版社，2010.

[17] NASA. Project: Apollo-13[R]. Apr 12, 1970. Release No.70-50K: 1-141.

[18] 张弛. 冷战中的美苏载人登月竞赛[D]. 西安：陕西师范大学，2011.

[19] JOHN M L. The decision to go to the Moon[M]. Cambridge: MIT Press, 1970.

[20] BAKER D. The history of manned space flight[M]. New York: Crown Pub, 1981.

[21] SIDDIQI A A. Challenge to Apollo: The Soviet Union and the Space Race, 1945-1974[M]. Gainesville: University Press of Florida, 2003.

[22] NASA. Apollo-11 lunar landing mission[R]. July 6, 1969: Release No. 69-83K.

[23] LYNDON B. Johnson Space Center. Apollo program summary report[R]. Houston, Texas, Apr 1975. No. JSC-09423.

[24] NASA. Apollo-13: "Houston, we've got a problem" [R].1970. No. EP-76: 384-459.

[25] DASHKOV A A, IVASHKIN V V. On a History of the Lunar-9 Spacecraft Project for Soft Landing on the Moon[M]. USSR Academy of Sciences, Moscow, 1988: 1-28.

[26] BUSH G W. The vision for space exploration[R]. 2004. NASA. Headquarters. Washington D. C. 20546. NP-2004-01-334-HQ: 2-3.

[27] STANLEY D, COOK S, CONNOLLY J, et al. NASA's exploration system architecture study [R]. NASA Report, Nov, 2005: TM-2005-214062: 1-3.

[28] SANDER M. J. The nation's vision for exploration: an update[R]. NASA Report, Nov, 2007: 1-2.

[29] DALE S, COOKE D. HOROWITZ S. Global exploration strategy and lunar architecture [R]. Washington D. C: NASA Office of Public Affairs, 2006: 1-49.

[30] CHARLES D, WILLIAM A J, JULIE K W. To the Moon and beyond[J]. Scientific American, 2007 (297): 62-68.

[31] NASA. Constellation Program: The Orion crew exploration vehicle[R]. 2007: 1-53. https://www.nasa.gov/mission_pag es/constellation/multimedia/orion_contract_images.html.

[32] NASA. Constellation Program: The Ares V cargo launch vehicle[R]. 2007: 1-16. https://www.nasa.gov/mission_pag es/constellation/ares/aresV_old.html.

[33] OBAMA B. Advancing the frontiers of space exploration[R]. Washington D. C: White House,

2010: 1-3.

[34] OBAMA B. National space policy of the United States of American[R]. Washington D. C: White House, 2010: 1-18.

[35] 孙龙, 刘映国. 2011 年世界载人航天发展综合分析[J]. 载人航天, 2012, 18(1): 92-96.

[36] 复光. 日本 2005—2025 年航天新构想[J]. 国际太空, 2006 (1): 20-29.

[37] 魏雯. 2006—2030 年俄罗斯载人航天发展构想[J]. 中国航天, 2007 (9): 30-36.

[38] AMITJHA. BBC-News: India announces first manned space mission[N]. 2010-01-27. http://news.bbc.co.uk/2/hi/8483787.stm.

[39] 管春磊, 周鹏, 强静. 国外载人登月发展趋势研究[J]. 国际太空, 2009 (4): 22-28.

[40] 胡波, 徐丹丹. 国外载人航天运载火箭发展规划及研制现状[J]. 中国航天, 2011 (5): 15-18.

[41] 东方星. 2014 年世界空间探测回顾[J]. 国际太空, 2015, 434(2): 32-41.

[42] 卢波. 2015 年全球空间探测发展回顾[J]. 国际太空, 2016, 446(2): 16-20.

[43] JONATHAN V F. Vice President Mike Pence wants to send astronauts back to the moon[N]. 2017-10-06. https://finance.yah oo.com/ne ws/vice-president-mike- pence-wants-212523987.html.

[44] MESSINA P, VENNEMANN D, GARDINI B. The European Space Agency Exploration Programme Aurora[C]. Florida: AIAA 1st Space Exploration Conference, 2005.

[45] 韩鸿硕, 蒋宇平. 各国登月计划及载人登月的目的与可行性简析: 上[J]. 中国航天, 2008 (9): 30-33.

[46] 王赤, 孙丽琳. 展望中国人的登月梦想: "载人登月科学问题"专题学术讨论会成功举行[J]. 科学通报, 2007 (3): 739-740.

[47] 张智慧, 郭佳子, 王远振. 张育林: "载人探索月球是中国载人航天发展的现实选择"[N]. 载人航天工程网, 2016-04-28. http://www.cmse. gov.cn/art/2016/4/28 /art_18_27628.html

[48] 朱伟华, 赵鹏飞. 第四届载人航天学术大会召开[N]. 光明日报, 2016-08-15(6).

[49] McDOUGAL. The heavens and the earth: A political history of the space age[M]. Baltimore: Johns Hopkins University Press, 1985.

[50] LYNDON B. Johnson Space Center. Apollo program summary report[R]. Houston, Texas, Apr 1975. No. JSC-09423: 1-3.

[51] LYNDON B. Johnson Space Center. Benefits from Apollo: giant leaps in technology [R]. Houston, Texas, Apr 2004. No. FS-07-002: 1-4.

[52] 褚桂柏, 张熇. 月球探测器技术[M]. 北京: 中国科学技术出版社, 2007.

[53] COLAPRETE A, SCHULTZ P, HELDMANN J, et al. Detection of water in the LCROSS ejecta plume [J]. Science, 2010, 330(6003): 463-468.

[54] MITROFANOV I G, SANIN A B, BOYNTON W V, et al. Hydrogen mapping of the lunar South Pole using the LRO neutron detector experiment LEND[J]. Science, 2010, 330(6003): 483-486.

[55] SRIDHARAN R, AHMED S M, DAS T P, et al. Direct evidence for water in the sunlit lunar

ambience from CHACE on MIP of Chandrayaan-I[J]. Planetary and Space Science, 2010, 58(6): 947-950.

[56] ZUBER M T, SMITH D E, LEHMAN D H, et al. Gravity recovery and interior laboratory (GRAIL): mapping the lunar interior from crust to core[J]. Space Science Reviews, 2013, 178(1): 3-24.

[57] 尹常琦. 美国航天产业市场结构与绩效研究[D]. 南京: 南京航空航天大学, 2009

[58] 董现珠, 毛泽龙. 中国航天产业的经济带动效应分析[J]. 苏州科技学院学报（社会科学版）, 2011, 29(6): 17-21.

[59] 廖小刚, 王岩松, 陈敬一. 对美国商业载人登月的初步分析[C]. 哈尔滨: 第四届载人航天学术大会论文集: 上, 2016, 8: 56-59.

[60] 陈光. 美国商业化月球开发的发展及启示[C]. 哈尔滨: 第四届载人航天学术大会论文集: 上, 2016, 8: 71-75.

[61] 杨建, 薛滔. "中国航天高峰论坛"暨中国宇航学会·中国空间法学会2016年学术年会在京召开[J]. 太空探索, 2016, (11): 14-15.

[62] 李海阳, 张亚坤. 月球开发新体系构想[C]. 哈尔滨·中国, 第四届载人航天学术大会论文集: 上, 2016, 8: 332-335.

[63] 盛英华, 张晓东, 梁建国, 等. 载人登月飞行模式研究[J]. 宇航学报, 2009, 30(1): 1-7.

[64] 彭祺擘, 李桢, 李海阳. 载人登月飞行方案研究[J]. 上海航天, 2012, 29(5): 14-19,72.

[65] LOGSDON J M, LAUNIUS R D. Human space-flight: Projects Mercury, Gemini and Apollo[M]. Washington D. C.: NASA history division office of external relations, 2008: 16-18.

[66] 周建平. 载人航天交会对接技术[J]. 载人航天, 2011, 17(2): 1-8.

[67] 彭祺擘. 基于空间站支持的载人登月方案研究[D]. 长沙: 国防科技大学, 2007.

[68] 戴维 J S. 载人航天飞行中的事故与灾难[M]. 袁家军, 郑敏, 译. 北京: 中国宇航出版社, 2006.

[69] JOHN C S, JOSHUA B H, An alternate approach to lunar missions-Human sorties at half the price[C]. California: AIAA Space 2006, 2006: 75-79.

[70] 张祖鹤. 载人登月综合任务窗口问题研究[D]. 长沙: 国防科技大学, 2012.

[71] 李桢, 周建平, 程文科, 等. 环月轨道交会的奔月方案[J]. 国防科技大学学报, 2009, 31(1): 16-20.

[72] SANTOVINCENZO A. Architecture study for sustainable lunar exploration[R]. ESA CDF Study Report-33(A), December, 2004: 55-59.

[73] HOPKINS J B, PRARTT W, BUXTON C, et al. Proposed orbits and trajectories for human missions to the earth-moon L2 region[C]. Beijing: 64th International Astronautical Congress, 2013: 1-2.

[74] FARQUHAR R W. Lunar communications with libration point satellites[J]. Journal of Spacecraft

and Rockets, 1967, 4(10): 1383-1384.

[75] QIAO D, CUI P Y, WANG Y M, et al. Design and analysis of an extended mission of CE-2: from lunar orbit to sun-earth L2 region[J]. Advance in Space Research, 2014, 54(10): 2087-2093.

[76] 张景瑞, 曾豪, 李明涛. 日地 Halo 轨道的多约束转移轨道分层微分修正设计[J]. 宇航学报, 2015, 36(10): 1114-1124.

[77] 张景瑞, 曾豪, 李明涛. 不同月球借力约束下的地月 Halo 轨道转移轨道设计[J]. 宇航学报, 2016, 37(2): 159-168.

[78] 彭坤, 李明涛, 王平, 等. 基于不变流形的地月 L2 点 Halo 轨道转移轨道设计[C]. 哈尔滨: 第四届载人航天学术大会论文集: 上, 2016, 8: 139-145.

[79] 曹鹏飞, 孙俞, 贺波勇, 等. 地月 L2 点 Halo 轨道支持的登月轨道优化设计[C]. 哈尔滨: 第四届载人航天学术大会论文集: 上, 2016, 8: 105-109.

[80] GILL T. NASA's lunar orbital platform-Gateway [C]. 45th Space Congress, NASA/Kennedy Space Center Exploration Research & Technology Prograns, 2018.

[81] DAVIS J. Some snark (and details!) about NASA's proposed lunar space station [EB/OL]. 2018[2018]. http://www.planet ary.org/blogs/jason-davis/2018/20180226-lop-g-snark-details.html.

[82] 王永生, 贺利. 美国近月空间站建设计划初探[J]. 国际太空, 2018, 8: 40-45.

[83] HOWELL K, BREAKWELL J. Almost rectilinear halo orbits [J]. Celestial Mechanics, 1984, 32(1): 29-52.

[84] DAVIS D, BHATT S, HOWELL K. et al. Orbit maintenance and navigation of human spacecraft at cislunar near rectilinear halo orbits[C]. 27th AAS/AIAA Space Flight Mechanics Meeting, San Antonio TX United States, 5-9 Feb, 2017.

[85] YAZDI K, MESSERSCHMID E. A lunar exploration architecture using lunar libration point one[J]. Aerospace Science and Technology, 2008, 12(3): 231-240.

[86] 高启滨, 张洪礼, 韩潮. 基于地月 L1 点的载人登月方案探讨[J]. 载人航天, 2014, 20(6): 562-568.

[87] MENDELL W W, HOFFMAN S. Strategic considerations for cislunar space infrastructure[C]. Graz: 44th Congress of the International Astronautical Federation, 1993: 1-2.

[88] 李恒年. 地球静止卫星轨道与共位控制技术[M]. 北京: 国防工业出版社, 2010.

[89] 张文博, 成跃, 王宁飞. 地月循环轨道动力学建模与计算研究[J]. 宇航学报, 2015, 36(5): 510-517.

[90] ALDRIN B. Cycler trajectory concepts[C]. California: SAIC Presentation to the interplanetary rapid transit study meeting, October, 28, 1985: 1-8.

[91] 杨雷, 向开恒, 童科伟, 等. 基于地月周期重访轨道空间站的载人月球探测方案设想[J]. 载人航天, 2013, 19(5): 47-51.

[92] 贺波勇, 李海阳, 李飞, 等. 载人登月周期重访轨道保持策略设计[J]. 载人航天, 2016, 22(4):

411-416.

[93] 赵志萍, 杨剑峰, 王长焕, 等. 分步式人货分落载人月球探测方案探讨[C]. 哈尔滨: 第四届载人航天学术大会论文集: 上, 2016, 8: 76-81.

[94] 李海阳, 张波, 黄海兵. 航天员与类人机器人月面联合探测概念初步研究[J]. 载人航天, 2014, 20(4): 301-306.

[95] 童宝润. 时间统一系统[M]. 北京: 国防工业出版社, 2003.

[96] 漆贯荣. 时间科学基础[M]. 北京: 高等教育出版社, 2006.

[97] 郗晓宁, 曾国强, 任萱, 等. 月球探测器轨道设计[M]. 北京: 国防工业出版社, 2001.

[98] 郗晓宁, 王威. 近地航天器轨道基础[M]. 长沙: 国防科技大学出版社, 2003.

[99] 卢松涛, 赵育善. Halo 轨道 Richason 三阶近似解析解的改进[J]. 宇航学报, 2009, 30(3): 863-869.

[100] 刘磊, 刘勇, 曹建峰. Halo 轨道族延拓方法及特性研究[J]. 中国空间科学技术, 2013, 1: 30-36.

[101] RICHARDSON D L. Analytic construction of periodic orbits about the collinear points [J]. Celestial Mechanics, 1980, 22(3): 241-253.

[102] 樊伟. 基于三体模型的转移轨道设计研究[D]. 哈尔滨: 哈尔滨工业大学, 2012.

[103] PENZO P A. Computing earth orbitness effects on lunar and interplanetary trajectory [R]. AIAA 70-0097, 1970.

[104] 徐国根, 赵后随, 黄智勇. 最优化方法及其 MATLAB 实现[M]. 北京: 北京航空航天大学出版社, 2018.

[105] PHILIP E G, MURRAY W, SAUNDERS M A. SNOPT: an SQP algorithm for large-scale constrained optimization[J]. SIAM Journal on Optimization, 2002, 12(4): 979-1006.

[106] 龚劬. 图论与网络最优化算法[M]. 重庆: 重庆大学出版社, 2009.

[107] 周克民, 李俊峰, 李霞. 结构拓扑优化研究方法综述[J]. 力学进展, 2005, 35(1):69-76.

[108] LAVALLE S M. Rapidly-Exploring Random Trees: a new Tool for Path Planning[R]. Technique Report No.98-11, Dept. of Computer Science, Iowa State University, 1998.

[109] MAYNE D, RAWLING J, RAO C. Constrained Model Predictive Control: Stability and Optimality [J]. Automatica, 1987, 36(6): 789-814.

第 2 章
载人登月转移轨道可达域问题与求解策略

2.1 引言

载人登月转移轨道是指载人登月飞行器在地球与月球之间往返的飞行轨道[1]。载人登月飞行轨道中,地月转移轨道和月地返回轨道最为关键,受一些工程约束和转移轨道动力学模型自然属性的影响,地月转移轨道到达近月点切向减速制动形成的环月目标轨道(lunar destination orbit,LDO)星下点覆盖的月面区域成为月面科考工程实现性评估的重要参考因素,月地返回轨道的再入点或真空近地点直接影响航天员完成探月任务安全返回地球的搜救难度和安全性问题。Apollo 工程月面着陆点受当时政治环境和政治目的影响,不刻意强调月面探测区域的科学意义,导致其 6 次任务着陆点均在月球正面(靠近地球一面)中低纬度区域。近年来,月球极地水冰、冻土中微生物和中高纬度矿产资源给予了载人登月"全月面到达"的科学研究意义。为了提高航天员的安全性,月地返回轨道可达域研究及"任意时刻返回""定点返回"具有现实工程价值。

根据 1.3 节飞行模式特点分析结果,本书着重介绍的 LEO+LLO 交会组装飞行模式中,转移轨道有月面着陆器(lunar module,LM)采用的一般地月转移轨道(飞行时长为 4~5 天)、载人飞船采用的绕月自由返回轨道和载人飞船月地返回轨道;地月 L2 点(拟)周期轨道交会组装飞行模式中,转移轨道有货运飞船从地球到地月 L2 点(拟)周期轨道的低能转移轨道、载人飞船从地球到地月 L2 点(拟)周期轨道的快速转移轨道和 L2 点至月球的转移轨道。

转移轨道可达域问题从本质上求解满足约束的地月间转移轨道参数可达集合。从地球至月球的地月转移和从地月 L2 点(拟)周期轨道到月球的转移轨道的可达域是指该类轨道满足约束条件后到达近月点(含近月点高度约束)的轨道参数可达集合;月地返回轨道可达域是指从既定环月低轨道出发,满足一定轨道运动学约束和工程约束、月地返回到达再入点或真空近地点的参数可达集合。通俗地讲,地月转移轨道可达域是指近月点参数可达范围或月面可达范围,而月地返回轨道可达域是指返回地球参数可达范围或再入点参数可达范围。

传统意义上，轨道可达域问题一般使含偏差或机动轨道在标称轨道附近泰勒展开，取一阶展开项或更高阶展开项，形成偏差传播矩阵，利用偏差传播矩阵对可达域问题进行求解。对于飞行力学模型非线性较强、含不确定性过程因素或机动较为频繁复杂的情况，如大气环境不确定的飞行器进入/再入问题，灵活机动变轨的 X 37B 飞行器等，上述方法不适用。数值延拓方法是以某些较敏感的参数为延拓变量，将原来高维度复杂的问题降维，难度降级，从而逐步求解原复杂问题的一种策略。

本章介绍了载人登月转移轨道可达域研究背景、可达域相关轨道问题研究现状、可达域问题模型，以及数值延拓分析策略等。

2.2 载人登月转移轨道可达域研究背景

关于载人登月转移轨道问题研究，NASA 在"星座计划"中将可达域研究作为一个重要的研究攻关方向，本节简要论述 NASA 对上述载人登月轨道可达域问题的描述。

2.2.1 全月面到达

NASA 在 2005 年宣布星座计划后，先后公开了 3 份重要报告[2-4]，详细描述了全月面到达和任意时刻返回目标，赋予载人登月计划新的使命目标。全月面到达问题在 2005 年 NASA 的 ESAS（NASA's Exploration System Architecture Study）报告中总结如下[2]：

"It is recommended that the lunar architecture preserve the option for full global landing site access for sortie or outpost missions. Landing at any site on the Moon sizes the magnitude of the LOI maneuver. A nominal 900-m/s LOI burn enables access to the equator and poles, and a maximum of 1,313 m/s is required for immediate access to any site on the lunar globe. The architecture uses a combination of orbital loiter and delta-V to access any landing in order to balance additional propulsive requirements on the lander descent stage and additional orbital lifetime of the CEV systems. The lander descent stage was sized for a 900-m/s LOI plus a 200-m/s maximum nodal plane change, for a total of 1,100 m/s in addition to lunar descent propulsion. This value allows the crew to immediately access 84 percent of the lunar surface, and to have full global access with no more than 3 days loiter in lunar orbit."

报告大意为："我们推荐这样的月球（探索）体系，它保障了月球短期任务或前哨任务中全月面下降着陆的期望设置，计算全月面到达的月球捕获制动速度增量大小。它标称 900 m/s 速度增量能接近月球赤道和极区，1313 m/s 速度增量是直接到达全月面任意地点的必要要求。该体系采用环月轨道等待和速度脉冲制动联合优化来接近月面任意地点，以平衡上升级附加的燃料增量需求和乘员探索飞行器附加的在轨等待时长。着陆器下降级允许 900 m/s 加最大 200 m/s 速度增量来调整轨道交点平面，即共计 1100 m/s 速度增量用于月面动力下降燃料消耗。该条件允许航天员直接接近 84% 的月球表面，如果再增加不大于 3 天的在轨等待时长，就可以全月面接近。"

可以看出，全月面到达是以增加飞行机动能力（燃料消耗）和 LLO 轨道等待时长为代价的，在尽可能共面下降的前提下，通过近月段机动变轨来改变 LLO 轨道倾角和升交点经度，来接近月面任意地点。研究月面轨道可达域和全月面到达问题包含两方面内容：一是在有限的近月段轨道机动能力前提下，通过设计更为优化的飞行轨道方案，计算能到达的月面区域最大范围；二是研究要实现全月面到达目标，以及需要付出的最小近月段轨道机动能力（燃料消耗）。

2.2.2 任意时刻返回

同样在 2005 年 NASA 的 ESAS 报告中，任意时刻返回的总结如下[2]：

"It is recommended that the architecture provide the capability to return to Earth in 5 days or less for sortie missions at any site on the lunar globe. The requirement to return anytime from the surface of the Moon to Earth was the design driver of the SM propulsion system. The lunar mission requires a total of 1,450 m/s of delta-V, combining a 900 m/s TEI maneuver, a worst-case 90 deg nodal plane change, and Earth entry azimuth control. This capability enables 'anytime return' if the lander is able to perform a coplanar ascent to the CEV. For sortie duration missions of 7 days or less, the CEV's orbital inclination and node will be chosen to enable a coplanar ascent. Outpost missions will also have anytime return capability if the outpost is located at a polar or equatorial site. For other sites, loitering on the surface at the outpost may be required to enable ascent to the orbiting CEV."

报告大意为："我们推荐这样的月球（探索）体系，它提供了 5 天或 5 天之内，从月面任意地点返回地球的能力。从月面任意地点返回地球对着陆器推进系统设计提出了要求。月球任务要求总共 1450 m/s 的速度增量和月地转移加速制动 900 m/s 速度增量，最差的情况是两个轨道面交点差 90°，地球再入角控制。如果着陆器能在动力上升时表现出与乘员探索飞行器轨道共面的能力，就可以保证任意时刻返回。对于短期任务 7 天或 7 天之内，乘员飞行器轨道需要选择一个能共面上升的倾角和交点。如果前哨任务着陆点选在赤道和极区，则也具有任意时刻返回的能力。对于其他月面区域，月面上升到乘员探索飞行器可能需要一定的月面等待时长。"

任意时刻返回包含两个阶段，即从月面动力上升轨道（lunar ascend orbit，LAO）到与 CEV 在 LLO 上交会对接阶段和从 LLO 逃逸到返回地球再入点阶段。可见，任意时刻返回实质是从 LLO 逃逸、月地返回轨道到达地球再入点可达域计算问题。

动力上升和交会对接的关键是降低异面度,相关设计可参考二体轨道解析理论[5-7],难点是月地返回轨道可达域分析计算问题。

2.2.3 定点返回地球

载人登月标称轨道方案设计时,定点返回是指载人飞船从 LLO 轨道出发,加速进入月地返回轨道,最终到达地球某指定着陆场[8]。受地月空间关系和当时计算机能力的影响,Apollo 历次任务"定点"回收区域横跨太平洋纬度±40°,经度 160°~180°区间,分布如图 2-1 所示,航程基本都在 2192~2772 km[9-10]。

图 2-1　Apollo 历次任务中太平洋回收区域[10]

Apollo 飞船航程偏差比较大,着陆点难以精确控制,为回收搜救工作增加了复杂度和难度[11-12]。NASA 在"星座计划"中再次强调了高精度返回陆上着陆场的目标[13],计划在跳跃式弹道轨迹远地点修正偏差,标准化月球返回再入轨迹,使每次任务中航天员所受过载、热流等相同[14]。可见,载人飞船月地定点返回轨道设计及可达域分析是任务标称方案设计的重要技术之一。

2.3　可达域相关轨道问题研究现状

载人登月轨道可达域的研究实质是给定飞行方案和约束条件的地月空间转移轨道解集域的计算问题,包括着陆器采用的一般地月转移轨道、载人飞船采用的绕月自由返回轨道或混合轨道、载人飞船月地返回轨道、货运飞船地月 L2 点低能转移轨道、载人飞船地月 L2 点快速转移轨道和从地月 L2 点空间站至月球的转移轨道。不同于近地航天器轨道设计问题,地月空间转移轨道穿越地球和月球两个中心天体产生的引力场,其间还受到太阳引力的长时间摄动,轨道动力学模型呈现出较强的非线性特性[15-16],给轨道设计带来了难度。

2.3.1 一般地月转移轨道

1959 年 2 月,苏联发射的 Luna-1 号月球撞击器因为地月转移轨道动力学模型精度及设计方法问题,没有达到撞击月球的目的,而绕过月球逃逸出地月引力空间。1959 年 9 月发射的 Luna-2 号成功撞月,成为人类第一个月球探测器。直到 1990 年,日本发射了飞天号月球探测器,几十年间,只有苏联和美国两个国家向月球发射了多个撞击探测器和绕月极轨探测器。受到数学方法和计算机技术的限制,轨道设计多采用微分校正法,Kizner 等[17]发现了建立在目标星体 B 平面参数与轨道状态量偏差存在比较好的线性关系,可用于轨道设计。

1994 年,美国发射 Clementine 号月球探测器,发现月球南极永久黑暗区域可能存在水冰证据,引起了世界航天大国"返回月球"的热潮。

我国嫦娥工程论证工作开始于这个时候,国内学者褚桂柏等[18]率先详细总结了 1959—1994 年人类发射的月球探测器探测的月球表面区域,并给出了发射月球探测器的最基本工程约束和设计模型。严辉[19]、胡小工[20]、郗晓宁[21]、杨维廉[22-23]、朱仁璋等[24]研究了月球探测器轨道动力学模型和设计方法,为我国嫦娥工程轨道设计做了大量基础性研究工作。

2000 年后,刘林等[25-26]出版了《月球探测器轨道力学》,为高精度轨道设计奠定了动力学模型基础。郗晓宁等[27]出版了《月球探测器轨道设计》,系统地讲述了双二体假设和遗传算法等在轨道设计时的具体应用方法,为嫦娥工程任务实施提供了轨道设计理论支持。谷立祥等[28]提出将遗传算法和 B 平面参数结合进行月球探测器轨道设计。周文艳等[29]、高玉东等[30]结合嫦娥一号任务背景,研究发展了月球探测器轨道设计方法。高扬[31-32]、王亚敏[33]、乔栋等[34]结合嫦娥二号任务背景,发展了月球探测器拓展任务轨道设计方法。

总结一般地月转移轨道研究进展,可以发现,我国嫦娥工程带动了月球探测器轨道设计技术的发展成熟。目前,一般月球探测器轨道设计方法可以总结为以下 5 个关键词:双二体假设、B 平面参数、微分校正、遗传算法和高精度模型。

(1) 双二体假设也称圆锥曲线拼接法,是基于拉普拉斯(Pierre Simon Laplace)巨著《Celestial Mechanics》中天体引力作用范围的原则,由 Egorov 等[35]于 1956 年首先提出,以引力作用球内外二体解析模型及影响球边界拼接方式完成转移轨道计算。双二体假设使原本复杂的空间力场非线性模型变为半解析模型,使得转移轨道设计简洁直观,特别是对轨道参数特性分析和任务设计,十分方便。月球相对于地球的影响球半径约为 66200 km,实际上,地月距可在 $3.5×10^5 \sim 4.1×10^5$ km 变化,导致月球影响球半径可在 $6×10^4 \sim 7×10^4$ km 变化。加之,相比于行星探测问题,地月距离较近、月地质量比较大,基于双二体假设模型计算飞行 3 天左右的地月转移轨道,近月点与实际相差数千千米。双二体假设在计算飞行时间较长的地月转移轨道时存在严重不足,即飞行时间越长,模型误差越大。杨维廉等[22-23]和周文艳等[29]发现，采用双二体假设求解地月转移飞行时间大于114 h的轨道初值，在进一步高精度模型迭代时，效率很低，而且有时很难找到满意的结果，尤其是高精度的结果。

（2）B平面参数结合微分校正迭代法计算月球探测器轨道是比较经典的方法，但收敛域及初值猜测需要一定的工程经验。这时，采用遗传算法等不需要初值猜测的进化算法就可以弥补这一缺点，额外的代价是计算效率降低。

（3）高精度轨道动力学模型是月球探测器轨道设计的必然选择，但往往需要简化轨道模型提供轨道参数初值[36-38]。

除利用大推力化学火箭发动机进行地月直接快速转移外，还可利用地月系L1点间接转移方式[39]、利用日地系和地月系不变流形相交的弱稳定边界（weak stability boundaries，WSB）转移方式[40]和小推力转移方式[41]等典型的地月转移节能轨道方式，但代价是飞行时间的延长和测控精确度要求的提高。

2.3.2 绕月自由返回轨道

1687年，牛顿（Issac Newton）在世纪巨著《*Philosophiae Naturalis Principia Mathematica*》中首次对三体问题及N体问题作了精确的数学描述。之后对该问题进行研究的科学家有欧拉（Leonhard Euler）、拉格朗日（Joseph Louis Lagrange）、雅可比（Carl Gustav Jacob Jacobi）和庞加莱（Jules Henrj Poincaré）等。1890年，庞加莱证明了三体问题不能定量获得解析解[42]，只能通过定性分析研究积分不变量、周期解、渐进解、首回映射、同/异宿轨等，他引入相图理论，发现了混沌现象[43]。

圆型限制性三体模型（CR3BP）是最典型的三体模型。Miele[44-46]基于CR3BP发现了地月镜像对称自由返回轨道。2011年，Jesick和Ocampo等[47-49]研究了绕月自由返回轨道设计方法，分析了月面可达域和终端变轨扩展可达域的速度增量代价，得出了最优全月面覆盖月球捕获制动脉冲大小为1220 m/s的结论。钱霙婧[50]、连一君[51]总结对比了CR3BP与高精度模型的误差，表明该模型只适用于轨道特性初步分析。

Schwaniger等[52]和Weber等[53]针对Apollo计划航天员生命安全高可靠性要求，研究了基于双二体假设的绕月自由返回轨道设计方法。白玉铸[54]、黄文德[55]、Peng等[56]分别基于双二体假设发展了绕月自由返回轨道计算方法。李京阳等[57-59]通过设计多段自由返回轨道，在一定程度上扩大近月段轨道倾角，得出2600 m/s月球捕获速度增量和400 m/s多段自由返回轨道中途变轨速度增量，实现全月面到达的结论。由于偏差在月球影响球边界区域进行累积，因此很难证明双二体假设模型的解是否完备[60]。

另一种精度是介于双二体假设模型和高精度模型之间的伪状态（pseudo-state）模型，它是Wilson等[61]和Bynes等[62]于1970年左右提出的一种计算地月转移轨道的近似方法，国内一些书籍称之为多圆锥截线法[63]。该模型在整条轨道上单独计算地月两个天体对飞行器的引力作用,并把它们叠加到一起,从而得到精度较高的轨道数据[64]。伪状态模型计算时间约为数值积分的1%,而计算误差不大于双二体假设的5%,近月点高度误差约为20 km[65],因而一定情况下优势明显[66-68]。

张磊等[69]探索了一种绕月自由返回轨道三级逐层修正计算方法,采用插值等数值手段全面地考虑了发射弹道匹配和再入弹道匹配问题,精度高流程复杂。张洪礼等[70]尝试采用无迹卡尔曼(unscented Kalman Filter,UKF)参数估计原理,求解绕月自由返回轨道Lambert问题,已有技术突破。

可见,目前关于绕月自由返回轨道月面可达域的分析结论存在共同点和不同点。共同点是绕月段轨道倾角分布范围小,月面可达域有限[71];不同点在于月面可达域范围精确度和变轨实现全月面到达速度增量的不同,原因在于使用的轨道动力学模型不同程度的简化。本章针对高精度模型中精确可达域问题展开研究。

另外,基于绕月自由返回轨道的混合轨道也是扩展月面可达域的重要途径[72]。郑爱武[73]、宝音贺西[74]、李海阳[75]等对载人登月自由返回轨道和混合轨道设计及轨道控制作了评述。

2.3.3 月地返回轨道

月地返回轨道可达域研究比全月面到达更加重要,后者与科学考察目标区域有关,而前者直接关系到航天员生命安全。月地返回轨道穿越月球和地球两个主要中心引力场,Apollo时期的学者凭借双二体假设模型,假定瞄准再入点的双曲超速矢量已知,仅考虑LLO逃逸到月球影响球边界的问题,研究了很多月心二体假设下最优轨道生成方法[76-79]。

2000年后,国内学者大量采用双二体假设模型计算月地返回轨道特性,并进行月地返回窗口规律研究,如白玉铸[80]、张磊[81]、黄文德[82]、郑爱武[83]、李京阳等[84]。Withley等[85]采用非线性规划算法求解月球逃逸段时间固定的月地返回轨道。Marchand[86]和Scaritt等[87]设计了瞄准地球再入点的制导方法,采用的非线性规划算法收敛域有限。Chung等[88]研究了从月球南极Aitken盆地采样返回的3种轨道方式,但不适宜载人应急返回。对于载人登月任务而言,受工程任务时间约束,月地返回入轨一般都需要进行异面变轨和多次机动[89-90],沈红新等[14,91]提出了以双二体模型结果作为初值,采用Multi-Start算法搜索高精度模型中月地返回轨道的串行设计方法,效率较低,进一步基于Colasurdo和Casalino等[92]间接优化理论,提出了基于CR3BP模型的月地返回最优轨道解析同伦间接优化方法。Yan等[93]研究了高精度模型中月地返回轨道设计问题。Yim等[94]研究了月地返回90°倾角最短航程再入的绕月自由返回轨道设计问题。

月球及深空探测返回器一般采用长航程减小热流密度和防止过载等,再入走廊较小,要求月地返回轨道计算模型精度尽可能高。近年来,国内探月返回跳跃式再入弹道制导控制研究逐渐趋于成熟[95-98],特别是2014年11月1日,嫦娥5T试验器返回内蒙古某着陆场[99]，如图 2-2 所示，表明我国已经掌握了弹道返回舱升力跳跃式再入弹道设计与制导控制技术。我国目前只具备陆上着陆搜救条件，要使载人登月飞船精确返回指定着陆场对应的再入点状态，需减小再入阶段可能的风险及搜救代价，因此研究月地返回轨道精确可达域问题意义重大。

图 2-2　中国嫦娥五号返回舱精确返回着陆场[99]

2.3.4　地月 L2 点低能转移轨道

地月 L2 点低能转移轨道指的是在转移过程中借助地月抑或日地系统不变流形（包括稳定流形与不稳定流形）的一类轨道。航天器在共线平动点附近的运行轨道可分为 4 类[183]：（拟）周期轨道（如 Halo orbit）、渐进轨道、穿越轨道和非穿越轨道。渐进轨道可细分为渐进稳定与不稳定轨道，前者形成稳定流形，后者形成不稳定流形。航行于稳定流形的航天器在不施加任何动力的情况下可逐渐趋近周期轨道，而航行于不稳定流形的航天器可逐渐远离周期轨道。因此，借助不变流形的平动点转移轨道具有低能量特性。

针对 L2 点低能转移轨道设计问题，由于地月 L2 点附近的不变流形可达到月球附近，而无法与 LEO 轨道相交，因此从地球出发至 L2 点的零消耗转移方案并不存在[100]。1990 年，Belbruno 和 Miller 等[101-102]基于弱稳定边界理论研究了借助太阳引力摄动下的地月转移问题，即弱稳定边界转移。1993 年，Gomez 等[103]通过引入动力系统理论，发现了三体系统的共线平动点附近存在大量的稳定流形和不稳定流形。后来，Koon 等[104-105]和 Parker 等[106]通过拼接日地系统和地月系统不变流形得到从 LEO 出发转移至地月 L2 的 WBS 轨道，成功解释了 WBS 转移方式节省燃料的原因。

2004 年，Zazzera 等[107]基于遗传算法与序列二次规划相结合的混合优化方法，借助不变流形设计了多条从近地出发到达 L2 点 Halo 轨道的转移轨道。2007 年，龚胜平等[108]采用日地系统与地月系统不变流形相拼接的策略，构造了比传统 Hohmann 变轨燃料节省约 20%的探月轨道。2008 年，Parker 等[109]系统地研究了 LEO 出发到地月共线平动点附近的 Halo 轨道的转移轨道特性，发现对于从 LEO 出发飞往 L2 点 Halo 轨道的航天器，在月球附近插入稳定流形，可同时节省一定燃料和飞行时间。2010 年，Renk 等[110]较为全面地论述了地月共线平动点周期轨道的转移方式，包括直接转移、月球借力转移、不变流形间接转移和弱稳定边界转移等。Lian 等[111]建立了平动点转移轨道轨道倾角计算模型，为 LEO 出发的低能转移轨道窗口分析提供了良好思路。2019 年，曹鹏飞等[112]针对 L2 点空间站货物运输问题，综合不变流形与月球借力两种省燃料方式，提出基于不变流形与月球借力的转移方案，并采用序列二次规划给出了轨道设计方法，分析了轨道特性。

2018 年 5 月，我国成功将嫦娥四号任务"鹊桥号"中继星发射升空，在经历中途修正、近月制动、月球借力、L2 点捕获、轨道修正等一系列的控制后，最终进入地月 L2 点 Halo 轨道，为人类首次月球背面软着陆及巡视探测提供通信中继支持[113]。"鹊桥号"中继星任务的成功完成，标志着我国已掌握地月 L2 点低能转移轨道设计与控制技术。

2.3.5　地月 L2 点快速转移轨道

地月 L2 点快速转移轨道不借助不变流形，可分为直接转移轨道（类霍曼转移轨道）和月球借力转移轨道，具有较低的转移时间成本，可应用于载人运输和军事快速打击任务。

针对地月 L2 点快速转移轨道设计问题，Farquhar 等[114]在 1976 年针对人类首颗平动点任务——ISEE-3 日地 L1 点转移问题进行了研究，提出了快速转移（约30天）与慢速转移（约110天）两种转移方案。1996 年，Paul 等[115]采用以二体霍曼转移为初值，在圆型限制性三体模型下对初值进行微分修正的策略，建立了从 LEO 出发到达地月 L2 点 Halo 轨道的直接转移轨道计算模型。2008 年，Gordon[116]基于月球借力与不变流形理论，建立了从 LEO 出发到达 LL2 点 Halo 轨道的两脉冲转移轨道模型，并基于该模型初步分析了轨道特性。Li 等[117]在 Gordon 的研究基础上，针对 LEO 出发到达 L2 点的快速转移问题，提出了基于月球借力的三脉冲转移策略，相比于直接转移节省了 200～300 m/s 的速度增量。2017 年，曹鹏飞[118]在地月 L2 点空间站支持的载人月球探测方案论证中，从提高任务可靠性角度出发，拟将直接转移轨道应用于 L2 点空间站的人员运输任务，并通过大量仿真算例分析了直接转移轨道的窗口与特性。

2.3.6　地月 L2 点至月球转移轨道

地月 L2 点至月球的转移轨道，可分为零消耗转移轨道和快速转移轨道。地月 L2 点至月球的零消耗转移轨道完全借助不变流形轨道进行转移，只有月球捕获一次机动，燃料消耗比较少，但转移时间略长。基于零消耗转移轨道，通过增加脉冲次数可以设计出 L2 点至月球的快速转移轨道。

针对 L2 点至次天体的零消耗和多脉冲转移轨道设计问题，彭坤等[119]在高精度模型下推导了各轨道约束的微分修正公式，求解了多约束条件下的精确转移轨道。彭坤等[207]提出了一种基于不变流形的终止条件快速识别和自适应退步搜索的平动点转移轨道改进微分修正算法，分析了月球到 Halo 轨道不同相位的转移轨道特性。Cao 等[120]针对 L2 点至月球的载人运输任务轨道设计问题，提出了基于序列二次规划的快速转移轨道设计方法，并通过大量仿真算例分析了转移轨道的月面可达域特性。

2013 年，我国"嫦娥 5T"试验器的服务舱利用月球借力技术飞向了地月 L2 点 Lissajous 轨道[121]，在轨运行 3 圈后通过零消耗转移轨道返回月球，标志着我国已掌握地月 L2 点至月球转移轨道的设计与控制技术。

2.4 可达域问题模型

可达域问题的本质是针对地月间转移轨道的非线性微分方程组在初始参数和约束条件下的终端参数集合的求解，本节从非线性微分方程组和集合论角度对该问题进行较为规范的数学描述。

2.4.1 可达域问题数学描述

可达域也称可达集（reachable set/domain/gather，RS），如式（2-1）所示，在动力学系统中，$t \in [t_0, t_f]$ 系统连续，给定 t_0 时刻初始状态 $\boldsymbol{x}(t_0) \in \boldsymbol{\Theta}^n \subseteq \boldsymbol{R}^n$，存在控制量 $\boldsymbol{u}(t) \in \boldsymbol{U}^m \subseteq \boldsymbol{R}^n$，使得 t_f 时刻终端状态 $\boldsymbol{x}(t_f) \in \boldsymbol{\Omega}^n \subseteq \boldsymbol{R}^n$，则称集合 $\boldsymbol{\Omega}^n$ 为初始状态集合 $\boldsymbol{\Theta}^n$ 对应的可达域[122]。

$$\begin{cases} \dot{\boldsymbol{x}}(t) = \boldsymbol{f}[t, \boldsymbol{x}(t), \boldsymbol{u}(t)] \\ \boldsymbol{y}(t) = \boldsymbol{c}[t, \boldsymbol{x}(t)] \\ \boldsymbol{x}(t_0) \in \boldsymbol{\Theta}^n, \boldsymbol{u}(t) \in \boldsymbol{U}^m, \boldsymbol{y}(t_f) \in \boldsymbol{Y}^k \\ \boldsymbol{f}(\cdot): \boldsymbol{\Theta}^n \times \boldsymbol{U}^m \to \boldsymbol{\Theta}^n \\ \boldsymbol{c}(\cdot): \boldsymbol{\Theta}^n \to \boldsymbol{Y}^k \end{cases} \quad (2-1)$$

在具有物理背景的动力学系统中，有时终端状态可达域 $\boldsymbol{\Omega}^n$ 并不直观，也并非全部关注参数。这时，通常建立部分关注参数方程 $\boldsymbol{y}(t) = \boldsymbol{c}[t, \boldsymbol{x}(t)]$（类似控制系统观测方程），计算终端关注参数 $\boldsymbol{y}(t_f)$ 对应的可达域 $\boldsymbol{Y}^k \subseteq \boldsymbol{R}^n$。

如果存在过程控制不等式约束或两端参数等式约束，表达如下：

$$\boldsymbol{g}[t, \boldsymbol{x}(t), \boldsymbol{u}(t)] \leqslant \boldsymbol{0} \quad (2-2)$$

$$\boldsymbol{\zeta}[t, \boldsymbol{x}(t)] = \boldsymbol{0} \quad (2-3)$$

则 $\boldsymbol{Y}^k$ 会变小、降维，甚至不满足约束条件，变为空集，$\boldsymbol{Y}^k \to \boldsymbol{\Phi}$。

给定 t_f 时刻终端状态集合 $\boldsymbol{\Omega}^n$，求解初始状态集合 $\boldsymbol{\Theta}^n$ 的问题称为可控域问题，其实质是可达域问题的逆问题，可通过建立原动力学系统的逆系统求解[122]：

$$\dot{x}(t) = f^{-1}[t, x(t), u(t)] \qquad (2\text{-}4)$$

式中：f^{-1} 为原动力学系统 f 的逆系统。

2.4.2 可达域计算基本思路

在航天器轨道（或弹道）分析领域，可达域研究主要集中在航天器碰撞概率计算[123]、单脉冲机动规避[124-126]、编队飞行航天器相对位置保持[127-128]、同步轨道卫星共位控制[129]、空间交战分析[130]、再入地球可达域分析[131-133]、火星探测进入可达域分析[134]等问题。虽然上述不同研究对象的导致具体方法各不相同，但可以总结为以下两类基本计算思路。

第一类：当航天器受到的地球引力作用占据主导地位时，可基于二体轨道理论，采用线性化假设推导偏差轨道状态转移矩阵，计算初值不确定性和简单轨道机动产生的偏差轨道可达域。式（2-1）动力学系统微分方程线性化后为

$$\dot{x} = Ax + Bu \qquad (2\text{-}5)$$

如果 $t \in [t_0, t_f]$ 过程不施加控制，则存在状态转移矩阵使

$$x_{t_f} = \boldsymbol{\Phi}_{(t_0, t_f)} x_{t_0} \qquad (2\text{-}6)$$

式中：$\boldsymbol{\Phi}_{(t_0, t_f)} = e^{A(t_f - t_0)}$。在初值小偏差或初值小轨道机动情况下，可以近似计算初值偏差或轨道机动参数对应终端参数可达域：

$$\delta x_{t_f} = \boldsymbol{\Phi}_{(t_0, t_f)} \delta x_{t_0} \qquad (2\text{-}7)$$

如果存在多种不同主导外力交替作用、初值不确定性范围较大、可达域终端时间距离初始时刻较长和复杂轨道机动过程等情况，则采用该思路计算的可达域分析结果可能精度较差或给出错误信息。例如，地月转移轨道在近地段和近月段分别受到地球和月球产生的主导外力，其间还受到太阳引力作用，就不能采用该思路计算可达域；近地空间航天器失效后小残骸定轨误差大，初值不确定范围较大，很难采用该思路计算出较为准确的碰撞危险域；即便是较大的残骸，初值测定轨误差较小，由于各种摄动的影响，也不能采用该思路进行长时间碰撞危险域分析；复杂轨道机动航天器如美国 X-37B 飞行器可达域也不能基于该思路进行分析。

第二类：当航天器控制参数较少，如进入/再入可达域分析问题，一般采用固定的攻角（迎角）剖面（或拟平衡假设），只将倾侧角作为控制变量。当开伞点高度确定时，可达域降维退化为航程（纵程）和横程最大优化问题。这时，可以采用虚拟目标点，通过优化算法使终端状态尽可能接近虚拟目标点，从而计算可达域边界。如先将航程作为单目标优化函数，优化计算出航程分布范围，再逐步固定航程，优化计算最大横程，逐步计算可达域边界。该思路虽然仍存在不完备性，但可达域计算过程采用原动力学系统方程，不存在线性化假设，计算结果精度一般高于第一类思路。

第二类可达域计算基本思路实质是一种两层逐步计算策略,外层逐步给出需要优化瞄准的虚拟目标点,内层是一般性的单目标含约束非线性优化问题,可以根据具体情况采用间接法或直接优化算法计算,基本模型表达如下:

$$\begin{cases} \text{search } (J = J_1, J_2, \cdots, J_m) \\ \text{outer-layer} \begin{cases} \text{inlayer} \begin{cases} \boldsymbol{x} = [x_1, x_2, \cdots, x_n]^T \\ \text{s.t.} \begin{cases} g_j(\boldsymbol{x}) \leqslant 0 (j=1,2,\cdots,l) \\ h_k(\boldsymbol{x}) = 0 (k=1,2,\cdots,p) \end{cases} \\ [f, g_j, h_k] \in \boldsymbol{R}^n \\ \min J = f(\boldsymbol{x}) \end{cases} \\ \text{end} \end{cases} \end{cases} \quad (2-8)$$

式中:n、m、l、p 分别为优化变量、优化目标、不等式约束和等式约束个数;f、g_j、h_k 分别为实数域内目标函数、不等式约束函数和等式约束函数。min 为最小值优化问题,s.t.为受约束于(subject to⋯)。内层计算结果构成可达域边界包络参数解集。该思路计算的可达域边界包络参数内部是否连续是无法严格证明的,也是该思路理论上的不足之处。

2.4.3 线性化方法验证算例

1. 质心旋转坐标系算例

第 1 章 1.4.4 节中描述的地月质心旋转坐标系,仅考虑地月中心引力的轨道动力学模型为

$$\ddot{\boldsymbol{r}} = -\frac{\mu_E}{r_E^3}\boldsymbol{r}_E - \frac{\mu_M}{r_M^3}\boldsymbol{r}_M - 2\boldsymbol{\omega} \times \dot{\boldsymbol{r}} - \boldsymbol{\omega} \times (\boldsymbol{\omega} \times \boldsymbol{r}) \quad (2-9)$$

式中:$\boldsymbol{r}_E = \boldsymbol{r} - \boldsymbol{R}_E$;$\boldsymbol{r}_M = \boldsymbol{r} - \boldsymbol{R}_M$;$\boldsymbol{R}_E = [-r_E \quad 0 \quad 0]^T$;$\boldsymbol{R}_M = [r_M \quad 0 \quad 0]^T$。

如图 2-3 所示,地月质心坐标系中旋转角速度为

$$\boldsymbol{\omega} = [\omega_x \quad \omega_y \quad \omega_z]^T \quad (2-10)$$

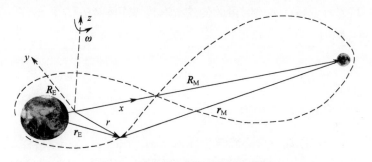

图 2-3 地月质心旋转坐标系示意图

上述参数数值如表 2-1 所列。

表 2-1 地月系统轨道动力学参数

参数/单位	μ_E /(km³/s²)	μ_M /(km³/s²)	r_E /km	r_M /km	ω_x /(rad/s)	ω_z /(rad/s)	ω_z /(rad/s)
数值	398600.4	4902.8	4671	379729	0	0	2.661699×10⁻⁶

设飞行轨道状态变量为

$$x = [r \quad v]^T \tag{2-11}$$

式中：$r = [x \quad y \quad z]^T$；$v = [v_x \quad v_y \quad v_z]^T$。

在线性化假设下，可达域集合中非标称轨道 x^1 相对于标称轨道 x^0 的状态量差为

$$\delta x = x^1 - x^0 \tag{2-12}$$

在计算可达域的线性化假设思路下，t_i 时刻轨道状态偏差量微分方程为

$$\delta \dot{x}(t_i) = \begin{bmatrix} 0 & I \\ G & H \end{bmatrix}_{6\times 6} \cdot \delta x(t_i) \tag{2-13}$$

其中

$$\begin{cases} G = \dfrac{\mu_E}{r_E^3}\left(\dfrac{3r_E r_E^T}{r_E^2} - I\right) + \dfrac{\mu_M}{r_M^3}\left(\dfrac{3r_M r_M^T}{r_M^2} - I\right) - \omega \times (\omega \times I) \\ H = -2\omega \times I \end{cases} \tag{2-14}$$

若可达域线性化求解微分方程系数矩阵为

$$F(t_i) = \begin{bmatrix} 0 & I \\ G & H \end{bmatrix}_{6\times 6} \tag{2-15}$$

则可达域集合内飞行轨道状态偏差量传播矩阵为

$$\delta x(t_{i+1}) = \Phi(t_{i+1}, t_i)\delta x(t_i) \tag{2-16}$$

对于非线性较强的地月转移轨道，$\Phi(t_{i+1}, t_i)$ 可通过局部泰勒展开求解，即

$$\Phi(t_{i+1}, t_i) \approx e^{F(t_i)\cdot(t_{i+1}-t_i)} \approx \sum_{i=0}^{N} \dfrac{(F(t_i)\cdot(t_{i+1}-t_i))^N}{N!} \tag{2-17}$$

式中：N 为泰勒展开截断误差阶数。给出一条标称绕月自由返回轨道参数 $x(t_i)$，通过式（2-17）可求解 (t_i, t_{i+1}) 时段的偏差状态传播矩阵 $\Phi(t_{i+1}, t_i)$。

若已知 t_0 时刻允许飞行轨道状态区间集合 $x(t_0)$，t_f 时刻飞行轨道可达域可计算如下：

$$\begin{cases} \delta x(t_f) = \Phi(t_f, t_{f-1})\cdots\Phi(t_1, t_0)\cdot\delta x(t_0) = P(t_f, t_0)\cdot\delta x(t_0) \\ P(t_f, t_0) = \prod_{i=0}^{f-1}\Phi(t_{i+1}, t_i) \end{cases} \tag{2-18}$$

参考文献[47]，以地月质心旋转坐标系 o-xy 平面内一条绕月自由返回轨道为例，该条轨道入轨时刻为 1 Jul 2007 12:00:00 UTCG，入轨参数如表 2-2 所列，轨迹

如图 2-4 所示。

表 2-2 平面内绕月自由返回轨道参数

参 数	质心旋转坐标系	J2000 地心系	单 位
x	−4671	−6306.967	km
y	−6728.137	−1961.651	km
z	0	−1281.375	km
v_x	10.099	−0.057	km/s
v_y	−3.815	−9.532	km/s
v_z	0	−5.102	km/s

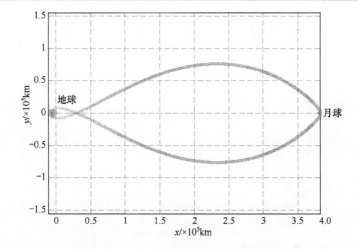

图 2-4 地月质心旋转坐标系 o-xy 平面轨迹

给定的初始偏差量 $\delta x(t_0)$ 为 o-xy 平面内一个圆形平均分布的参数区间，利用式（2-18）计算的位置可达域为 o-xy 平面内一个椭圆形区域，椭圆短轴增益系数、长轴增益系数、长轴与坐标系夹角、面积增益系数分别如图 2-5～图 2-8 所示。

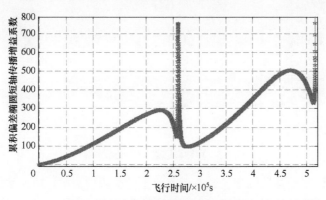

图 2-5 可达域椭圆短轴增益系数

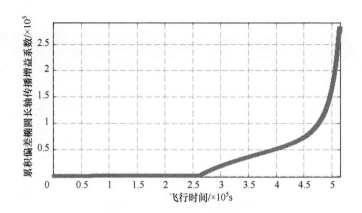

图 2-6　可达域椭圆长轴增益系数

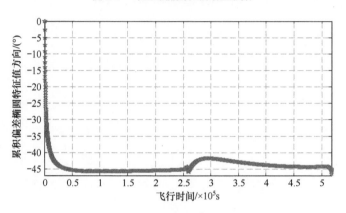

图 2-7　可达域椭圆长轴与坐标系夹角

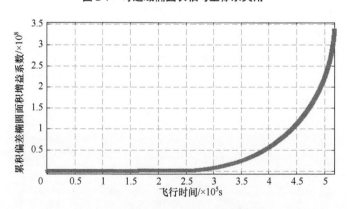

图 2-8　可达域椭圆面积增益系数

可见，可达域椭圆短轴和长轴在近月点附近会出现突变，短轴始终在较小的范围内变化，而长轴绕月后急剧增大，椭圆长轴和短轴构成的局部坐标系与质心旋转坐标系夹角快速变化到-45°附近，虽然近月点附近出现突变，但绕月后仍缓慢降至-45°，而绕月后导致可达域位置椭圆面积急剧增大，这和实际情况矛盾，说明该方法在地月转移段有一定可信价值，绕月后会得出错误结论。

2. 惯性系三维轨道算例

如果在惯性系考虑日地月中心引力和地球J_2项引力作用，则J2000地心系中轨道动力学方程为

$$\ddot{\boldsymbol{r}} = -\mu_E \frac{\boldsymbol{r}}{r^3} - \mu_M \left(\frac{\boldsymbol{r}_M}{r_M^3} + \frac{\boldsymbol{\rho}_M}{\rho_M^3} \right) - \mu_S \left(\frac{\boldsymbol{r}_S}{r_S^3} + \frac{\boldsymbol{\rho}_S}{\rho_S^3} \right) \\ - \left(\frac{3\mu_E J_2 R_E^2}{2r^5} - \frac{15\mu_E J_2 R_E^2 z^2}{2r^7} \right) \boldsymbol{r} - \frac{3\mu_E J_2 R_E^2}{r^5} \begin{pmatrix} 0 \\ 0 \\ z \end{pmatrix} + \sum_{i=1}^{n} \Delta \boldsymbol{v}_i \delta(t-t_i) \tag{2-19}$$

式中：$\boldsymbol{r}_S$为飞船相对于的位置失径；$\boldsymbol{\rho}_M$和$\boldsymbol{\rho}_S$分别为月球和太阳相对于地球的位置失径；地球J_2项带谐系数等于1.082636×10^{-3}，R_E = 6378.150 km为地球平均赤道半径；z为飞船地心位置矢量的z方向分量；$\sum_{i=1}^{n} \Delta \boldsymbol{v}_i \delta(t-t_i)$为施加的脉冲等效加速度。式（2-19）中符号意义如图2-9所示。

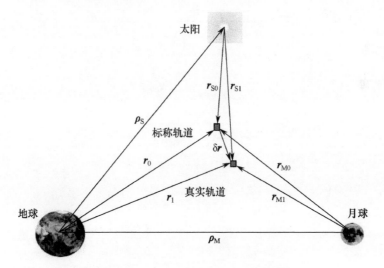

图 2-9 地月空间四体动力学模型示意图

地月转移加速发动机开机时长仅数十分钟，之后发动机关机飞行器滑行，不考虑施加的脉冲等效加速度。与式（2-12）类似，在线性化假设下，可达域集合中非标称轨道微分方程$\dot{\boldsymbol{r}}^1$相对于标称轨道$\dot{\boldsymbol{r}}^0$的状态偏差量忽略二阶以上小量后为

$$\delta\ddot{\boldsymbol{r}} = \left\{ \begin{aligned} &\mu_{\mathrm{E}} \frac{\left(3\dfrac{\boldsymbol{r}_0 \cdot \boldsymbol{r}_0^{\mathrm{T}}}{r_0^2} - \boldsymbol{I}\right)}{r_0^3} + \mu_{\mathrm{M}} \frac{\left(3\dfrac{\boldsymbol{r}_{\mathrm{M0}} \cdot \boldsymbol{r}_{\mathrm{M0}}^{\mathrm{T}}}{r_{\mathrm{M0}}^2} - \boldsymbol{I}\right)}{r_{\mathrm{M0}}^3} + \mu_{\mathrm{S}} \frac{\left(3\dfrac{\boldsymbol{r}_{\mathrm{S0}} \cdot \boldsymbol{r}_{\mathrm{S0}}^{\mathrm{T}}}{r_{\mathrm{S0}}^2} - \boldsymbol{I}\right)}{r_{\mathrm{S0}}^3} \\ &+ \frac{3\mu_{\mathrm{E}} J_2 R_{\mathrm{E}}^2 \left(5\dfrac{\boldsymbol{r}_0 \cdot \boldsymbol{r}_0^{\mathrm{T}}}{r_0^2} - \boldsymbol{I}\right)}{2r_0^5} - \frac{15\mu_{\mathrm{E}} J_2 R_{\mathrm{E}}^2 \cdot \begin{bmatrix}0\\0\\1\end{bmatrix}^{\mathrm{T}} \cdot \boldsymbol{r}_0 \cdot \boldsymbol{r}_0^{\mathrm{T}} \cdot \begin{bmatrix}0\\0\\1\end{bmatrix} \cdot \left(7\dfrac{\boldsymbol{r}_0 \cdot \boldsymbol{r}_0^{\mathrm{T}}}{r_0^2} - \boldsymbol{I}\right)}{2r_0^7} \\ &+ \begin{bmatrix}0 & 0 & 0\\0 & 0 & 0\\0 & 0 & 1\end{bmatrix} \cdot \frac{3\mu_{\mathrm{E}} J_2 R_{\mathrm{E}}^2 \left(5\dfrac{\boldsymbol{r}_0 \cdot \boldsymbol{r}_0^{\mathrm{T}}}{r_0^2} - \boldsymbol{I}\right)}{r_0^5} \end{aligned} \right\} \delta\boldsymbol{r}$$

(2-20)

式中：依次为地球、月球、太阳中心引力和地球 J_2 项摄动对位置偏差的二阶微分作用，大小如图 2-10 所示。

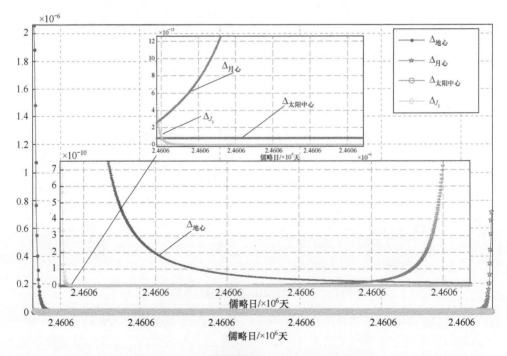

图 2-10　地月转移轨道位置二阶微分方程系数幅值

可见，地球 J_2 项摄动对位置偏差量二阶微分作用很快减小到小于太阳中心引力的量级，而它们的作用都远小于地球和月球的作用，随着飞船接近月球，地球中心引力的作用逐渐减小，月球中心引力的作用逐步增大。在这个过程中，太阳中心引力对偏差二阶微分的作用远小于地球和月球中心引力的作用，这是因为日心距变化远小于地心距和月心距的变化。

类似式（2-13）飞行状态偏差量传播微分方程为

$$\delta\dot{x}(t_i)=\begin{bmatrix}0 & I\\ f(t_i,r_0(t_i)) & 0\end{bmatrix}\cdot\delta x(t_i) \tag{2-21}$$

类似式（2-15）~式（2-17），可达域线性化求解微分方程系数矩阵为

$$A(t_i,r_0(t_i))=\begin{bmatrix}0 & I\\ f(t_i,r_0(t_i)) & 0\end{bmatrix} \tag{2-22}$$

按照线性系统理论，可得状态转移矩阵：

$$\boldsymbol{\Phi}(t_{i+1},t_i)=\mathrm{e}^{A(t_i)(t_{i+1}-t_i)} \tag{2-23}$$

特别是对于标称轨道数据采用定步长积分器求解的，有 $t_{i+1}-t_i=\Delta t$，$A(t_i)$ 可以通过 t_i 时刻标称轨道数据求解，$\mathrm{e}^{A(t_i)\Delta t}$ 通过泰勒展开为

$$\mathrm{e}^{A(t_i)\Delta t}=I+A(t_i)\cdot\Delta t+\frac{(A(t_i)\Delta t)^2}{2!}+\cdots+\frac{(A(t_i)\Delta t)^n}{n!}=\sum_{i=0}^{n}\frac{(A(t_i)\Delta t)^i}{i!} \tag{2-24}$$

与式（2-18）相同，终端时刻相对于初始时刻状态区间的可达域偏差量计算矩阵为 $\boldsymbol{P}(t_f,t_0)$。文献[1]不考虑测控和发射窗口等约束，选取 10 Oct 2024 20:00:00.000 UTCG 为入轨时刻的一条地月转移轨道入轨时刻经典轨道六根数如表 2-3 所列。

表 2-3 平面内绕月自由返回轨道参数

轨道六根数	a_E/km	e_E	i_E/(°)	Ω_E/(°)	ω_E/(°)	f_E/(°)
数值	242920	0.97	20	18.91	139.45	0

设置 RK4（Runge-Kutta 4）定积分器步长为 0.5 s，泰勒展开式取 5 阶，利用式（2-23）可达域线性分析方法计算地月转移入轨点到近月点时刻可达域偏差量传播矩阵为

$$\boldsymbol{P}_{(t_f,t_0)}=\begin{bmatrix}256.268 & -5.08746 & -45.2393 & 231644.3 & 255653.05 & 61952.6\\ 1129.098 & -321.480 & -250.239 & 738488.8 & 1417673.4 & 401441.6\\ 525.9664 & -150.810 & -138.664 & 338826.0 & 669932.1 & 192802.7\\ 0.243752 & -0.03902 & -0.04689 & 188.4577 & 275.721 & 73.1364\\ -0.28549 & 0.09168 & 0.0606 & -177.769 & -366.87 & -104.86\\ -0.13668 & 0.03353 & 0.04366 & -91.7513 & -171.91 & -49.81\end{bmatrix} \tag{2-25}$$

线性化终端可达域偏差与数值积分终端偏差对比如表 2-4 所列。

表 2-4 线性化方法计算终端可达域范围

地心 J2000	入轨参数偏差	数值积分终端偏差	线性化终端可达域偏差	相对误差
x/km	−0.1874	−5.3823×10	−5.3214×10	1.13%
y/km	−0.5637	−5.7742×10	−5.7692×10	0.08%
z/km	0.3976	−3.3697×10	−3.4047×10	1.04%
v_x/(km/s)	−2.010×10^{-5}	−2.9690×10^{-2}	−2.9710×10^{-2}	0.06%
v_y/(km/s)	3.133×10^{-5}	7.3944×10^{-3}	6.8656×10^{-3}	7.15%
v_z/(km/s)	1.0813×10^{-4}	1.5694×10^{-2}	1.5239×10^{-2}	2.89%

2.5 可达域数值延拓分析策略

本书主要利用数值延拓理论计算载人登月轨道精确可达域,本节先介绍数值延拓基本理论。

2.5.1 数值延拓理论

延拓方法起源于代数拓扑学中同伦映射(或函数)连续变化和同伦路径等数学理论,其基本思想是从一个相对简单的问题出发,通过对系统模型、求解问题或某些参数等的连续过渡延拓,最终求解出原本较难解决的问题[135-137]。延拓方法属于人类思维方式中的演绎法,其在现代数学中的应用可追溯到庞加莱时代(1881—1886 年),虽然历经百年发展,但是其在 21 世纪仍具有广阔的发展空间[138]。

延拓方法可以细分以下三类。

第一类是系统模型延拓法。原问题中已知参数、设计变量、约束条件和求解目标均不变,先通过简化近似系统模型得到近似解,再将近似解作为优化设计变量初值,计算原问题系统模型对应解。例如,Katopodis 等[139]将限制性三体模型中平动点附近周期轨道解延拓到一般三维真实轨道动力学模型中。Peng 等[140]在计算载人登月自由返回轨道时,先基于双二体假设建立了一套简化半解析轨道计算模型,然后通过粒子群算法快速计算得到近似解,并将该解作为初值,进而采用局部梯度算法计算得到高精度轨道模型参数。Yang 等[141]在计算火星轨道长时间摄动最优交会问题时,先计算二体轨道简化模型解,再逐步延拓计算出摄动轨道模型下的最终解。

第二类是同伦函数延拓方法。例如,为了求解方程 $f(x)=0$,构造同伦函数 $\tilde{f}(x)=0$ 和延拓求解结构:$g(x)=cf(x)+(1-c)\tilde{f}(x)$,其中 $\tilde{f}(x)$ 较 $f(x)$ 容易求解,易见 $c=0$ 对应构造问题的解,而 $c=1$ 对应原问题的解。以 $\tilde{f}(x)$ 为初值,从 $c=0$ 开始,逐渐增加 c 的值并求解新方程 $g(x)$,以其解为下一步迭代的初值。当 c 增加到 1 时,可求得 $f(x)=0$ 的解[142]。同伦函数延拓法常见于空间小推力轨道最优 Bang-Bang 控制问题,针对具体问题产生了一系列不同的具体方法,如能量-燃耗延拓法、推力开关参数延拓法、推力幅值混合延拓法等[143-145]。

第三类是参数数值延拓法。如果式（2-1）中含有参数或存在难以优化求解的设计变量，则可将这些参数或设计变量记为 $\boldsymbol{a}(t)=[a_1,a_2,\cdots,a_q]^T \in \boldsymbol{R}^n$，则无控动力学微分方程变为

$$\dot{\boldsymbol{x}}(t) = \boldsymbol{f}[t,\boldsymbol{x}(t),\boldsymbol{a}(t)] \tag{2-26}$$

工程中动力学系统问题通常以时间积分为系统状态量，t_0 和 t_f 两个时刻系统存在的状态转移关系为

$$\boldsymbol{x}(t_f) = \boldsymbol{\varGamma}[t_f-t_0,\boldsymbol{x}(t_0),\boldsymbol{a}(t_0)] \tag{2-27}$$

一般的动力学初值问题可用数学描述为：已知 t_f 时刻状态量 $\boldsymbol{x}(t_f)$，求解 t_0 时刻状态量 $\boldsymbol{x}(t_0)$。该 n 维非线性方程组包含 $n+q$ 个未知数，解空间为 q 维。当 $q=0$ 时，解空间退化为一个点；当 $q=1$ 时，解空间为一条曲线；当 $q=2$ 时，解空间为一个曲面；……

下面以 $q=1$ 时为例，简要阐述利用数值延拓法计算解空间参数的一般步骤。此时，问题变为单参数延拓问题，$\boldsymbol{a}$ 矢量退化为标量 a。

如果此时要求解方程 $f(\boldsymbol{x},a)=0(a\in[a_{\min},a_{\max}])$ 的所有解集，而对于任意的 $a\in[a_{\min},a_{\max}]$ 该方程并不容易求解，采用数值延拓方法解决该问题的一般化步骤如下。

步骤 1：先通过物理背景找到某个特殊参数 $a^*\in[a_{\min},a_{\max}]$，其对应特殊方程 $f(\boldsymbol{x},a^*)=0$ 可以较容易地求出对应解 $\boldsymbol{x}=\boldsymbol{x}^*$。

步骤 2：以 $\boldsymbol{x}=\boldsymbol{x}^*$ 为初值，将参数 a 以 a^* 为起点，通过小参数 δa 进行数值延拓，构造新方程 $f(\boldsymbol{x},a^*+\delta a)=0$，只要 δa 足够小，新方程就等同于原方程，就可以求解。

步骤 3：重复步骤 2 所述方法，将上一步解作为方程迭代计算初值，直至计算完 $a\in[a_{\min},a_{\max}]$ 对应方程 $f(\boldsymbol{x},a)=0$ 的所有解集。

Cao 等[146]和万绍峰等[147]利用该原理解决了旋翼直升机动参数配平攻角计算问题。Yu 等[148]研究利用该原理设计了参数系统连续解计算方法，该方法表现出较好的鲁棒性。Barrabes 等[149]和刘磊等[150]分别利用该原理计算了连接平动点周期的同宿轨道族和平动点附近 Halo 轨道族特性。

另一种常见问题是，要求解方程 $f(\boldsymbol{x},a)=0,a=a^{\text{tar}}$ 的解，上标"tar"表示目标"target"，而此时方程 $f(\boldsymbol{x},a^{\text{tar}})=0$ 不易求解。但通过分析计算可以知道方程 $f(\boldsymbol{x},a)=0,a=a^{\text{ini}}$ 易于求解，上标"ini"表示初值"initial"。可以构造新的数值延拓结构，如式（2-11）所示，然后按照第二类同伦延拓方法求解：

$$g(\boldsymbol{x},a) = cf(\boldsymbol{x},a^{\text{tar}}) + (1-c)f(\boldsymbol{x},a^{\text{ini}}) \tag{2-28}$$

如 Epenoy 等[151]和 Chow 等[152]利用该理论分别计算了燃料最优交会和星座最优覆盖设计问题。数值延拓理论由于鲁棒性好、适应性强等特点，在航天领

域普遍应用。于洋[153]利用数值延拓理论，研究了小天体复杂引力场附近轨道设计问题。Hafer等[154]基于数值延拓理论提出了航天器追逃问题敏感性分析方法。Zamaro等[155]利用数值延拓理论研究了火卫1——福布斯附近自由运动卫星轨道特性。雷汉伦[156]在研究平动点、不变流形及低能轨道等问题时，多次使用该理论。

2.5.2 数值延拓理论验证算例

本节将通过3个最小值优化问题对比验证数值延拓理论优势，分别是多维Rosenbrock函数最小值优化问题、地球静止轨道转移轨道（geostationary transfer orbit，GTO）两脉冲异面转移轨道燃料优化问题和太阳摄动两脉冲地月转移轨道优化问题。

1. 多维Rosenbrock函数最小值优化

下面以Rosenbrock函数为例，验证数值延拓算法的有效性。Rosenbrock函数是验证优化算法性能的常用问题[157]，表达式如下：

$$f(x_i) = \sum_{i=1}^{N-1}[100(x_{i+1}-x_i^2)^2+(1-x_i)^2](x_i \in \mathbf{R}^n) \quad (2-29)$$

假设我们事先不知道 $x_i \equiv 1, (i=1,2,\cdots,N)$ 为Rosenbrock函数 $f(x_i,i)=0$ 因参数 i 变化产生的解集，现在通过优化算法计算该解集，建立优化模型：

$$\begin{cases} \boldsymbol{x}=[x_1,\cdots,x_i,\cdots,x_N]^T(i=1,2,\cdots,N) \\ \min J = f(x_i,i) \to 0 \end{cases} \quad (2-30)$$

利用Matlab优化工具箱中fmincon工具SQP优化算法进行计算，设定最大迭代次数为100步，目标函数收敛误差限为 1×10^{-10}，优化变量初值为 $x_i=0$，会发现优化变量维度随着 i 增大而增大，计算复杂度也随之急剧增大，当 i 增大时，优化迭代次数增大，目标函数值在 $N \geqslant 13$ 后未收敛到误差限内，如表2-5所列（不采用数值延拓）。当 $N \geqslant 16$ 时，优化计算过程不收敛。

表2-5 不采用数值延拓与采用数值延拓计算Rosenbrock函数的对比数据

N值	不采用数值延拓		采用数值延拓	
	迭代次数/次	目标函数值	迭代次数/次	目标函数值
2	22	2.2903×10^{-11}	22	2.2903×10^{-11}
3	31	3.5901×10^{-11}	37	2.2094×10^{-11}
4	33	4.2972×10^{-11}	42	4.6765×10^{-11}
5	36	5.7069×10^{-11}	48	4.4817×10^{-11}
6	43	5.5783×10^{-11}	36	5.6398×10^{-11}
7	50	5.7952×10^{-11}	43	5.8693×10^{-11}
8	55	6.0970×10^{-11}	54	4.1025×10^{-11}

续表

N 值	不采用数值延拓		采用数值延拓	
	迭代次数/次	目标函数值	迭代次数/次	目标函数值
9	56	5.2522×10^{-11}	42	6.0962×10^{-11}
10	63	5.9063×10^{-11}	46	5.9796×10^{-11}
11	67	5.7905×10^{-11}	46	5.9803×10^{-11}
12	72	7.6219×10^{-11}	42	5.8269×10^{-11}
13	79	6.0982×10^{-11}	44	6.2028×10^{-11}
14	82	2.8686×10^{-7}	46	5.8386×10^{-11}
15	81	1.3636×10^{-4}	43	7.1495×10^{-11}

我们很容易知道，当 $N=2$ 时，Rosenbrock 函数退化为

$$f(x_1,x_2)=100(x_2-x_1^2)^2+(1-x_1)^2 \quad (2.31)$$

Rosenbrock 函数三维曲面如图 2-11 所示，$f(x_i)=0$ 的解为 [1,1]。采用数值延拓理论，将 i 作为延拓参数，从 $i=2$ 延拓到 $i=3$，Rosenbrock 函数变为

$$f(x_1,x_2,x_3)=f(x_1,x_2)+100(x_3-x_2^2)^2+(1-x_2)^2 \quad (2-32)$$

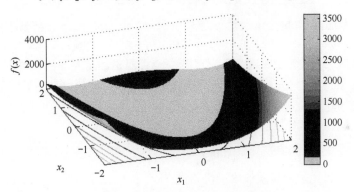

图 2-11 Rosenbrock 函数三维曲面

此时相当于只需计算 $100(x_3-x_2^2)^2+(1-x_2)^2=0$ 的解，且已经知道 $x_2=1$ 为方程的部分解，只需计算 x_3，显然降低了问题复杂度。这样，利用上一步解作为迭代计算初值，可以逐步延拓至 $i=N-1$，计算出因参数 i 变化产生的解集。表 2-5 中给出了利用数值延拓理论计算迭代次数和优化目标函数值变化的过程，可以看出采用数值延拓迭代次数稳定，优化目标函数值均在误差限以内，表明了数值延拓的有效性和鲁棒性。

2. 地球同步转移轨道两脉冲异面转移轨道燃料优化

GTO 是指连接地球静止轨道（geostationary orbit，GEO）与 LEO 轨道的椭圆转移轨道，如图 2-12 所示。

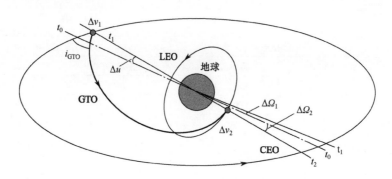

图 2-12 GTO 轨道示意图

本节引用文献[158]两脉冲实现 GEO 到 LEO 转移问题作为对比算例，初始时刻 t_0 对应轨道参数如表 2-6 所列。

表 2-6 GEO 与 LEO 初始轨道六根数[158]

轨道	a/km	e	i/(°)	Ω/(°)	ω/(°)
GEO	42164.137	0	0	0	0
LEO	6678.137	0	30	0	0

显然，两脉冲 Hohmann 转移轨道最省燃料，但 Hohmann 转移要求两次脉冲恰好在 GTO 轨道远地点和近地点（连接 GEO 和 LEO）。GTO 转移期间 LEO 轨道受地球 J_2 项等非球形摄动影响，升交点赤经一直西移，需要在初始时刻 t_0 之前某时刻第一次变轨。此时，只需计算最优变轨时刻 $t_0 - \Delta t$（或最佳变轨位置）和最优 GTO 轨道倾角 i_{GTO}，使两次脉冲速度增量 $[\Delta v_1, \Delta v_2]$ 绝对值和最小（燃料最优）。

$$\begin{cases} x = [\Delta t, i_{GTO}]^T \\ \min J = |\Delta v_1| + |\Delta v_2| \end{cases} \quad (2-33)$$

文献[158]采用遗传算法计算最优 GTO 倾角和两次脉冲绝对值的和，并与未考虑升交点西移的 Hohmann 转移结果对比，计算的 GTO 轨道参数如表 2-7 所列，最佳变轨位置及脉冲大小如表 2-8 所列，并未给出变轨位置（或变轨时刻）最优性说明。

表 2-7 Hohmann 解析与遗传算法计算的最优 GTO 轨道六根数[158]

GTO	a_{GTO}/m	e_{GTO}	i_{GTO}/(°)	Ω_{GTO}/(°)	ω_{GTO}/(°)
Hohmann	24421137	0.7265	27.73	0.00	0.00
遗传算法	24423300	0.7265	27.71	0.01	−0.20

表 2-8 Hohmann 解析与遗传算法计算的最优变轨位置及脉冲大小[158]

项目	脉冲	x/m	y/m	z/m	Δv_x/(m/s)	Δv_y/(m/s)	Δv_z/(m/s)	Δv/(m/s)
Hohmann	1	−42164137	0	0	0	1651.5	−748	1813
	2	6678137	0	0	0	−2295	−860	2451
遗传算法	1	−42164107	50150	0	−17.54	1651	−749	1813
	2	6677464	82100	47400	−11.25	−2292	−866	2451

本节采用数值延拓理论，将 Δt 作为数值延拓参数，原问题变为单变量 i_{GTO} 寻优搜索问题，降低了搜索难度。初始轨道参数设置与文献[158]一致，这里设置 $\Delta t_{step}=1\min$，$\Delta t \in [0,7]\min$，基于VC++编程，计算机的CPU为Intel T6400 @2.00GHz（与本文后续研究仿真环境一致），计算耗时 25 s，远小于遗传算法搜索时长。计算得到第二次变轨时刻GTO与LEO升交点赤经差和最优GTO倾角随 Δt 变化的曲线，如图 2-13 所示。

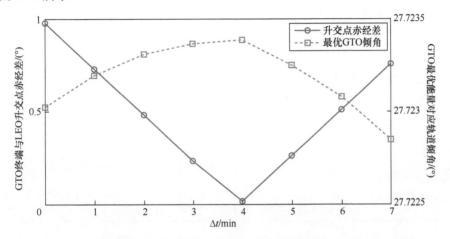

图 2-13　第二次变轨时刻 GTO 与 LEO 升交点赤经差和最优 GTO 倾角变化图

可见，在 t_0 时刻提前约 4min 为最佳变轨时刻，变轨前 GEO 轨道真近点角为 179.9397°，比文献[158]遗传算法计算结果 179.93° 更精确，此时第二次变轨时刻 GTO 与 LEO 升交点赤经差为 0.0142°，满足一般工程要求。采用数值延拓理论计算的最优 GTO 倾角 $i_{GTO}=27.7234°$，也比文献[158]计算结果（表 2-7）精确。两次脉冲绝对值分别为 $[\Delta v_1,\Delta v_2]=[1813.05, 2458.24]$ m/s，对应 GTO 参数如表 2-9 所列。

表 2-9　用数值延拓法计算的最优 GTO 轨道六根数

a_{GTO} /m	e_{GTO}	i_{GTO} / (°)	Ω_{GTO} / (°)	ω_{GTO} / (°)
24419900	0.7266	27.7234	0	357.5532

可见，采用数值延拓法可以清晰地揭示变轨提前时间的重要作用，相比于遗传算法，其不仅给出了计算结果的最优性说明，并且计算效率更高。

3. 太阳摄动两脉冲地月转移轨道优化

第 1 章 1.4.4 节介绍了 CR3BP 模型，该模型常被用来计算三体问题中平动点附近（拟）周期轨道、不变流形轨道和同/异宿轨道等一些极限解或多目标优化的 Pareto 前沿。基于该模型的两脉冲燃料最优地月转移轨道也是该领域一直以来备受关注的一个科学问题。He 等[159]在研究地月转移轨道偏差传播时，定量描述了太阳引力对地月转移轨道的摄动作用。在 CR3BP 基础上合理利用太阳摄动作用可进一步减小两脉冲地月转移轨道速度增量。太阳引力摄动的双圆限制性四体模型（bi-circular restricted 4 body problem，BR4BP）因动力学微分方程依赖时间，变为非自治系统后计算难度增加。Topputo[160]概述了质心旋转坐标系 $O-xy$ 平面内两脉冲最优地月转移轨道研究成果，设计了大规模并行搜索方法，利用工作站设备，首次获得了 BR4BP 中两脉冲地月转移轨道整体解集。

$O-xy$ 面中的 CR3BP 动力学方程简化为

$$\ddot{x} - 2\dot{y} = \frac{\partial \Omega_3}{\partial x}, \quad \ddot{y} + 2\dot{x} = \frac{\partial \Omega_3}{\partial y} \tag{2-34}$$

引入等效势能函数

$$\Omega_3 = \frac{1}{2}(x^2 + y^2) + \frac{1-\mu}{r_1} + \frac{\mu}{r_2} + \frac{1}{2}\mu(1+\mu) \tag{2-35}$$

式中，$r_1 = \sqrt{(x+\mu)^2 + y^2}$，$r_2 = \sqrt{(x+\mu-1)^2 + y^2}$。

月地质量比 μ 等如表 2-10 所列，可见，CR3BP 是一个可由常微分方程组表述的自治动力学系统。

表 2-10 考虑太阳摄动地月空间引力场常数

符号	数值	单位	含义
μ	$1.21506683 \times 10^{-2}$	—	月地质量比
m_s	3.28900541×10^5	—	归一化的太阳质量
ρ	3.88811143×10^2	—	归一化的太阳-地月质心距离
ω_s	$-9.25195985 \times 10^{-1}$	—	归一化的太阳视角速度
l_{em}	3.84405000×10^8	m	地月距离
ω_{em}	$2.66186135 \times 10^{-6}$	s^{-1}	地月角速度
R_e	6378	km	地球平均半径
R_m	1738	km	月球平均半径
h_i	167	km	近地出发轨道高度
h_f	100	km	到达月球轨道高度
DU	3.84405000×10^8	m	距离单位
TU	4.34811305	d	时间单位
VU	1.02323281×10^3	m/s	速度单位

BR4BP 是在 CR3BP 基础上考虑第四体 P_3，对于地月系统而言，即考虑太阳摄动。由于白道面与黄道面仅相差 5°，简单地认为日地月处于同平面。双圆是指地月围绕其公共质心做圆周运动和地月公共质心围绕太阳也做圆周运动的假设。第三体 P 在平面内的动力学方程为

$$\ddot{x} - 2\dot{y} = \frac{\partial \Omega_4}{\partial x}, \quad \ddot{y} + 2\dot{x} = \frac{\partial \Omega_4}{\partial y} \tag{2-36}$$

等效势能函数：

$$\Omega_4(x,y,t) = \Omega_3(x,y) + \frac{m_s}{r_3(t)} - \frac{m_s}{\rho^2}(x\cos(\omega_s t) + y\sin(\omega_s t)) \tag{2-37}$$

式中：m_s 为太阳质量；ρ 为地月公共质心相对于太阳的距离；ω_s 为太阳相对于地月公共质心旋转的角速度。t 时刻太阳相对于 $O\text{-}x$ 轴的相角为 $\omega_s t$，对应的位置为 $(\rho\cos(\omega_s t), \rho\sin(\omega_s t))$。此时，第三体探测器 P 与太阳距离为

$$r_3(t) = \sqrt{(x - \rho\cos(\omega_s t))^2 + (y - \rho\sin(\omega_s t))^2} \tag{2-38}$$

月球探测器从近地停泊轨道沿切向一次脉冲加速进入地月转移轨道，到达月球附近相对于月球的近月点沿切向减速制动，形成环月低轨圆轨道。初始时刻地心距，对于近地停泊轨道而言，速度为 $\sqrt{(1-\mu)/r_i}$，设地月转移轨道在该时刻位置速度为 $(x_i, y_i, \dot{x}_i, \dot{y}_i)$，则存在约束：

$$\begin{cases} (x_i + \mu)^2 + y_i^2 - r_i^2 = 0 \\ (x_i + \mu)(\dot{x}_i - y_i) + y_i(\dot{y}_i + x_i + \mu) = 0 \end{cases} \tag{2-39}$$

在近地停泊轨道加速进入地月转移轨道的脉冲大小为

$$\Delta v_i = \sqrt{(\dot{x}_i - y_i)^2 + (\dot{y}_i + x_i + \mu)^2} - \sqrt{(1-\mu)/r_i} \tag{2-40}$$

设探测器沿地月转移轨道到达近月点的时刻为 t_f，对应位置速度为 $(x_f, y_f, \dot{x}_f, \dot{y}_f)$，则存在约束为

$$\begin{cases} (x_f + \mu - 1)^2 + y_f^2 - r_f^2 = 0 \\ (x_f + \mu - 1)(\dot{x}_f - y_f) + y_f(\dot{y}_f + x_f + \mu - 1) = 0 \end{cases} \tag{2-41}$$

式中：r_f 为目标环月圆轨道月心距。近月点减速制动形成环月低轨圆轨道所需脉冲大小为

$$\Delta v_f = \sqrt{(\dot{x}_f - y_f)^2 + (\dot{y}_f + x_f + \mu - 1)^2} - \sqrt{\mu/r_f} \tag{2-42}$$

如表 2-10 所列，近地出发轨道高度 h_i 与近月点高度 h_f 受运载火箭和月球探测器能力约束为常值。两脉冲地月转移轨道设计问题变为终端部分参数等式约束的非线性微分方程求解问题。如果将近地出发时刻参数作为设计变量，寻求满足近月点高度约束的微分方程解，则会因为长时间数值积分导致近月点等式约束难以精确满足，使得求解难度增加。为降低问题求解难度，且贴近工程实际施加 1~2 次中途修正情况，如图 2-14 所示，将近地出发方位角 α_e、代表出发速度大小的 β_e（$v_i = \sqrt{\beta_e(1-\mu)/r_i}$）、到达近月点方位角 α_m 和代表近月点速度大小的 β_m（$v_f = \sqrt{\beta_m \mu/r_f}$）作为设计变量。近地出发位置速度分别为

$$\begin{cases} x_i = r_i \cos\alpha_e - \mu, \ y_i = r_i \sin\alpha_e \\ \dot{x}_i = -(v_i - r_i)\sin\alpha_e, \ \dot{y}_i = (v_i - r_i)\cos\alpha_e \end{cases} \tag{2-43}$$

到达近月点位置为

$$x_f = r_f \cos\alpha_m + 1 - \mu, \quad y_f = r_f \sin\alpha_m \tag{2-44}$$

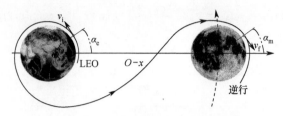

图 2-14 地月转移轨道优化求解示意图

如图 2-15 所示,探测器到达近月点时存在两种情况:一是相对于月球顺行轨道,即动量矩与月球公转同向;二是相对于月球逆行轨道,动量矩与月球公转反向。对于月心顺行轨道而言,近月点速度矢量为

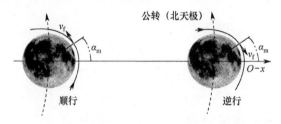

图 2-15 探测器到达近月点两种情况示意图

$$\dot{x}_f = -(v_f - r_f)\sin\alpha_m, \quad \dot{y}_f = (v_f - r_f)\cos\alpha_m \tag{2-45}$$

而对于月心逆行轨道而言,近月点速度矢量为

$$\dot{x}_f = (v_f + r_f)\sin\alpha_m, \quad \dot{y}_f = -(v_f + r_f)\cos\alpha_m \tag{2-46}$$

将地月转移时长等分为两段,以式(2-43)正向数值积分前半段得到时间中间点 t_{mid} 对应飞行状态 $(\bar{x}_{mid}, \bar{y}_{mid}, \bar{\dot{x}}_{mid}, \bar{\dot{y}}_{mid})$;再以式(2-44)和式(2-45)或式(2-46)逆向数值积分后半段得到时间中间点状态 $(\tilde{x}_{mid}, \tilde{y}_{mid}, \tilde{\dot{x}}_{mid}, \tilde{\dot{y}}_{mid})$。理想情况是 $(\bar{x}_{mid}, \bar{y}_{mid}, \bar{\dot{x}}_{mid}, \bar{\dot{y}}_{mid}) \equiv (\tilde{x}_{mid}, \tilde{y}_{mid}, \tilde{\dot{x}}_{mid}, \tilde{\dot{y}}_{mid})$,实际数值计算时往往存在微小数值积分误差,正好用工程实际中途修正来弥补。若将两次脉冲大小的和作为轨道设计优化目标,则求解两脉冲地月转移轨道的优化模型为

$$\begin{cases} \boldsymbol{x} = [\alpha_e, \beta_e, \alpha_m, \beta_m] \\ \min J = \Delta v_i + \Delta v_f \\ \text{s.t. } \boldsymbol{c}(\boldsymbol{x}) = (\bar{x}_{mid}, \bar{y}_{mid}, \bar{\dot{x}}_{mid}, \bar{\dot{y}}_{mid}) - (\tilde{x}_{mid}, \tilde{y}_{mid}, \tilde{\dot{x}}_{mid}, \tilde{\dot{y}}_{mid}) = 0 \end{cases} \tag{2-47}$$

地月转移轨道设计时将两脉冲和作为最小值优化目标函数,而代表 t_i 时刻出发速度大小的 $\beta_e = 1 + e_e$ 和代表 t_f 时刻近月点速度大小的 $\beta_m = 1 + e_m$ 决定满足约束条件情况的优化目标函数的大小。e_e 和 e_m 分别为地月转移轨道近地出发地心轨道偏心率和近月点月心轨道偏心率。由于节约燃料使优化目标函数尽可能小,因此应有 $0.96 < e_e < 1$,到达近月点后一般情况下有 $1 < e_m < 2$,弹道捕获方式首次到达近月

点时月心轨道偏心率 e_m 也可略小于 $1^{[161]}$，但地月转移时间一般超过 100 天，工程使用较少$^{[162]}$，这里不展开研究。α_e 和 α_m 可在 $0°\sim360°$ 内取值。在 CR3BP 模型中，给定地月转移时长 $t_{\text{trans}} = t_f - t_i$，将 α_e 和 α_m 设计为两层遍历搜索参数，式（2-47）所示优化问题转化为 β_e 和 β_m（取值范围中间值作为初值即可收敛）两参数约束优化问题，如图 2-16 所示。

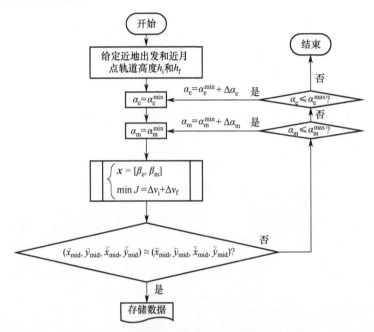

图 2-16 三体问题中轨道参数初值遍历搜索流程图

按照一定步长 $\Delta\alpha_e$ 和 $\Delta\alpha_m$ 搜索 α_e 和 α_m 不同组合作为初值满足约束条件的局部最优解，将所有满足约束条件的轨道参数存储，为下一步利用数值延拓方法求解某类轨道族最优解集提供设计变量初值。

将求解的转移轨道参数作为求解某类轨道族最优解集的设计变量初值，将地月转移时长 t_{trans} 逐步延拓到整个求解区间（如 $2.5\sim45$ 天），上一步最优解作为下一步地月转移时长延拓后新优化问题的设计变量初值，对于有物理背景的连续系统，只要延拓步长 Δt 足够小，新优化问题与上一步优化问题等价，问题就可以求解出来，如图 2-17 所示。

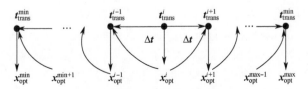

图 2-17 数值延拓求解策略示意图

考虑太阳摄动的 BR4BP 是 CR3BP 的动力学模型延拓，即以 CR3BP 模型解作为进一步求解 BR4BP 模型解的初值。结合式（2-47）建立的地月转移轨道优化求解策略，将转移时长中间点 t_{mid} 对应太阳方位角 $\theta_{mid} = \omega_s t_{mid}$ 增添为设计变量，分别向前减去和向后增加 $0.5*t_{trans}$，即为 t_i 和 t_f。然后采用 BR4BP 模型正向积分 $t_i \sim t_{mid}$ 段，同时并行逆向积分 $t_{mid} \sim t_f$ 段轨道参数。

由于太阳摄动相比地月引力较小，因此如果在式（2-47）基础上将 θ_{mid} 直接增加为优化设计变量，存在初值难以确定，未收敛至最优解的情况。这里采用遍历搜索框架，如图 2-18 所示，将 t_{mid} 时刻 θ_{mid} 设计为遍历参数，从最小值按照一定步长 $\Delta \theta_{mid}$ 遍历搜索至最大值，即太阳在不同相位（不同发射窗口）产生的 BR4BP 模型中地月转移轨道优化求解都采用 CR3BP 模型中最优轨道参数作为初值，每次记录都符合约束条件的原始轨道参数，待遍历完一次太阳相角取值范围，筛选出两脉冲速度和最优值的一组结果，即 BR4BP 模型中两脉冲地月转移轨道的最优解。BR4BP 模型中无数个不同地月转移时长的两脉冲地月转移轨道的最优解构成最终解集。

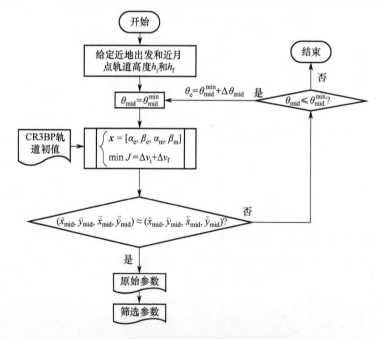

图 2-18　遍历太阳摄动参数最优轨道求解策略

地月空间物理参数及意义详见表 2-10。基于 MATLAB 平台中 fmincon 框架进行轨道优化计算代码编写。设计变量、目标函数和约束条件误差限均为 1×10^{-16}。数值积分采用 rkf7-8 变步长积分器，初始步长为 1×10^{-4}，截断误差为 1×10^{-12}。计算得到地月转移飞行时长在 2.5~45 天的最优轨道解集可以分为 A、B、C 三类，如图 2-19 所示。

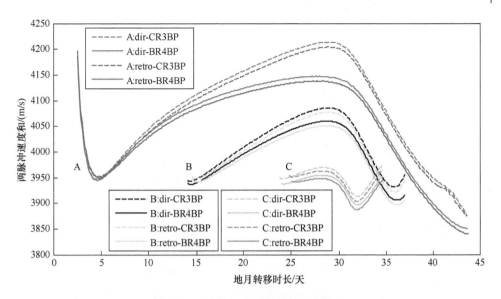

图 2-19 两脉冲地月转移轨道最优解集

图 2-19 中,"dir"代表顺行方式(direct)到达近月点,"retro"代表逆行方式(retrograde)到达近月点。可见,A、B、C 三类轨道均存在两个局部最优解,局部最优解地月转移时长及其两脉冲参数如表 2-11 所列。相较于 CR3BP 模型中的最优解集,BR4BP 模型中最优太阳相角产生的摄动作用可以显著降低两脉冲速度增量。

表 2-11 两脉冲地月转移轨道局部最优解

序号	解集类型	到达月球方式	CR3BP		BR4BP	
			地月转移时长/天	两脉冲速度和/(m/s)	地月转移时长/天	两脉冲速度和/(m/s)
1	A	顺行	4.6	3946.9	4.6	3944.8
2		逆行	4.8	3952.0	4.8	3949.7
3		顺行	43.6	3875.2	43.6	3849.7
4		逆行	43.6	3874.9	43.6	3840.0
5	B	顺行	14.3	3942.4	14.4	3936.6
6		逆行	15.0	3947.6	15.1	3941.4
7		顺行	36.0	3931.6	36.0	3906.1
8		逆行	35.8	3921.6	36.2	3896.6
9	C	顺行	24.0	3946.9	24.2	3937.3
10		逆行	25.1	3951.2	25.4	3940.8
11		顺行	32.0	3912.6	32.0	3896.4
12		逆行	31.9	3903.4	31.9	3887.4

旋转坐标系中 A 类转移轨道两个局部最优解轨迹如图 2-20 所示。共同特征是地月转移过程中均不存在围绕地球飞行情况。A 类转移轨道中第一个局部最优解在

4.6 天左右,以顺行方式到达月球,两脉冲速度增量和为 3944.8 m/s。相应地,以逆行方式到达月球的最优解地月转移飞行时长为 4.8 天,两脉冲速度增量和为 3949.7 m/s。A 类转移轨道中第二个局部最优解在 43.6 天左右,以逆行方式到达月球,两脉冲速度增量和为 3840.0 m/s。相应地,以顺行方式到达月球最优解地月转移飞行时长为 43.6 天,两脉冲速度增量和为 3849.7 m/s。

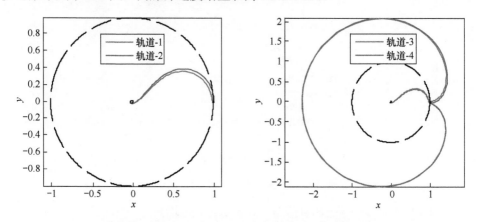

图 2-20　旋转坐标系中 A 类转移轨道两个局部最优解轨迹

旋转坐标系中 B 类转移轨道两个局部最优解轨迹如图 2-21 所示。共同特征是地月转移过程中绕地球飞行 1 圈。B 类转移轨道中第一个局部最优解在 14.4 天左右,以顺行方式到达月球,两脉冲速度增量和为 3936.6 m/s。相应地,以逆行方式到达月球的最优解地月转移飞行时长为 15.1 天,两脉冲速度增量和为 3941.4 m/s。B 类转移轨道中第二个局部最优解在 36.2 天左右,以逆行方式到达月球,两脉冲速度增量和为 3896.6 m/s。相应地,以顺行方式到达月球最优解地月转移飞行时长 36.0 天,两脉冲速度增量和为 3906.1 m/s。

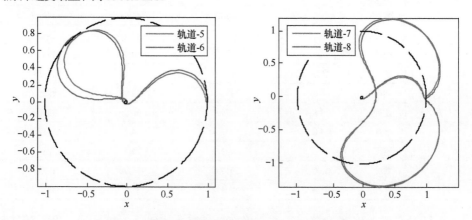

图 2-21　旋转坐标系中 B 类转移轨道两个局部最优解轨迹

旋转坐标系中 C 类转移轨道两个局部最优解轨迹如图 2-22 所示。共同特征是地月转移过程中绕地球飞行 2 圈。C 类转移轨道中第一个局部最优解在 24.2 天左右，以顺行方式到达月球，两脉冲速度增量和为 3937.3 m/s。相应地，以逆行方式到达月球的最优解地月转移飞行时长为 25.4 天，两脉冲速度增量和为 3940.8 m/s。C 类转移轨道中第二个局部最优解在 31.9 天左右，以逆行方式到达月球，两脉冲速度增量和为 3887.4 m/s。相应地，以顺行方式到达月球最优解地月转移飞行时长 32.0 天，两脉冲速度增量和为 3896.4 m/s。

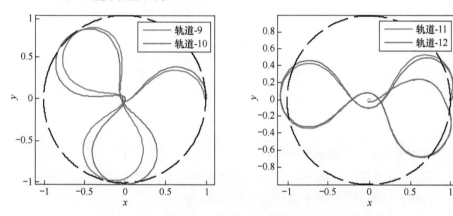

图 2-22 旋转坐标系中 C 类转移轨道两个局部最优解轨迹

对于转移时长在 2.5~45 天内的两脉冲地月转移轨道最优解集计算而言，轨道动力学模型延拓和参数数值延拓方法可在 PC 端利用 MATLAB 中优化工具 fmincon 高效完成，不必使用计算工作站[160]，且可以机理性地说明合理的太阳相位（发射窗口）产生的太阳摄动力可减小两脉冲速度增量和，可综合考虑探月工程约束和节约燃耗，共同决定地月转移发射窗口。

综上 3 个算例可以看出，数值延拓理论简单易懂，能降低原问题设计变量维度，有效提高计算效率，并可获取原问题解集随着延拓参数的演化特性，方便深入了解系统特性。数值延拓理论具体到轨道设计问题中，需要寻找合适的延拓参数及解集截面，因而产生不同的应用型创新方法，通常选择的延拓参数具有明确的物理意义，如轨道的能量、飞行时间或者某一方向上的坐标参数等[163]。数值延拓理论除了在航天器最优轨道设计、制导与控制等领域发挥着重要作用外，也在现代医学和其他学科领域发挥着不可或缺的作用[164-165]。

2.5.3 基于数值延拓理论的可达域分析策略

载人登月任务方案设计时并不满足单条轨道优化设计结果，往往需要知道满足所有约束条件的初始轨道参数集合 Θ'' 和终端轨道参数可达域 Ω'' 及其内部重要参

数映射关系 $\varGamma:\varTheta^n \to \varOmega^n$。基于高精度轨道动力学模型分析载人登月轨道精确可达域问题不能采用 2.4.2 节所述的第一类线性化思路，如果采用第二类思路优化计算轨道精确可达域虚拟边界点，则与航天器进入/再入可达域问题又有所不同。不同点主要表现在以下三个方面。

（1）高精度轨道动力学模型复杂度远大于进入/再入动力学模型，轨道参数只能通过数值积分计算，导致一些需要重复计算轨道参数的进化算法和伪谱法很难适用；

（2）初始参数不确定性随轨道外推传播至终端轨道参数可达域过程非线性传播时间为 3 天以上，远大于进入/再入过程数百秒时长，初始和终端集合域内参数影响关系并不明显，参数分布是否连续，集合是否为单连通域或多连通域无法证明；

（3）载人登月轨道可达域集合中往往包含 4 个以上独立参数，优化问题维度大于计算航程和横程的二维问题，导致优化难度增大，在采用局部超 1 次收敛性优化算法求解时，需要通过其他方式配置一个好的初始点。

考虑上述实际问题，本节提出了一套基于数值延拓理论分析轨道精确可达域的策略，可分为以下 3 个步骤。

步骤 1：结合实际问题，建立完备的基于终端可达域关注参数 $y(t_f)$ 的轨道描述方法，解耦设计变量，尽可能降低轨道计算难度；

步骤 2：基于步骤 1 轨道计算模型，发展一种解析或半解析简化轨道计算模型，设计遍历搜索算法，计算轨道参数尺度范围，并证明初值不确定性导致的可达域拓扑结构是单连通域还是多连通域，也可以初步发现集合内参数影响关系，为进一步采用高精度轨道动力学模型和局部梯度优化算法计算精确可达域虚拟边界参数提供较好的设计变量初值；

步骤 3：分析步骤 2 简化轨道计算模型遍历搜索参数结果特性，选择影响精确可达域虚拟边界点的部分参数作为数值延拓变量，采用高精度轨道动力学模型和局部梯度优化算法计算精确可达域虚拟边界参数，将最优设计变量作为下一次因延拓参数变化而产生的新优化问题初设计变量初值，直至计算完成可达域虚拟边界点。

本节将上述步骤称为基于数值延拓理论的可达域分析策略，除步骤 3 的参数数值延拓外，实际上步骤 2 和步骤 3 也包含了 2.5.1 节中广义的延拓方法中第一类系统模型延拓理论，如图 2-23 所示。

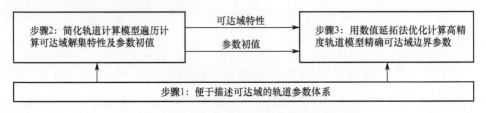

图 2-23 基于数值延拓理论的可达域分析策略示意图

2.6 小结

本章介绍了新时代载人登月转移轨道可达域研究背景、可达域相关轨道问题研究现状、可达域问题模型及数值延拓分析方法,并给出了用数值延拓分析方法计算复杂问题优势验证算例和基于数值延拓理论的载人登月转移轨道可达域分析策略,为阅读本书后续章节奠定了基础。

参 考 文 献

[1] 贺波勇. 载人登月转移轨道偏差传播分析与中途修正方法研究[D]. 长沙: 国防科技大学, 2013.

[2] STANLEY D, COOK S, CONNOLLY J, et al. NASA's exploration system architecture study [R]. NASA Report, 2005: TM-2005-214062: 1-3.

[3] CONDON G. Lunar orbit insertion targeting and associated outbound mission design for lunar sortie missions[C]. Hilton Head: Proceedings of the 2007 AIAA Guidance, Navigation, and Control Conference and Exhibit, 2007: 1-27.

[4] GARN M, QU M, CHRONE J, et al. NASA's planned return to the moon: global access and anytime return requirement implications on the lunar orbit insertion burns[C]. Honolulu: Proceedings of the 2008 AIAA/AAS Astrodynamics Specialists Conference, 2008: 1-20.

[5] BROWN A E. Minimum fuel ascent from the lunar surface[R]. NASA TND-4159, NASA Langley Research Center, Hampton, Va., September, 1967.

[6] SOSTARIC R R, MERRIAM R S. Lunar ascent and rendezvous trajectory design[C]. 31st Annual AAS Guidance and Control Conference, Breckenridge, Colorado, February 1-6, 2008: 1-24.

[7] GERBRACHT R J, PENZO, P A. Optimum three-impulse transfer between an elliptic orbit and a non-coplanar escape asymptote[C]. AAS/AIAA Astrodynamics Specialist Conference, (Jackson, WY), 1968.

[8] SOMMER S C, SHORT B J. Point return from a lunar mission for a vehicle that maneuvers within the Earth's atmosphere[R]. NASA TND-1142, 1961: 1-34.

[9] BALL A, GARRY J, LORENZ R, et al. Planetary landers and entry probes[M]. Britain: Cambridge University Press, 2007.

[10] 卞韩城, 黄宁, 袁亚军, 等. 国外载人航天器返回着陆分析与启示[J]. 载人航天, 2011, 17(6): 1-6.

[11] BRUNNER C W, LU P. Skip entry trajectory planning and guidance[J]. Journal of Guidance, Control, and Dynamics, 2008, 31(5): 1210-1220.

[12] 左光, 侯砚泽, 陈冲, 等. 载人航天器月地返回载入问题研究[J]. 航天器工程, 2013, 22(6): 112-118.

[13] BAIRSTOW S H. Reentry guidance with extended range capability for low L/D spacecraft [D]. California: California Institute of Technology, 2006.

[14] 沈红新. 载人登月定点返回轨道问题研究[D]. 长沙: 国防科技大学, 2009.

[15] WERTZ J R, LARSON W J. 航天任务的分析与设计: 上 [M]. 王长龙, 等译. 北京: 航空工业出版社, 1992: 65-66.

[16] HE B Y, LI H Y, ZHANG B. Analysis of transfer orbit deviation propagation mechanism and robust design for manned lunar landing[J]. Acta Physica Sinica. 2013, 62(19): 81-88.

[17] KIZNER W. A method of describing miss distances for lunar and interplanetary trajectories[J]. Planetary and Space Science, 1961, 7(61): 125-131.

[18] 褚桂柏, 张敬铭. 月球探测器轨道与构型设计[J]. 航天器工程, 1994 (12): 19-35.

[19] 严辉, 陈士橹, 吕学富. 给定条件下直接命中月球轨道计算方法[J]. 中国空间科学技术, 1996, 16(3): 17-21.

[20] 胡小工, 黄珹. 登月飞行轨道力学模型选取[J]. 中国科学院上海天文台年刊, 1997 (18): 83-88.

[21] 郗晓宁, 王海丽, 肖齐英. 多约束条件下探测器击中月球的轨道设计[J]. 中国空间科学技术, 1997 (4): 1-7.

[22] 杨维廉. 发射极月卫星的转移轨道研究[J]. 航天器工程, 1997, 6(3): 19-32.

[23] 杨维廉. 击中月球的转移轨道研究[J]. 飞行力学, 1998, 16(4): 20-25.

[24] 朱仁璋, 俞南嘉, 李颐黎. 月球探测器轨道设计新方法研究[J]. 航天器工程, 1999, 8(1): 28-32.

[25] 刘林. 航天器轨道理论[M]. 北京: 国防工业出版社, 2000.

[26] 刘林, 王歆. 月球探测器轨道力学[M]. 北京: 国防工业出版社, 2006.

[27] 郗晓宁, 曾国强, 任萱, 等. 月球探测器轨道设计[M]. 北京: 国防工业出版社, 2001.

[28] 谷立祥, 刘竹生. 使用遗传算法和B平面参数进行月球探测器地月转移轨道设计[J]. 导弹与航天运载技术, 2003, 263(3): 1-5.

[29] 周文艳, 杨维廉. 月球探测器的转移轨道特性分析[J]. 空间科学学报, 2004, 24(5): 354-359.

[30] 高玉东. 月球探测器地月空间转移轨道研究[D]. 长沙: 国防科技大学, 2008.

[31] GAO Y, LI H, HE S. First-round design of flight scenario for Chang'E-2's extended mission: taking off from lunar orbit[J]. Acta Mechanica Sinica, 2012, 28(5): 1466-1478.

[32] GAO Y. Near-Earth asteroid flyby trajectories from the Sun-Earth L2 for Chang'E-2's extended flight[J]. Acta Mechanica Sinica, 2013, 29(1): 123-131.

[33] 王亚敏, 乔栋, 崔平远. 从月球逃逸探测小行星的发射机会搜索[J]. 宇航学报, 2012, 33(12): 1845-1849.

[34] 乔栋, 黄江川, 崔平远, 等. 嫦娥二号卫星飞越 Toutatis 小行星转移轨道设计[J]. 中国科学·技术科学, 2013, 43(5): 487-492.

[35] EGOROV V A. Certain problem of Moon flight dynamics[M]. New York: Russian Literature of Satellite, Part Ⅰ, International Physical Index Inc, 1958.

[36] HILL G W. Research in the lunar theory[J]. American Journal of Mathematics, 1878, 1(1): 5-26.

[37] SCHEERES D J. The restricted Hill four-body problem with applications to the Earth-Moon-Sun system[J]. Celestial Mechanics and Dynamical Astronomy, 1998, 70(2): 75-98.

[38] 张洪波. 航天器轨道力学理论与方法[M]. 北京: 国防工业出版社, 2015.

[39] 张汉清, 李言俊. 利用平动点流形设计地月转移轨道的研究[J]. 测控技术, 2011, 30(3): 94-102.

[40] GONG S P, LI J F, BAOYIN H X. Lunar landing trajectory design based on invariant manifold[J]. Applied Mathematics and Mechanics, 2007, 28(2): 201-207.

[41] 王劼, 崔乃刚, 刘暾. 定常幅值小推力登月飞行器轨道研究[J]. 航空学报, 2001, 22(1): 6-9.

[42] POINCARÉ H. Sur le probléme des trios corps et les équations de la dynamique[J]. Acta Mathematica, 1890, 13(1): 1-270.

[43] DIACU F, HOLMES P.天遇-混沌与稳定性的起源[M]. 王兰宇, 译. 上海: 上海科技教育出版社, 2005.

[44] MIELE A. Theorem of image trajectories in Earth-Moon space[J]. Acta Astronaut, 1960, 6(5): 225-232.

[45] MIELE A, MANCUSO S. Optimal trajectories for Earth-Moon-Earth flight[J]. Acta Astronaut, 2001, 49(2): 69-71.

[46] MIELE A. Revisit of the theorem of image trajectories in the Earth-Moon space[J]. Journal of Optimization Theory and Applications, 2010, 147(5): 483-490.

[47] JESICK M, OCAMPO C. Automated generation of symmetric lunar free-return trajectories[J]. Journal of Guidance, Control, and Dynamics, 2011, 34(1): 98-106.

[48] JESICK M, OCAMPO C. Computation and optimization of lunar orbit insertion from a fixed free return[J]. Journal of the Astronautical Sciences, 2011, 58(1): 35-53.

[49] JESICK M, OCAMPO C. Optimal lunar orbit insertion from a variable symmetric free-return trajectory[J]. Journal of Guidance, Control, and Dynamics, 2011, 34(6): 1867-1875.

[50] 钱霙婧. 地月空间拟周期轨道上航天器自主导航与轨道保持研究[D]. 哈尔滨: 哈尔滨工业大学, 2013.

[51] 连一君. 地月平动点动力学与交会控制研究[D]. 长沙: 国防科技大学, 2013.

[52] SCHWANIGER A J. Trajectories in the Earth-Moon space with symmetric free-return properties[R]. NASA Technical Note D-1833, 1963: 1-19.

[53] WEBER R, PAUSON W, BURLEY R. Lunar trajectories[R]. NASA Technical Note D-866, 1961:

1-16.

[54] 白玉铸, 陈小前, 李京浩. 载人登月自由返回轨道与 Hybrid 轨道设计方法[J]. 国防科技大学学报, 2010, 32(2):33-39.

[55] 黄文德, 郗晓宁, 王威, 等. 基于双二体假设的载人登月自由返回轨道特性分析及设计[J]. 宇航学报, 2010, 31(5):1297-1303.

[56] PENG Q B, SHEN H X, LI H Y, et al. Free return orbit design and characteristics analysis for manned lunar mission [J]. Science China Technological Sciences, 2011, 54(12): 3243-3250.

[57] LI J Y, GONG S P, BAOYIN H. Generation of multi-segment lunar free return trajectories[J]. Journal of Guidance, Control, and Dynamics, 2013, 36(3): 765-775.

[58] LI J Y, BAOYIN H. Analysis of two segment lunar free return trajectories[J]. Journal of Spacecraft and Rockets, 2015, 52(1): 183-195.

[59] LI J Y, GONG S P, BAOYIN H X. Lunar orbit insertion targeting from the two-segment lunar free-return trajectories[J]. Advances in Space Research, 2015, 55(4): 1051-1060.

[60] 沈红新. 基于解析同伦的月地应急返回轨迹优化方法[D]. 长沙: 国防科技大学, 2014.

[61] WILSON S W. A pseudo-state theory for the approximation of three body trajectories [C]. California: AAS/AIAA Astrodynamics conference, Santa. Barbala, 1970. AIAA Paper: 70-1061.

[62] BYRNES D V, HOOPER H I. Multi-conic: A fast and accurate methods of computing space flight trajectories[R]. AIAA Paper, 1970: 70-1062.

[63] 杨嘉墀, 范剑峰. 航天器轨道动力学与控制: 上[M]. 北京: 中国宇航出版社, 2009.

[64] WILSON R S. A design tool for constructing multiple lunar swing-by trajectories[D]. A Dissertation Submitted to the Faculty of Purdue University, 1993.

[65] BYRNES D V. Application of the pseudo state theory to the three body lambert problem[J]. Journal of the Astronautical Sciences, 1989, (37): 221-232.

[66] WILSON R S, HOWELL K C. Trajectory design in the sun-earth-moon system using lunar gravity assists[J]. Journal of Spacecraft and Rockets, 1998, 35(2): 191-198.

[67] RAMANAN R V. Integrate Algorithm for lunar transfer trajectories using a pseudo state technical[J]. Journal of Guidance, Control, and Dynamics, 2002, 25(2): 946-952.

[68] LUO Q Q, YIN J F, HAN C. Design of earth-moon free-return trajectories[J]. Journal of Guidance, Control, and Dynamics, 2012, 36(2): 263-271.

[69] 张磊, 谢剑锋, 唐歌实, 等. 绕月自由返回飞行任务的轨道设计方法[J]. 宇航学报, 2014, 35(12): 1388-1395.

[70] 张洪礼, 罗钦钦, 韩潮, 等. UKF 参数估计在三体 Lambert 问题中的应用[J]. 北京航空航天大学学报, 2015, 41(2): 228-233.

[71] 彭祺擘. 考虑应急返回能力的载人登月轨道优化设计及特性分析[D]. 长沙: 国防科技大学, 2012.

[72] 黄文德, 郗晓宁, 王威, 等. 基于双二体假设的载人登月混合轨道特性分析及设计[J]. 国防科技大学学报, 2010, 32(4): 61-67.

[73] 郑爱武, 周建平. 载人登月轨道设计方法及其约束条件概述[J]. 载人航天, 2012, 18(1): 48-54.

[74] 宝音贺西, 李京阳. 载人登月轨道研究综述[J]. 力学与实践, 2015, 37(6): 665-673.

[75] 李海阳, 贺波勇, 曹鹏飞. 载人登月转移轨道偏差传播分析与中途修正方法概述[J]. 力学与实践, 2017, 39(1): 1-6.

[76] EDELBAUM T N. Optimal nonplanar escape from circular orbits[J]. AIAA Journal, 1971, 9(12): 2432-2436.

[77] PARK C, GONG Q, ROSS I M, et al. Fuel-optimal design of moon-earth trajectories using legendre pseudo spectral method[C]. Honolulu: AIAA/AAS Astrodynamics Specialist Confence and Exihibit, 2008: 1-6.

[78] JONES D R, OCAMPO C. Optimization of impulsive trajectories from circular orbit to an excess velocity vector[J]. Journal of Guidance, Control, and Dynamics, 2012, 35(1): 234-244.

[79] OCAMPO C, SAUDEMONT R R. Initial trajectory model for a multi-maneuver moon to earth abort sequence[J]. Journal of Guidance, Control, and Dynamics, 2010, 33(4): 1184-1194.

[80] 白玉铸, 郗晓宁, 刘磊. 月球探测器返回轨道特性分析[J]. 国防科技大学学报, 2008, 30(4): 11-16.

[81] 张磊, 于登云, 张熇. 直接再入大气的月球返回轨道设计研究[J]. 航天器工程, 2010, 19(5): 50-55.

[82] 黄文德, 郗晓宁, 王威. 载人登月返回轨道发射窗口分析与设计[J]. 飞行器测控学报, 2010, 29(3): 310-319.

[83] 郑爱武, 周建平. 直接再入大气的月地返回窗口搜索策略[J]. 航空学报, 2013, 35(8): 2243-2250.

[84] LI J Y, GONG S P. Launch windows for manned moon-to-earth trajectories[J]. Aircraft Engineering and Aerospace Technology, 2012, 84(5): 344-356.

[85] WHITLEY R J, OCAMPO C A, WILLIAMS J. Performance of an autonomous multi-maneuver algorithm for lunar trans-earth injection[J]. Journal of Spacecraft and Rockets, 2012, 49(1): 165-174.

[86] MARCHAND B G, WEEKS M W, SMITH C W, et al. Onboard autonomous targeting for the trans-earth phase of Orion[J]. Journal of Guidance, Control, and Dynamics, 2010, 33(3): 943-956.

[87] SCARITT S, MARCHAND B G, WEEKS M W. An autonomous onboard targeting algorithm using finite thrust maneuvers[R]. AIAA Paper 2009-6104, 2009: 1-23.

[88] CHUNG M J, WEINSTEIN S S. Trajectory design of lunar south pole-Aitken Basin sample return mission[C]. Rhode Island: AIAA/AAS Astrodynamics Specialist Conference and Exhibit,

2004: 1-10.

[89] WOOSTER P D. Strategies for affordable human moon and mars exploration[D]. Cambridge, Massachusetts: Massachusetts Institute of Technology, 2007.

[90] 饶建兵, 向开恒, 彭坤. 月球探测器环月段返回速度影响因素研究[J]. 航天器工程, 2015, 24(4): 20-26.

[91] SHEN H X, ZHOU J P, PENG Q B, et al. Point return orbit design and characteristics analysis for manned lunar mission[J]. Science China·Technological Sciences, 2012, 55(9): 2561-2569.

[92] COLASURDO G, CASALINO L. Indirect methods for the optimization of spacecraft trajectories [M]. New York: Springer, 2012.

[93] YAN H, GONG Q. High-accuracy trajectory optimization for a trans-earth-lunar mission[J]. Journal of Guidance, Control, and Dynamics, 2011, 34(4): 1219-1227.

[94] YIM S Y, BAOYIN H X. High latitude landing circumlunar free return trajectory design[J]. Aircraft Engineering and Aerospace Technology, 2015, 87(4): 380-391.

[95] 闵学龙. 载人航天器深空飞行返回再入轨迹优化[J]. 中国空间科学技术, 2009(4): 8-12.

[96] 周军, 水尊师, 葛致磊. 一种适用于月球跳跃返回的改进解析预测校正制导律[J]. 宇航学报, 2012, 33(9): 1210-1216.

[97] 曾亮. 探月飞船跳跃式返回再入制导方法研究[D]. 长沙: 国防科技大学, 2012.

[98] 杜昕. 探月返回跳跃式再入轨迹规划与制导[D]. 长沙: 国防科技大学, 2015.

[99] 汪中生. 探月返回器今天回家[N]. 北京晨报, 2014-11-01(A09). http://bjcb.morningpost.cn/html/2014-11/01/conte nt_318070.htm.

[100] 李明涛. 共线平动点任务节能轨道设计与优化 [D]. 北京: 中国科学院, 2010.

[101] BELBRUNO E A, MILLER J. A ballistic lunar capture trajectory for the Japanese spacecraft hiten [R]. Technical Report IOM 312/90.4-1731-EAB, Cal. Tech, 1990.

[102] BELBRUNO E, MILLER J. Sun-perturbed Earth to Moon transfers with ballistic capture [J]. Journal of Guidance Control and Dynamics, 1993, 16(2): 770-775.

[103] GOMEZ G, JORBA A, Masdenmont J, et al. Study of the transfer from the Earth to a halo orbit around equilibrium point L1 [J]. Celestial Mechanics, 1993, 56(1): 541-562.

[104] KOON W S, LO M W, MARSDEN J E, et al. Low energy transfer to the moon [J]. Celestial Mechanics and Dynamical Astronomy, 2001: 63-73.

[105] KOON W S, LO M W, MARSDEN J E, et al. Shoot the Moon [C]. Florida: AIAA/AAS Astrodynamics Conference, 2000.

[106] PARKER J S, LO M W. Shoot the moon 3D [J]. Advances in the Astronautical Sciencises, 2006, 123(1): 2067-2086.

[107] ZAZZERA F B, TOPPUTO F, MASSARI M. Assessment of mission design including utilization of libration points and weak stability boundaries [R]. ESTEC Contract No.18147 /04 /NL /MV,

2004.

[108] 龚胜平, 李俊峰, 宝音贺西, 等. 基于不变流形的登月轨道设计 [J]. 应用数学与力学, 2007, 28(2): 183-190.

[109] PARKER J S, BORN G H. Direct lunar halo orbit transfers [J]. The Journal of the Astronautic Sciences, 2008, 56(4): 441-476.

[110] RENK F, HECHLER M, MESSERSCHMID E. Exploration mission in the Sun-Earth-Moon system: a detailed view on selected transfer problems [J]. Acta Astronautica, 2010, 67(1): 82-96.

[111] LIAN Y J, GAO Y D, TANG G J. On equatorial inclination of parking orbits in transfers to lunar halo orbits [J]. Communications in Nonlinear Science and Numerical Simulation, 2015, 28(13): 210-222.

[112] 曹鹏飞, 贺波勇, 刘景勇, 等. 地月 L2 点空间站转移轨道设计与特性分析 [J]. 载人航天, 2019, 25(6): 755-760.

[113] 吴伟仁, 王琼, 唐玉华, 等. "嫦娥四号"月球背面软着陆任务设计 [J]. 深空探测学报, 2017, 4(2): 111-117.

[114] FARQUHAR R W, MUHONEN D P, Richardson D L. Mission design for a Halo orbiter of the Earth [C]. San Diego, AIAA/AAS Astro-dynamics Conference. 1976.

[115] PAUL D M. A differentially corrected halo transfer orbit [C]. Proceedings of the AIAA 34th Aerospace Sciences Meeting and Exhibit. (Reno, NV), 1996. 15-18.

[116] GORDON D P. Transfers to earth-moon L2 Halo orbits using lunar proximity and invariant manifolds [D]. Indiana: Purdue University, 2008.

[117] LI M T, ZHENG J H. Impulsive lunar Halo transfers using the stable manifolds and lunar flybys [J]. Acta Astronautica, 2010, 66(1): 1481-1492.

[118] 曹鹏飞. 基于L2点空间站的载人月球探测轨道研究[D]. 长沙: 国防科技大学, 2017.

[119] 彭坤, 李明涛, 王平, 等. 基于不变流形的地月L2点Halo轨道转移轨道设计 [J]. 载人航天, 2016, 22(6): 673-679.

[120] CAO P F, HE B Y, LI H Y. Analysis of direct transfer trajectories from LL2 Halo orbits to LLOs [J]. Astrophysics and Space Science, 2017, 362(9): 153-166.

[121] 徐菁. 嫦娥-5: 匠心独妙的"采样返回" [J]. 国际太空, 2015, 433(1): 1-6.

[122] GRANTHAM W J. Estimating reachable sets[J]. Journal of Dynamics Systems, Measurement, and Control, 1981, 103(4): 420-422.

[123] 白显宗. 空间目标轨道预报误差与碰撞概率问题研究[D]. 长沙: 国防科技大学, 2013.

[124] XUE D, LI J F, BAOYIN H X. et al. Reachable domain for spacecraft with a single impulse[J]. Journal of Guidance, Control, and Dynamics, 2010, 33(2): 934-942.

[125] LI X H, HE X S, ZHONG Q F. Investigation on reachable domain of satellite with a single impulse[C]. Singapore: International Conference on Materials Science and Information

Technology, 2011, 9: 16-18.

[126] ZHANG G, CAO X B, MA G F. Reachable domain of spacecraft with a single tangent impulse considering trajectory safety[J]. Acta Astronautica, 2013, 91(10): 228-236.

[127] WEN C X, GURFIL P. Relative reachable domain for spacecraft with initial state uncertainties[J]. Journal of Guidance, Control, and Dynamics, 2016, 39(3): 462-473.

[128] 石昊, 赵育善, 师鹏, 等. 初值不确定轨道可达区域计算[J]. 宇航学报, 2016, 37(4): 411-419.

[129] 李恒年. 地球静止卫星轨道与共位控制技术[M]. 北京: 国防工业出版社, 2010.

[130] CHAI H, LIANG Y G, CHEN L, et al. Reachable set modeling and engagement analysis of exoatmospheric interceptor[J]. Chinese Journal of Aeronautics, 2014, 27(6): 1513-1526.

[131] LU P, XUE S B. Rapid generation of accurate entry landing footprints[J]. Journal of Guidance, Control, and Dynamics, 2010, 33(3): 756-765.

[132] 王涛, 张洪波, 李永远, 等. Gauss 伪谱法的再入可达域计算方法[J]. 国防科技大学学报, 2016, 38(3): 75-80.

[133] 杜昕, 刘会龙. 探月飞船跳跃式再入轨迹可达域分析[J]. 载人航天, 2017, 23(2): 163-167.

[134] BENITO J, MEASE K D. Reachable and controllable sets for planetary entry and landing[J]. Journal of Guidance, Control, and Dynamics, 2012, 33(3): 641-654.

[135] ALLGOWER E L, GEORG K. Introduction to numerical continuation methods[M]. Fort Collins: Colorado State University, 1990:1-397.

[136] 陆启韶, 彭临平, 杨单琴. 常微分方程与动力系统[M]. 北京: 北京航空航天大学出版社, 2009.

[137] 张锦炎, 冯贝叶. 常微分方程几何理论与分支问题[M]. 北京: 北京大学出版社, 1997.

[138] RHEINBOLDT W C. Numerical continuation methods: a perspective[J]. Journal of Computational and Applied Mathematics, 2000, 124(1): 229-244.

[139] KATOPODIS K. Numerical continuation of periodic orbits from the restricted to the general 3-dimensional 3-body problem[J]. Astrophysics and Space Science, 1986, 123(2): 335-349.

[140] PENG Q B, SHEN H X, LI H Y, et al. Free return orbit design and characteristics analysis for manned lunar mission [J]. Science China Technological Sciences, 2011, 54(12): 3243-3250.

[141] YANG Z, LUO Y Z, ZHANG J, et al. Homotopic perturbed lambert algorithm for long-duration rendezvous optimization[J]. Journal of Guidance, Control, and Dynamics, 2015, 38(11): 2215-2223.

[142] 沈红新. 基于解析同伦的月地应急返回轨迹优化方法[D]. 长沙: 国防科技大学, 2014.

[143] 朱小龙, 刘迎春, 高扬. 航天器最优受控绕飞轨迹推力幅值延拓设计方法[J]. 力学学报, 2014, 46(5): 756-769.

[144] 朱政帆, 高扬. 空间小推力轨道最优 Bang-Bang 控制的两类延拓解法综述[J]. 深空探测学报, 2017, 4(2): 101-109.

[145] 孟雅哲. 航天器燃耗最优轨道直接/间接混合法延拓求解[J]. 航空学报, 2017, 38(1): 259-280.

[146] CAO Y H, CAO L, WAN S F. Trim calculation of the CH-53 helicopter using numerical continuation method[J]. Journal of Guidance, Control, and Dynamics, 2014, 37(4): 1343-1349.

[147] 万绍峰, 曹龙, 黄俊森, 等. 数值延拓算法应用于直升机配平计算的研究[J]. 直升机技术, 2015, 184(2): 11-15.

[148] YU Y, YU B, DONG B. Robust continuation methods for tracking solution curves of parameterized systems[J]. Numerical Algorithms, 2014, 65(4): 825-841.

[149] BARRABES E, MONDELO J M, OLLE M. Numerical continuation of families of homoclinic connections of periodic orbits in the RTBP[J]. Nonlinearity, 2009, 22(12): 2901-2918.

[150] 刘磊, 刘勇, 曹建峰, 等. Halo 轨道族延拓方法及特性研究[J]. 中国空间科学技术, 2013, 33(1): 30-36.

[151] EPENOY R, BERTRAND R. Optimal control and smoothing techniques for computing minimum fuel orbital transfers and rendezvous[C]. Munich: 18th International Symposium on Space Flight Dynamics, 2004: 1-8.

[152] CHOW C C, VILLAC B F. Mapping autonomous constellation design spaces using numerical continuation[J]. Journal of Guidance, Control, and Dynamics, 2012, 35(5): 1426-1434.

[153] 于洋. 小天体引力场中的轨道动力学研究[D]. 北京: 清华大学, 2014.

[154] HAFER W T, REED H L, TURNER J D, et al. Sensitive methods applied to orbital pursuit evasion[J]. Journal of Guidance, Control, and Dynamics, 2015, 38(6): 1118-1126.

[155] ZAMARO M, BIGGS J D. Natural motion around the Martian Moon Phobos: The dynamical substitutes of the libration point orbits in an elliptic three-body problem with gravity harmonics[J].Celestial Mechanics and Dynamical Astronomy, 2015, 122(3): 1-40.

[156] 雷汉伦. 平动点、不变流形及低能轨道[D]. 南京: 南京大学, 2015.

[157] ROSENBROCK H.H. An automatic method for finding the greatest or least value of a function[J].The Computer Journal, 1960 (3): 175-184.

[158] 符俊, 蔡洪, 丁智坚. 地球静止轨道-低轨道最优异面转移方法[J]. 系统工程与电子技术, 2012, 34(7): 1439-1444.

[159] HE B Y, LI H Y, ZHANG B. Analysis of Transfer Orbit Deviation Propagation Mechanism and Robust Design for Manned Lunar Landing [J]. Acta Physica Sinica, 2013, 62(19): 81-88.

[160] TOPPUTO F. On optimal two-impulse Earth–Moon transfers in a Four-Body Model [J]. Celestial Mechanics and Dynamical Astronomy, 2013, 117(3): 279-313.

[161] GRIESEMER P R, OCAMPO C, COOLEY D. S. Optimal ballistcally captures Earth-Moon transfers[J]. Acta Astronautica, 2012, 76(2): 1-12.

[162] HE B Y, SHEN H X. Solution set calculation of the Sun-perturbed optimal two-impulse trans-lunar orbits using continuation theory[J]. Astrodynamics, 2020, 4(1): 75–86.

[163] 钱霙婧. 地月空间拟周期轨道上航天器自主导航与轨道保持研究[D]. 哈尔滨: 哈尔滨工业大学, 2013.

[164] 田海燕, 李贤良, 何为. 数值延拓法用于脑血肿电阻抗断层图像重建[J]. 重庆大学学报, 2003, 26(3): 56-58.

[165] AVANZINI G, MATTEIS G D, PETRITOLO P. Numerical continuation of torque-free motions of Gyrostats[J]. Journal of Guidance, Control, and Dynamics, 2006, 29(2): 505-509.

第 3 章
载人登月任务规划技术概况

3.1 引言

西汉大儒戴圣在《礼记·中庸》中有云："凡事豫（预）则立，不豫（预）则废"，强调了事先周密的统筹安排和准备工作对任务成功实施的重要性，体现了古人在任务规划方面的高瞻远瞩。任务规划一般包含时间序列、事件序列及其各个事件序列的目标、代价、动作和效益评估的预测分析、程序编排和资源调度等。

载人航天是有人乘坐飞行器出入大气层的航天活动，与无人航天任务相比，载人航天增加了航天员生命保障系统及其对任务场景设置和工程实施过程中的额外约束条件。一般而言，载人航天使得任务执行周期缩短、任务规划考虑因素增多复杂。另外，航天员在航天任务中是最重要的一个控制和执行环节，通过培训可使航天员在航天任务中起到迄今为止最先进的智能机器所起不到的作用，如对所获得信息进行预处理，具有综合分析、去伪存真的识别能力，提高信息的准确性和可靠性，利用人的察觉能力，加强获取信息的及时性，甚至发觉突发事件的征兆，人的眼、脑系统比起自动系统有许多特殊的优越性，人的眼、脑、手系统的灵活性和多用性远远超过迄今为止已发射进入太空的最先进的数据分析和随机系统。

载人登月属于载人航天任务，与近地轨道载人航天任务相比，难度主要增加在对运载火箭的能力要求更高、对地月转移轨道控制精度要求更高、对环月交会和月面起降等环节地面支持力度要求更低、对月表严酷环境对月球车和航天服系统要求更高、对月地返回轨道控制精度与再入搜救能力要求更高等。

载人航天任务规划可以按照层次高低分为战略目标牵引规划、总体任务周期规划、任务场景设置规划和工程实施执行规划，以往文献研究多集中在任务场景设置规划和工程实施执行规划。本章简要介绍了载人航天任务规划层次划分、载人航天任务场景规划历史发展过程和载人登月任务场景规划方法。

3.2 载人航天任务规划层次划分

载人航天任务耗费资金较多,且对高精尖科技和工业基础技术要求较高,20世纪只有美国、俄罗斯等航天强国大国才具有实力实施。自从1961年苏联航天员尤里·加加林乘坐"东方一号"载人飞船实现人类历史上首次有人航天任务以来,有超过1200人次实现了载人航天,牺牲航天员人数达22人。总结载人航天任务历史,从社会效益角度看,每个历史时期特定的载人航天任务都是在世界政治经济格局和某些航天强国科技发展等目标牵引下的产物。载人航天任务规划可以按照层次高低分为战略目标牵引规划、总体任务周期规划、任务场景设置规划和工程实施执行规划四层。其中,战略目标牵引规划一般是站在国家政治需要和经济发展角度,制定整个国家的长达十几年,甚至几十年的航天战略规划;总体任务周期规划是在战略目标牵引规划确定航天发展路线后,进一步明确为了完成这一战略目标投入多少资金,分几个阶段实施,每个阶段的阶段性目标和预期的社会、科技及间接经济效益等;任务场景设置规划一般是总体任务周期中某阶段某次试验任务中飞行器飞行模式和预定路线、航天员执行任务规模及任务场景中飞行器和航天员系统预计达到的性能指标等;工程实施执行规划是指具体执行某次飞行器飞行试验任务时,具体的飞行轨道、窗口、轨道机动控制方案等。四层规划是逐步分解细化的逻辑关系,如图3-1所示。

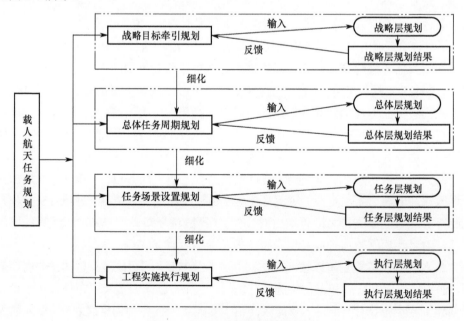

图 3-1 载人航天任务规划层次划分

本节以一些典型的载人航天任务评述任务规划不同层次的研究内容及其发展历程。

3.2.1 战略目标牵引规划

本节以 Apollo 工程后期历史、星座计划的半途而废、我国载人航天工程和我国无人探月工程为例，介绍战略目标牵引规划的工作内容，可以对比分析战略目标规划举足轻重的作用。

1. Apollo 工程谢幕始末

以 Apollo 工程为例，如 1.2.1 节所述，受军备竞赛时代背景影响和苏联节节领先太空技术压制，美国总统肯尼迪和全体民众都受到了政治和外交的强烈冲击。1961 年，NASA 明确把人送上月球的战略目标牵引，明确 10 年之内的总体任务周期规划，给 Apollo 工程任务场景设置规划确定了目标需求和任务规模。美国所处的国际环境和全国经济、科技力量，为 Apollo 工程提供了独特的稳定政治支持，加上第二次世界大战后全世界优秀的青年科学家和工程师都聚集在美国，这些条件为 Apollo 工程快速顺利地实施执行奠定了基础。

然而，1962 年爆发的古巴导弹危机使美、苏两国领导人都认识到直接核对抗的严重后果，两个超级大国间的关系出现了缓和的趋势。20 世纪 60 年代中期，越南战争不断升级，军费暴涨，但时任总统约翰逊拒绝增税和控制开支，导致美国 1966—1967 年出现了恶性通货膨胀，1967 年被迫要求压缩国内开支和增税。1965 年，国际通信卫星组织的第一颗商用卫星"国际通信卫星 I 号"将越南战争的血腥与残酷直观展示给千里之外的美国人民，引发了美国全社会的反战浪潮。1967 年，马丁·路德·金在纽约领导了 10 万人的反战游行，引发政府和执政党内部分裂，并导致了公众和国会整体立场的转变。1968 年，越南战场上的形势急转直下，恰逢美国总统大选，1968 年 3 月 31 日约翰逊宣布停止轰炸越南北方，并退出总统竞选。1968 年冬和 1969 年春，美国学生反战抗议威达到鼎盛。在这样的社会政治背景下，1969 年 1 月，尼克松当选美国总统，及时调整国家战略政策，以和平为主题的演说增多，民众将关注点更多放在社会福利和经济发展上来，军备竞赛和航天事业社会支持度急剧下降。Apollo 工程虽然 10 年间取得了人类航天历史上的辉煌成就，确立了美国在国际社会的军事、科技和经济地位，但终因国际形势变化和美国经济状况、民意调查结果等做出战略调整，1972 年 Apollo-17 后宣布结束。

2. 星座计划的半途而废

Apollo 工程之后的星座计划是 NASA 规划的一项太空探索计划，整个计划包括一系列新的航天器、运载火箭以及相关硬件，将在包括国际空间站补给运输以及登月等各种太空任务中使用。由于重返月球计划财政预算太大，2010 年 1 月 29 日，美国政府宣布，奥巴马政府2011年预算中的财政限制，（重返月球的）星座计划已经终止。

美国航天飞机项目因维护成本和政府财政预算等原因，原计划2010年，实际于2011年7月退役[1]。筹备星座计划的最初目的是在美国航天飞机全部退役后，接替航天飞机承担载人航天系统任务。星座计划自2004年公布以来，虽然于2009年10月完成战神-I-X火箭的飞行实验，但耗资巨大且研制进度屡屡推迟，引发国会不满。尤其是2009年，奥巴马政府遭遇全球金融危机，对美国航天飞机计划及其时间进度进行评估。评估工作由洛克希德·马丁公司前首席执行官（CEO）奥古斯丁为主席的评审委员会完成，分别对航天飞机、国际空间站、美国进出近地轨道能力和行星探索能力等评估。根据评估报告，奥巴马决定终止现行的星座计划，转而采取更为灵活的太空探索途径，鼓励商业力量进入载人航天领域，并确定政府投资基础技术项目，为新的载人航天计划奠定基础[2]。星座计划终止的主要原因是2008年爆发的全球金融危机（次贷危机）导致美国失业率高达10%，政府财政赤字超过1.4万亿美元。奥巴马政府不得不宣布将2012—2014年大部分政府机构的经费开支冻结，NASA的星座计划便包含在其中。当然，星座计划终止的另一个重要原因是自2005年启动以来，存在经费超支、进度滞后和技术创新不足等问题，且后续还要追加经费预算。

航天飞机退役后，佛罗里达州大约有7000人失业，而奥巴马启动的商业乘员运输系统计划仅带来1700余个就业机会。另外，放弃星座计划会使美国政府付出巨大代价，因为NASA已经花费超过91亿美元研发战神1号火箭和"猎户座"乘员探索飞行器及其相关项目，而停止该项计划还要耗费25亿美元。

3. 我国载人航天工程

20世纪60年代后期，美国和苏联的航天竞赛使其国际地位和科技水平突飞猛进。毛泽东等党和国家时任领导人敏感地意识到航天等高科技技术是引领我国经济、科技、国际影响的主要因素。钱学森等老一辈科学家在中国第一颗人造地球卫星东方红一号上天之后，就开始着手载人飞船研究工作[3]。1970年7月14日，毛泽东主席批准并将该项目命名为"曙光号"，代号"714工程"，并将载人飞船命名为"曙光一号"。由于当时国家的经济基础薄弱、科技水平低下，电子技术、工业制造技术及相关的工艺水平远远跟不上，1975年中央决定暂停"714工程"，"曙光一号"最终尘封在一张张的构思草图中。

自20世纪80年代以来，科学技术迅速发展，对人类产生了巨大影响，许多国家将发展高新技术列为国家发展战略的重要组成部分，如美国提出的星战计划、欧洲的尤里卡计划等。面对国际科技发展新红利，1986年3月3日，王大珩、王淦昌、杨嘉墀和陈芳允四位科学家联名向国家提出要跟踪世界先进水平，发展中国高技术的建议。经邓小平批示，国务院批准了《高技术研究发展计划（"863"计划）纲要》，决定拨出专款 100 亿元，而其中的 40 亿元用在航天领域项目上。1987 年，在原国防科工委的组织下，组建了"863"计划航天技术专家委员会和主题项目专家组，对发展我国载人航天技术的总体方案和具体途径进行全面论证。经过 3 年充分的论证，1990 年 5 月，以王希季、李颐黎等科学家组成的专家组最终确定了"投资较小，风险也小，把握较大"的飞船方案，而放弃了航天飞机方案。又经过一年多飞船基本方案的论证工作，任新民、王永志和庄逢甘等科学家确定了三舱飞船方案。1992 年 9 月 21 日，在中南海勤政殿，江泽民同志主持召开了中共中央十三届常委会第 195 次会议，会议一致通过了中央专门委员会《关于开展我国载人飞船工程研制的请示》，随即设立了中国载人航天工程办公室，代号"921"工程[4]。

按照方案规划，我国载人航天工程分三步走：第一步，在 2002 年前，发射载人飞船，建成初步配套的试验性载人飞船工程，开展空间应用实验；第二步，大约在 2007 年，突破载人飞船和空间飞行器的交会对接技术，发射空间实验室；第三步，2020 年前后，建设 20 吨级空间站，解决较大规模的、长期有人照料的太空站应用问题。

我国载人航天工程一直以"低预算，高产出，零失败"稳步推进，2011 年，载人航天工程办公室总设计师周建平在神舟八号飞船发射前夕接受新华社记者采访时说，自 1992 年中国载人航天工程正式启动以来，载人航天工程已花费人民币约 350 亿元。中国载人航天 20 年的花费不及美国一年的投入[5]。

4. 我国无人探月工程

1994 年，美国发射的"Clementine"环月探测器意外发现月球南极区有水冰存在的信息，这在世界范围内掀起了新一轮的月球探测高潮。1994 年，中国探月工程也被提上论证日程。2000 年 11 月 22 日，中国政府首次公开航天白皮书——《中国的航天》，明确了近期发展目标中包括"开展以月球探测为主的深空探测的预先研究"。2004 年 2 月，中国绕月探测工程被命名为"嫦娥工程"，第一颗绕月卫星命名为"嫦娥一号"，栾恩杰被任命为"嫦娥工程"总指挥。自此，进行了 10 年的论证和关键技术攻关的中国探月计划公开地出现在人们面前。

根据计划，整个探月工程分为"绕""落""回"三个阶段，2020 年 12 月 17 日，嫦娥五号返回器携带月球样品，采用半弹道跳跃方式再入返回，在内蒙古四子王旗预定区域安全着陆，探月工程三期计划完美收官。

探月工程也是一项高效、低投入、高产出的典范。中科院院士、中国空间技术研究院技术顾问叶培建曾说过，从零做起的嫦娥一号工程，也仅花了 14 亿元人民币，相当于北京修建 1～2 km 地铁的价格，与美国动辄数亿美元的探测器相比，性价比极高，是经典的"花小钱办大事"[6]。

虽然中国目前没有明确的载人登月计划公布，但正如前总装备部副部长张育林呼吁的"载人探索月球是中国载人航天发展的现实选择"。中国载人航天工程和探月工程无疑为将来载人登月工程走通了一条低成本、高效和高产出的技术路子，当然这些成就离不开党和国家领导人前瞻的战略目标规划，也离不开广大航天科技工作者自主独立、默默无闻，无私奉献的爱国主义情怀[7]。

5. 我国载人登月工程战略规划展望

本节吸取美国 Apollo 工程草草谢幕和星座计划半途而废的教训，继承和发扬我国载人航天工程和探月工程的稳步前行、创新跳跃的成功经验，展望我国载人登月工程战略规划。

2020 年 3 月 6 日晚，央视《东方时空》专访了全国政协委员、中国科学院院士、嫦娥系列各型号总指挥、总设计顾问叶培建，他说："我们从明朝开始丧失了我们的海洋权利，而宇宙就是个海洋，月亮就是钓鱼岛，火星就是黄岩岛，我们现在能去却不去，将来后人是要怪我们的。别人去了，别人占下来了，你再想去都去不了。这一条理由就够了！"

2020 年 3 月 9 日，《中国新闻网》专访了全国政协委员、中国工程院院士、中国载人航天工程总设计师周建平，他说："中国正在进行载人登月方案的深化论证和关键技术攻关的工作。探索宇宙、探索未知既是古人的愿望，也是科学发展、人类文明进步的必然需求，所以中国一直在为载人航天事业下一步发展做着准备。"

无论是考虑美国重启载人登月计划，还是考虑商业开发利用地月空间的国际环境[8-10]，从我国载人航天发展的现实需求考虑，我国载人登月工程已经"在路上"。

3.2.2 总体任务周期规划

本节对比分析 Apollo 工程仓促结束的代价、星座计划停止的原因、我国载人航天工程和我国无人探月工程总体任务周期，简要介绍总体任务周期规划对工程实施的安全性和成功率的重要作用。

1. Apollo 工程仓促结束的代价

1961 年，NASA 开始 Apollo 工程，明确任务周期为 10 年。计划经过发射 3 个模拟体（Apollo-1、Apollo-2、Apollo-3）和 3 个不载人座舱（Apollo-4、Apollo-5、Apollo-6）试验之后，便进入载人飞行测试阶段。Apollo-7、Apollo-8、Apollo-9、Apollo-10 分别载有 3 名航天员，Apollo-7 在地球轨道上做载人飞行试验，Apollo-8 接近月球表面 100 km，Apollo-9 在地球轨道上试验登月舱，Apollo-10 做环月和登月模拟试验，将登月舱降到距月面仅 15.6 km。

由于项目仓促启动，前期各项技术并不成熟，Apollo-1 在 1967 年 1 月进行的一次例行测试中，指令舱某处乙二醇/水冷却剂管线的结合点发生泄漏，在纯氧环境中，因电线某处产生火花引起突发大火，又由于舱盖不能向外打开，此时内压已升到不能向内开启的程度，地面人员需时 5 分钟才能成功打开舱盖及控制火情，导致 3 名航天员（Gus Grissom、Edward White、Roger B Chaffee）17 秒丧生。

虽然 Apollo-11 成功登上月球，但第三次载人登月任务 Apollo-13 差点让航天员不能返回地球。在 Apollo-13 号前往月球的航程中，离地球 321860 km 时，服务舱的二号氧气罐发生爆炸。当时地面指挥中心要求 3 名航天员搅动氧气罐，以确保氧气均匀分布。Jack Swigert 搅动氧气罐后，损坏的氧气罐特氟纶绝缘电线起火，使氧气罐内气压增加（标准气压为 700 万帕）导致爆炸。爆炸同时也损坏了服务舱其余部分，一号氧气罐破坏尤其严重。爆炸后，指挥/服务舱失去了两个氧气罐中所有的氧气。服务舱里的氧气是指挥/服务舱供电系统的必要部分，航天器的电力在爆炸后氧气便所剩无几。指挥舱里还有返回大气层时所需的电池，但只能使用约 10 小时。由于电力必须留待返航大气层时使用，所以 3 名航天员不得不把登月舱当作"救生艇"。登月舱作为"救生艇"的步骤在 Apollo-13 出发不久前才刚开始模拟训练。通过轨道机动，采用绕月自由返回轨道应急措施返回地球，在经过近月点后 2 小时，还进行了一次轨道修正，最终比预计着陆时间提前 9 小时，赶在登月舱中氧气耗完前返回地球。

Apollo-1、Apollo-13 任务是政治压力下的产物，无论是飞行器各个舱段设计还是航天员训练都很仓促，没有周密系统的、符合任务实施质量安全保证的总体任务周期规划是这两次事故的直接原因。

2. 星座计划停止的原因

NASA 在 2005 年正式启动星座计划，预计用时 13 年、耗资 1040 亿美元研制新型"战神"系列火箭、"猎户座"乘员探索飞行器和"牵牛星"月球着陆器，以及用于行星探索的相关技术。星座计划包括研制 2 种运载火箭（战神 1 号乘员运载火箭和战神 5 号货运火箭），采用"2 次发射，1 次近地轨道交会对接"的登月方案来完成载人重返月球目标。2009 年 10 月，NASA 已成功完成战神-Ⅰ-X 试验火箭的飞行试验。原计划于 2015 年实现"猎户座"的首飞，2018 年实现战神 5 号火箭的首飞，2018—2020 年执行首次重返月球任务。星座计划自实施以来，由于耗资巨大，研制进度屡次推迟。例如，战神 1 号乘员运载火箭固体发动机产生的推力振动问题最为典型，直到 2009 年才得以解决，但火箭结构上粗下细、大长细比（高达 18∶1）使火箭在整体转运和发射过程中遇到相当大的困难。

关于星座计划停止的原因，从表面上看，直接原因是 2008 年全球金融危机，实际上是星座计划总体任务周期规划不合理的必然结果。用时 13 年，耗资 1040 亿美元研制 4 款新型运载火箭和飞行器，还包括航天员系统等相关技术研发，这无疑是不符合航天工程研发客观规律的行为。

3. 我国载人航天工程总体任务周期

我国载人航天工程稳扎稳打，从 1992 年工程开始启动，用了 6 年时间，于 1998 年在酒泉卫星发射中心进行了零高度逃逸救生飞行试验，并获得圆满成功，考核并验证了逃逸救生设计分系统正确性以及运载火箭与载人飞船间接口关系的正确性。

1999 年至 2003 年年初，我国共进行了 4 次无人飞行试验，如下。

神舟一号：1999 年 11 月 20 日至 21 日，进行了第 1 次无人飞行试验，飞行 1 天，主要是考核运载火箭的工作性能和飞船的返回性能。

神舟二号：2001 年 1 月 10 日至 16 日，进行了第 2 次无人飞行试验，飞行 7 天，对工程各系统进行全面考核。

神舟三号：2002 年 3 月 25 日至 4 月 1 日，进行了第 3 次无人飞行试验，飞行 7 天，再次对工程各系统进行全面考核。

神舟四号：2002 年 12 月 30 日至 2003 年 1 月 6 日，进行了第 4 次无人飞行试验，飞行 7 天，又一次对工程各系统进行全面考核。

一次又一次的飞行试验验证了工程各系统设计的正确性、相互间的协调性，并使各个系统获得了宝贵的飞行试验实践经验[11]。

2003 年 10 月 15 日 9 时，我国首次载人飞行试验（神舟五号）在酒泉卫星发射中心发射升空，有航天员 1 名，飞行 1 天，于 16 日 6 时 23 分安全着陆内蒙古自治区四子王旗着陆场，飞行试验获得圆满成功。航天员杨利伟成为我国飞天第一人。截止到 2016 年 10 月 17 日，神舟十一号飞船发射，我国共计 14 人次航天员成功飞行。

我国载人航天工程成功的原因，可以归于两个方面。一是运载火箭和载人飞船有较好的基础型，逐步改进提高，确保高可靠性要求。我国载人航天工程使用的长征二号 F 运载火箭（CZ-2F）是在 CZ-2E 火箭的基础上，按照发射载人飞船的要求，以提高可靠性、确保安全性为目标研制的，可靠性超过 97%（置信度为 0.7）。神舟七号发射后，在 CZ-2F 基本型的基础上，将助推器推进剂储箱顶部椭球改为锥形顶，提升推进剂储存量。我国第一颗返回式卫星于 1975 年发射，并成功回收，到 2003 年已有 28 年历史，中间成功发射回收数 10 颗返回式卫星，技术不断改进成熟。神舟系列飞船在返回式卫星成功经验技术上采用三舱一段，即由返回舱、轨道舱、推进舱和附加段构成。在经历了 1999—2002 年，神舟一号至神舟四号不断飞行试验改进提高后，安全性得到极大提高。二是我国航天系统技术人员秉承钱学森先生系统工程思想，各个分系统团结一心，每个岗位一丝不苟，特别是神舟一号至神舟四号一次又一次的飞行试验考核，使神舟飞船的各个部件环节不留一点死角。

4. 我国无人探月工程总体任务周期

我国探月工程于 2004 年立项，2007 年嫦娥一号月球探测器成功绕月飞行测绘。虽然用时不长，但工程研制中一直秉承着"稳步前行"的思想。例如，地月转移加速约合速度增量 3.14 km/s，而嫦娥一号重 2.35 吨，如果直接将这么大的速度增量转化为有限推力，推力弧段较长，这是该款发动机之前从未有过的尝试。由于嫦娥一号是我国首颗月球探测器，考虑如果首发任务失败对国家形象和民族自信心影响较大，因此只许成功不许失败！杨维廉等[12]科学家设计出了调（定）相环轨道，通过多次发动机变轨机动，来提高地月转移加速和月球捕获减速两个轨道制动过程中的任务可靠性，如图3-2所示。

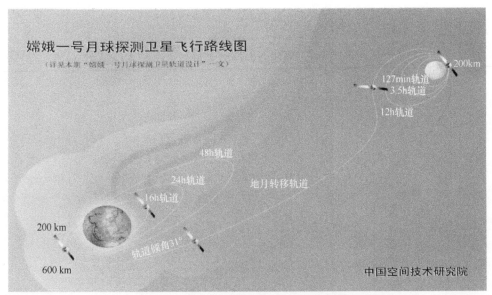

图3-2 嫦娥一号探测器定向环飞行轨道[12]

又如，我国探月工程嫦娥系列月球探测器，全都设计成备份星模式，即嫦娥二号是嫦娥一号备份星，嫦娥四号是嫦娥三号备份星，嫦娥六号是嫦娥五号备份星。其中，还专门针对从月球返回地球第二宇宙速度再入着陆控制技术，设计了嫦娥5T试验飞行器，该飞行器于2014年11月1日以第二宇宙速度11.2 km/s顺利返回内蒙古四子王旗着陆场。

3.2.3 任务场景设置规划

任务场景设置规划是指每个任务阶段周期内，针对阶段性飞行试验考核的目标，制定具体的多阶段飞行模式、标称轨道和任务窗口等。下面主要以Apollo直接着月任务场景、我国载人神舟飞船任务场景和基于地月空间站的载人登月场景为例论述任务场景设置规划的主要工作。

1. Apollo直接着月任务场景

Apollo工程任务场景设置论证工作中其实有三个备选场景设置[13-14]。

（1）直接登月。使用推力极大的运载火箭将巨大的Apollo飞船直接推向月球，然后使用制动火箭使整个飞船在月球上软着陆，完成月面科考后整体从月面起飞，再轨道机动进入月地返回轨道。该场景设置的优点是飞行过程简单，但需要研制出强大推力的火箭。

（2）地球轨道交会。用几枚 Saturn-V 火箭将 Apollo 飞船及其推进舱等分别送入地球轨道，在地球轨道交会组装，然后组合体飞向月球，飞船整体在月球软着陆。

（3）月球轨道交会。NASA 兰利研究中心（Langley Research Center，LRC）J. C. Houbolt 博士提出将载有三名航天员的 Apollo 飞船送入月球轨道，在月球轨道飞行中，两名航天员进入登月舱，然后登月舱脱离飞船的指令舱，用制动火箭逐步降低速度，在月面软着陆后，登月舱从月球表面上升返回月球轨道，并与一直在月球轨道上运行的指令舱交会组装，然后三名航天员抛弃登月舱，启动指令舱发动机进入月地转移轨道。

三个场景设置提出后，每个场景各有一批支持者。在后来组织的论证研究中发现，在研制和试验过程中，如果考虑在需要增加部件和分系统重量的情况下，准备使用的推进系统的适用性问题。结论是第（2）种场景最难实现。第（1）种场景所需的制导系统最简单，对通信和跟踪的要求也最容易实现，难度是计算出的运载火箭研制难度太大，难以在登月计划期限内研制出来。第（3）种场景只用一个较小的登月舱登月，可以避免大型登月舱月面降落和起飞燃料不足等问题。登月舱月面起飞时可以将下降级遗留在月面，只使用上升级起飞，可以减少燃料携带量，这样登月舱质量大为减轻，可以从 70 多吨减至 50 多吨，Saturn-V 火箭完全可以胜任。上升级与指令舱在月球轨道上交会组装后，航天员和月壤样品转移后，可以抛弃上升级，服务舱只进行月地返回轨道入轨加速，可以简化设计。只有指令舱再入回收，对于回收也有利。这样，各个环节都可以节约、简化设计，研制周期短，可靠性高，经济成本也比其他两种要低约 10%。

NASA 对三种场景反复比较、激烈争辩、充分论证，最终综合考虑研制周期、经费预算和研制技术难度、任务实施可靠性等，选定 Saturn-V 火箭地面一次发射、月球轨道交会组装的任务场景设置。

2. 我国载人航天工程任务场景

2003 年 10 月 15 日，载有杨利伟的神舟五号飞船由 CZ-2F 火箭在酒泉卫星发射基地发射升空。由于这是我国首次载人太空飞行，因此该次任务场景设置较为简单，飞行轨道为回归轨道，再入内蒙古四子王旗主着陆场，飞行时间仅为 21 小时 28 分钟。

在验证了航天员在轨适应能力、航天员基本生命保障系统各项性能指标后，2005 年 10 月 12 日，载有费俊龙、聂海胜的神舟六号飞船由 CZ-2F 火箭在酒泉卫星发射基地发射升空。该次飞行时长 115 小时 32 分钟。主要验证了新研的可以承载三名航天员的三舱式飞船在航天员生命保障系统的提升改进技术。

2008 年 9 月 28 日，载有翟志刚、刘伯明和景海鹏的神舟七号飞船由 CZ-2F 火箭在酒泉卫星发射基地发射升空。该次飞行时长 68 小时 30 分钟，主要目的是实施中国航天员首次空间出舱活动，突破和掌握出舱活动相关技术，同时开展卫星伴飞、卫星数据中继等空间科学和技术试验。由翟志刚进行我国首次出舱和回收舱外装载试验样品装置。该次飞行验证了我国舱外航天服系统和气闸舱技术的突破。

2011 年 11 月 1 日，发射的神舟八号为无人飞船，主要用于和天宫一号进行不同条件下，空间自动交会对接技术试验验证。

2012 年 6 月 16 日，载有景海鹏、刘旺和刘洋（女）的神舟九号飞船由 CZ-2F 火箭在酒泉卫星发射基地发射升空。该次任务主要验证了自动交会对接技术和航天员手动交会对接技术。该次任务的另一个重要试验是，刘洋成为我国首位参加载人航天飞行的女航天员，打破了我国从未有女性航天员进入太空的纪录。

2013 年 6 月 11 日，载有聂海胜、张晓光和王亚平的神舟十号飞船由 CZ-2F 火箭在酒泉卫星发射基地发射升空。该次飞行验证了自动和手动交会对接、组合体飞行和绕飞等。通过该次飞行试验，载人飞船天地往返运输系统基本定型。值得一提的是，该次飞行首次开展了我国航天员太空授课活动，王亚平成为我国第一名太空授课"教师"，极大地激发了青少年热爱科学知识，努力学习的热情。

2016 年 10 月 17 日，载有景海鹏、陈冬的神舟十一号飞船由 CZ-2F 火箭在酒泉卫星发射基地发射升空。该次飞行长达 30 天，验证了我国航天员的太空中期驻留技术，为我国空间站乘组轮换等活动打下坚实基础。

总结我国 6 次载人飞行任务场景设置，可以发现每次都在上一次成功的飞行试验场景基础上，新增一小部分飞船功能试验场景或航天员新职能场景的验证考核。可见，我国载人航天工程稳步顺利推进的一个重要原因是任务场景设置规划密切匹配载人飞船功能逐步增加或升级改造的目的。

3. 基于地月空间站的载人登月场景

为了提高载人登月工程可靠性，降低成本，并有效开发地月空间，彭坤等[15]总结分析了利用地月间空间站进行载人登月的任务场景设置。基于地月空间站的载人登月场景设置将载人登月任务分割为两部分（假设空间站已处于运营模式）：载人天地往返任务和登月任务。其中，载人天地往返任务是指载人飞船在地面与空间站之间的往返任务；登月任务是指月面着陆器在空间站与月面之间的往返任务。空间站可以在载人登月过程中为航天员提供驻留平台，消除任务周期约束。航天员乘坐载人飞船到达空间站后，可在空间站上等待合适登月窗口，再进行登月。同样地，航天员完成登月任务返回空间站后，也可等待合适地球再入窗口再返回地球。因此，空间站将载人天地往返任务和登月任务完全解耦，增加了整个载人登月任务的灵活性，同时提高了任务可靠性和人员安全性。

彭坤等[15]根据空间站所处轨道位置，分类分析了表 1-1 所列几种基于地月空间站的载人登月任务场景，并人为地给定专家打分权值，并通过加权求和方式给出了

L2 点 Halo 轨道空间站支持载人登月任务评价最好的结论。

可以看出，任务场景设置规划的主要工作是制定每次飞行任务具体的试验目标，另外还包括具体的火箭型号、发射场、飞行器是否交会、交会组装的轨道、标称飞行轨道、轨道机动方案、发射窗口区间、测控条件、应急返回预案等。合理的任务场景设置规划不仅可以提高任务可靠性和成功率，还可以降低任务经费，保障每次飞行任务都有技术改进和创新应用。

3.2.4　工程实施执行规划

目前，美国在载人航天工程实施执行规划方面的研究有时间较长、系统性较好的方法和经验。可将美国这一技术发展大致分为 4 个阶段[16-17]。

第 1 阶段是 1960—1970 年，以 Apollo 工程为代表，属于短周期、集中式任务规划，即预先在地面上规划好标称实施方案，登月工程实施只是严格按照事先规划结果实施。

第 2 阶段是 1970—1980 年，首先以天空实验室为代表，突破了 Apollo 工程短周期任务规划的局限，发展了长周期任务规划能力；其次天空实验室任务规划不是在同一地点执行完成，而是采用地理分布式规划。

第 3 阶段是 1980—1990 年，以航天飞机工程为代表，航天飞机虽然也是短周期飞行任务，基本严格按照标称飞行方案执行。不同的是，航天飞机任务规划既可以是集中式的，如航天飞机单独飞行任务规划和航天飞机/空间实验室联合飞行任务规划；也可以是分布式的，如航天飞机与"和平号"空间站的联合飞行任务规划。

第 4 阶段是 1990—2000 年，以国际空间站为代表，国际空间站是多国合作的长期载人飞行平台，运行周期比以往任何载人航天工程都要长，由世界各地多家航天相关机构参与协调完成。

1. Apollo-13 的应急重规划

值得一提的是，Apollo-13 计划虽然按照原先地面事先规划的标称飞行方案执行，但在采用混合轨道飞向月球途中大约 56 小时服务舱液氧罐发生爆炸，三名航天员进入着陆器中，抛离服务舱，通过一次变轨，使着陆器进入绕月自由返回轨道，在绕月后大约 2 小时，考虑着陆器内氧气等物资不足以支持航天员返回地面，施加了一次变轨速度增量，提前约 9 小时返回地面，该次应急任务重构方案如图 3-3 所示[18]。

Apollo-13 虽然最终安全返回地球，但在月地返回途中，三名航天员被告知不可将尿液或其他液体排出舱外，因为在没有推进器校正飞行轨道的情况下，这会影响航天器的运行轨道。导致航天员由于缺少饮用水以及排尿困难患了尿道感染必须住院。Apollo-13 虽然在休斯顿航天指挥中心和航天员的密切配合下返回地球，体现了美国当时航天任务地面指挥和应急重规划人才队伍的高水平，但也暴露了 Apollo 工程在任务实施执行过程中重规划准备工作和自动化能力的欠缺。

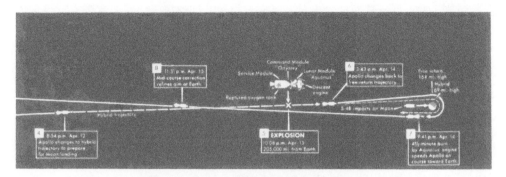

图 3-3　Apollo-13 的应急任务重构方案示意图[18]

2. 天空实验室分布式任务规划

1972 年，Apollo-17 结束后不久，时任美国总统的尼克松批准了"天空实验室"（SkyLab）计划，当时苏美竞赛热情已退去，天空实验室不再着重促进外太空探测的深入，而是为了获得关于太空的新知识以改善地球上的生活，提高和发展研究地球资源的新方法，保护和增长全球资源的新方法，并进一步获得太阳以及太阳对我们环境产生巨大影响方面的新知识。天空实验室是在 Apollo 工程的基础上制定的，主要是利用 Apollo 工程结束后的剩余运载工具和设备以及所积累的技术成果而研制发展的[19]。从 1973 年 5 月 25 日第一批 3 名航天员到天空实验室工作，到 1974 年 2 月 8 日，第三批 3 名航天员返回地球面，共有三批次 9 名航天员累计工作 171 余天（分别为 28 天、59 天、84 天）。这些航天员利用 58 种科学仪器进行了 270 多项生命科学、太阳物理、对地观测、天体物理、空间材料科学和制造技术、载人航天工程技术等试验[20]。

天空实验室任务规划由马歇尔空间飞行中心（Marshall Space Flight Center）负责有效载荷任务规划，约翰逊空间中心（Johnson Space Center）负责系统平台规划和所有规划的协调集成。为了节省资金和时间，天空实验室借用了 Apollo 工程的一些技术和部件，由轨道舱、多功能对接舱、过渡舱和 Apollo 太阳望远镜组成，当时造价 26 亿美元。1973 年 5 月 14 日，天空实验室由 Saturn-V 号火箭从肯尼迪航天中心发射升空，63 秒后，火箭进入最大动压区，整流罩因提前打开立即被高速气流撕掉，安装在轨道舱两侧的两块太阳能电池板中的其中一块也被气流撕掉了。10 多分钟后，天空实验室进入了 442 km 的预定轨道，它按照地面控制人员的指令，顺利旋转了 Apollo 太阳望远镜，并展开了 4 块风车状的电池板，但是侥幸保住的另一块电池板却因被一块防护罩碎片缠住而无法打开。

太阳电池板的故障，使天空实验室损失了一大半的电能，严重威胁到它的安全，并影响航天员按计划进站工作。尤为严重的是，陨石防护罩上面涂有作为被动式温度控制系统的绝热涂层，因此它被撕掉后，轨道舱由于直接受到阳光照射，里面的温度急剧上升；虽然地面控制人员及时采取措施，调整了天空实验室姿态，使它免受阳光直射，但是其内部的平均温度仍然达到50℃左右，有的地方甚至高达88℃。在这样的环境里，航天员根本无法生存。

事故发生后，美国航宇局立即决定推迟第二天将3名航天员送往天空实验室的发射计划，同时命令所属研究中心利用一切手段和能力，研究拯救天空实验室的技术方案。于是，飞行计划人员紧急行动起来，连续开会商讨对策，所有的主承包商和子承包商也参加了拯救活动。经过认真研究，制定了切实可行的3种拯救方案。

方案1：制造一顶遮阳篷，它由三层聚脂薄膜制成，计划由航天员打开飞船舱门，探出身体把它铺开，系在天空实验室受太阳直射的一侧。

方案2：航天员进入天空实验室，从过渡舱口撑起一顶遮阳伞，使之免受太阳直射。

方案3：航天员出舱到其外壁上铺上可折叠的防热层。

最终方案1通过投票。经过11个昼夜不停地工作，工程师以最快速度完成了拯救天空实验室所需的各项准备。约翰逊空间中心完成了遮阳篷的设计和制造，马歇尔空间飞行中心设计制造出遮阳伞。同时，工程师还赶制了一件特殊切割工具，准备让出舱航天员拿着剪掉缠住太阳电池板的防护罩碎片。

1973年5月25日，由康拉德（Conrad）、克尔温（Kerwin）和韦茨（Weitz）3名航天员组成的抢修小组，乘坐Saturn-1B火箭发射的Apollo飞船飞往天空实验室。8小时后，飞船接近天空实验室，航天员利用围绕绕飞的机会，观察了它的损坏情况，并将拍摄照片转发给地面控制中心做进一步分析。天空实验室的故障和专家分析的结果基本一致，这使航天员修复天空实验室成为可能。按照原定计划，Apollo飞船成功与天空实验室实现了对接。在双腿被克尔温抓住的情况下，韦茨把上身探出飞船舱门，举起工具切割缠住太阳能电池板上的碎片。可是由于缠得太紧，尽管费了很长时间，也没有达到切割目的。另一项太空作业——铺开并系住6 m×6 m的遮阳篷，也由于时间不多未进行，航天员只好再次与天空实验室对接。这时，又一个意外情况发生了——对接遇到了麻烦，重复了4次都没有成功。原来，阿波罗飞船的对接探测器系统出了故障。如果对接不成功，飞船不得不返回地面，太空维修只能半途而废。因此，航天员采取了一种极端方法——重新穿上航天服，把舱内空气排尽，然后打开飞船舱门，拆去对接探头的一部分。这次对接终于成功了。

第二天，航天员开始为天空实验室支撑遮阳伞。这种遮阳伞比人在地面使用的普通遮阳伞大得多，它由一根长8 m多的可伸缩杆和面积7 m×7 m的伞布组成。撑伞时，克尔温通过飞船的舱窗监视着整个过程，康拉德和韦茨一起把遮阳伞穿过过渡舱口伸出去。一个令人兴奋的结果出现了，他们惊喜地看到，打开后的遮阳伞遮住了直射的阳光，舱内温度开始逐渐下降，最后稳定在27℃左右，可供航天员居住了。

高温问题解决后，剩下的是电力不足的问题。虽然，Apollo 飞船的燃料电池为天空实验室补充了部分电力，可以暂时解决因仅靠阿波罗天文望远镜上 4 块小太阳电池而出现的电力不足问题；同时，专家为节省电力，取消了一部分耗电较大的实验，航天员也注意节省用电，关掉了不必要的照明和通风设备，甚至连食物都不热，洗澡水都不烧了。但这毕竟不是长远之计，因为燃料电池只够使用 3 周左右。为了彻底解决电力不足的问题，航天员们决定再做一次尝试，试图修复那块残废的太阳能电池板。6 月 7 日，康拉德和克尔温穿上航天服，爬出天空实验室。他们经过 3 个多小时的舱外作业，终于去除了缠住电池板的陨石防护罩碎片，使它正常地伸展出来，开始为天空实验室供电。虽然另一块太阳能电池板找不回来了，但是保留住一块总比没有强。天空实验室受损修复后状态如图 3-4 所示。

图 3-4　天空实验室受损修复后状态[21]

3. 航天飞机短周期任务规划

天空实验室不是一个真正的空间站，它是由 Saturn-V 火箭的第三级改造而成，没有再补给系统，这一点恰恰是对空间站长期留轨使用的基本要求[22]。在无人照管 5 年后，天空实验室于 1979 年 7 月 11 日坠落。此时，NASA 已将主要力量投入建造航天飞机中。

NASA 共研制了 5 架航天飞机①：哥伦比亚号（STS Columbia OV-102）、挑战者号（STS Challenger C）、发现号（STS Discovery OV-103）、亚特兰蒂斯号（STS Atlantis OV-104）和奋进号（STS Endeavour OV-105），寿命周期、飞行次数和结束方式如表 3-1 所列。

---

① 哥伦比亚号之前的企业号（Space Shuttle Enterprise，NASA 内部编号 OV-101），或又常译为进取号，是 NASA 建造的第一架航天飞机。企业号实际上只是一个测试平台，没有发动机与相关设备，也没有执行太空任务的功能。

表 3-1　美国航天飞机寿命周期和飞行次数

单位：次

序号	名称	寿命周期	飞行次数	结束方式
1	哥伦比亚号	1981.4.12—2003.2.1	28	隔热层脱落击中飞船，7 名航天员遇难
2	挑战者号	1983.4.4—1986.1.28	10	推进器的密闭圈失效，7 名航天员遇难
3	发现号	1984.8.30—2011.3.7	21	安全着陆肯尼迪航天中心
4	亚特兰蒂斯号	1985.10.3—2011.7.21	37	安全着陆肯尼迪航天中心
5	奋进号	1992.5.7—2012.9.21	25	安全着陆洛杉矶国际机场

美国 5 架航天飞机进出空间上百次（包含企业号，共约 135 次），完成载人飞行、功能卫星发射与营救、深空探测器发射、哈勃望远镜发射维修、和平号空间站补给维修、国际空间站组装维修等任务，还进行了大量微重力生物、物理、化学、天文等科学研究。虽然其中 2 架航天飞机失事和高昂的维修费用并没有兑现当初"廉价往返轨道实现经济的太空运输"的期望，使美国最终不得不放弃航天飞机，但是航天飞机同时能运载 7 名航天员进出太空，其较大的腹舱是建设空间站的最佳运载工具，且有机械臂、气闸等辅助工具，可进行航天器补给、维修和返回地面等，具备其他航天器没有的功能和安全性。

航天飞机虽然跨越历史 30 年，但每次飞行的实施执行时间并不长，一般为几天或十几天。航天飞机的任务规划系统起源于天空实验室任务规划，包含马歇尔空间飞行中心的任务规划系统（integrated planning system，IPS）和约翰逊空间中心的载荷规划系统（payload planning system，PPS）[24-25]，以及后来使用的站载短期任务查看器（onboard short term plan viewer，OSTPV）[26]。IPS 的开发是一个长期渐进的过程，1993 年融进了航天飞机任务规划系统，此后补充完善了长周期任务规划和规划结果上载等功能。

IPS 是交互式任务规划和资源管理系统，辅助约翰逊空间中心、马歇尔空间飞行中心和合作方基于用户提出的任务需求及约束进行任务规划，提供的功能有活动规划和调度、资源应用调度、操作序列（时间线）集成与分离、条件约束调度以及冲突检测协调，规划结果包括以月为单位、以周为单位和以天为单位的操作序列，还有最终的航天员操作序列。IPS 功能的实现由多个分系统共同完成，核心的统一规划系统（consolidated planning system，CPS）产生和分析地面活动、在轨活动的时间和安排，可实施多项资源编排，适用于航天飞机和国际空间站同时编排[17]。

除了 CPS 外，IPS 还有另外 5 个分系统任务规划工具：①统一维护存货后勤规划工具（consolidated maintenance inventory logistics planning tool，CMLP），其被地面控制者和规划者用于在轨存货跟踪、补给和返回需求分析，实时或接近实时地为维护操作提供支持；②飞行动力学规划和分析工具（flight dynamics planning and analysis tool，FDPA），其被地面控制者和规划者用于提供高精度轨道、姿态、推进剂消耗和通信覆盖分析；③飞行程序开发和控制工具（procedure development and control tool，PDAC），其用于开发和配置管理飞行程序，通过时间线编辑界面开发在线可执行飞行程序等；④资源利用规划和系统模型工具（resource utilization planning and system models tool，RUPSM），其用于分析、规划国际空间站电能、热能和生命保障资源，用于实时或接近实时地支持时间线开发和监视系统性能；⑤机器人规划设备（robotics planning facility，RPF），其提供了软件工具用于建立机器人系统模型，用于机器人系统设计、分析和训练，可以提供实时和接近实时地支持机器人操作。

4. 国际空间站长周期分布式任务规划

在国际空间站之前的和平号空间站是人类首个可长期居住的空间研究中心，在和平号空间站的建设时期（1986—1996年），苏联发生了严重的政治危机并在1991年最终解体，和平号空间归俄罗斯所有。1993年，美国与俄罗斯达成协议，并在1994—1998年安排美国航天飞机与和平号进行对接。这一合作是双赢的，美国能够借此获得一些空间站建设与长期太空驻留方面的经验；而对于苏联解体后国力崩溃，为了维持和平号运行而苦苦支撑的俄罗斯来说，与美国的合作为他们带去了急需的资金。由于和平号空间站事故频出和俄罗斯经济状况始终未能好转，因此和平号空间站最终于2001年3月23日受控坠落于南太平洋预定海域。

国际空间站（International Space Station）是目前在轨运行最大的空间平台，是一个拥有现代化科研设备、可开展大规模、多学科基础和应用科学研究的空间实验室，可支持航天员在轨长期驻留。国际空间站自1998年开始建设到2010年建设完成开始运营，有多个国家组织参与其中。罗亚中等[17]总结了各国关于国际空间站任务规划的系统工具，如表3-2所列。

表3-2 国际空间站任务规划系统[17]

序号	国家	使用机构	系统名称
1	美国	JSC、MSFC（其中的CPS）	integrated planning system，IPS[24]
2	美国	MSFC	payload planning system，PPS[25]
3	俄罗斯	RKA	decision support system，DSS[27]；automated planning system，APS[28]
4	日本	JAXA（TKSC）	JEM execute planning system[29]
5	欧洲	ESA（Col-CC）	operations preparation and planning system(OPPS)[30]
6	其他	在轨航天员和地面控制中心	onboard short-term plan viewer(OSTPV)[31]；operations planning timeline integration system(OPTimIS)[32]

随着国际空间站的建成运营，OSTPV发挥了任务规划作用。该软件具有基于Web图形用户界面的时间表，可将CPS的任务规划结果转化为较为直观的任

务计划和时间线信息，方便工作人员按照时间线执行任务快速读取特定指令和物资需求[33-35]。

由 OSTPV 和 CPS 组成的规划系统协助国际空间站和各地面控制中心工作人员执行大量的任务，并得到了充分验证，但由于任务时间表与任务内容的分开显示，逐渐显露出该系统用户友好程度较低的缺点。随后，NASA 约翰逊空间中心与艾姆斯研究中心（Ames Research Center）协作开发了运营规划时间线集成系统（OPTimIS），并于 2015 年正式替换了 OSTPV[17,36]。

OPTimIS 旨在开发一套规划系统和流程，利用相应技术改进和简化各任务规划指挥团队的任务规划方法。整套 OPTimIS 系统由多个关键组件组成，包括艾姆斯人–机交互团队开发的规划软件界面 Score、任务在线数据库 Plan Repository 和约束违反监测工具（extensible universal remote operations planning architechture，EUROPA），以及由约翰逊空间中心的承包商开发的 WebAD 和 Viewer 等[17,36]。

为了应对未来深空探测任务中通信延迟、间歇通信和有限宽带的影响，最大限度地减少航天员等待地面任务中心响应的空闲时间，NASA 提出了航天员自主调度的新运营概念，并展开了一系列的训练和试验。为了研究在长时间太空任务中航天员的自我调度，约翰逊空间中心以及艾姆斯研究中心开发了一款用户友好、可移动的规划和调度软件工具 Playbook，使航天员可以直接在软件界面的时间轴中编辑计划，而无须地面人员的干预[17,37]。

可以看出，对于近地飞行的航天任务工程实施执行规划，在天空实验室时代其基本积累了各个阶段的飞行时长、约束条件方式和任务规划的基本方法。在航天飞机时代逐步完善成熟，具备了多运营方各自活动规划和调度、资源应用调度、操作序列（时间线）集成与分离、条件约束调度，以及相互之间冲突检测协调。国际空间站时代由于用户较多，2015 年投入使用的 OPTimIS 不仅在任务规划维度和能力方面大幅提升，而且用户使用界面更加友好。

3.3 载人登月任务场景与实施执行规划

与 Apollo 工程不同，未来载人登月的主要目标是探索宇宙，把月球当作星际航行的试验台，从经济性角度考虑，Apollo 式短期载人登月后必然要建立月球科学考察站，其中有人短期或长期驻扎，一方面可以降低航天员多次往复地月之间的运输成本，另一方面便于进行长期科学实验或原位资源利用开发等，如利用月球南极或地下熔岩管道建设月球基地的设想[38-40]。对于短期载人登月任务，可以充分考虑任务目标、约束条件等，在地面预先规划好标称飞行方案。工程的实施执行严格按照标称飞行方案进行，即便是考虑类似 Apollo-13 风险，也可以在各个阶段设置应急返回备份方案。对于月面驻留站任务规划，可以在短期载人登月任务期间，把货运飞船地月转移过程、载人飞船地月往返过程、月面起飞降落过程等固化，这样月面驻留站工程实施执行规划便非常接近国际空间站任务规划,可以在国际空间站任务规划软件基础上适应性改造后即可使用。

3.3.1 任务场景设置地面预先规划

1. 时间线规划

Apollo 任务场景设置规划采用较为简单的时间线规划方法,需要工程师人工编排,如图 3-5 所示为 Apollo-11 任务场景设置的甘特图[41-42]。

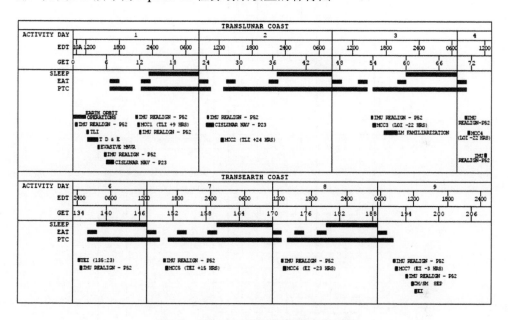

图 3-5 Apollo-11 任务场景设置的甘特图

Apollo 任务场景设置规划按照时间线,分别人工细化各个飞行器动作的方案,分析原因如下。

(1) Apollo 任务工程约束非常宽松,只需考虑月面科考光照条件,无须考虑转移轨道窗口约束。例如,月球公转白道面与赤道面最大交角约为 28.6°,Saturn-V 火箭从佛罗里达州卡纳维纳尔角发射,出发轨道倾角大约为 28.6°,理论上不受月发射窗口限制①。如图 2-1 所示,Apollo 采用太平洋纬度±40°大范围"定点"回收,不对月地返回轨道窗口做严格限制,代价是具备海上搜救能力②。

(2) Apollo 单次任务飞行周期较短,普遍在 10 天左右,任务场景设置相对不难,可以手工完成。例如,Apollo-11 飞行计划 365 页,将所有飞行事件通过飞行

---

① 具体分析详见本书 4.5.3 节、5.5.3 节关于月球赤纬对地月转移轨道发射窗口影响的计算分析结论。
② 具体分析详见本书 6.5.3 节关于月球赤纬对月地返回轨道返回窗口影响的计算分析结论。

器模块、飞行事件种类等符号化和数字块化，再将这些数字块按照时间线人工编排，如图 3-6 所示。

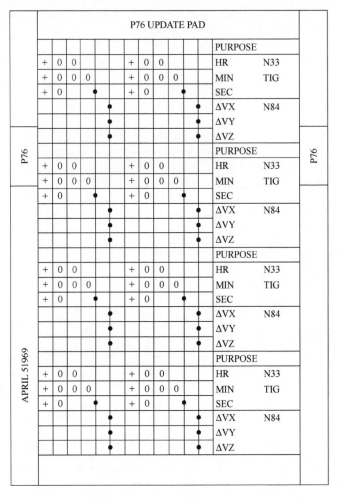

图 3-6　Apollo-11 任务场景设置的数字块人工编排结果[42]

（3）受当时计算机能力和数学规划水平限制，无法研发任务场景设置智能规划软件。

对于类似 Apollo 的短期载人登月任务，一旦约束条件复杂，简单的人工时间线数字块编排将无法适用，作者在本书第 8 章、第 9 章介绍了约束条件复杂的载人登月任务规划方法。

2．分层分解规划

对于有特定目标，例如月面下降着陆时刻恰逢中秋节的载人登月任务[43]、月面着陆和定点返回耦合的载人登月任务[44]、定时定点月面着陆任务[45]、载人月球极地探测任务[46]等,或有复杂工程约束的情况[47],例如,近地交会[48]、环月交会[49]、近地和环月都交会[50]、地月L2点空间站交会[51]等,任务场景设置变得复杂,目前没有成熟的普适性数学理论,不能通过简单建立非线性规划模型直接优化计算。

陈德相等学者[52-53]尝试将图论中有向图拓扑排序、复杂网络最大流等理论拓展应用到复杂航天任务规划问题中来,并利用时间遍历和约束匹配的标记方法,对规划结果中动作集进行拓扑排序,优化了计算过程中处理资源突变的顺序。问题难点往往集中在多种复杂约束的分类、抽象、有向图节点的选取、网络流的建模等环节,这些工作需要专业的工程师根据研究经验,分析各个阶段约束条件的性质和变化特性[54-56]。

目前,针对多约束复杂航天任务场景设置规划问题,实际使用的方法论仍是在专家经验基础上分层分解、逐层规划的策略,且需要特殊问题特殊对待,缺乏普适性[50,57]。

3.3.2 月面驻留站任务规划

月面驻留站是人类在继无人探月、载人探月后的第三个阶段[58],具体任务可以分为两类:一是航天员和物资在地球和月面驻留站往复运输的轮换和补给任务;二是月面人机联合探测任务。前者可以将无人/载人地月转移、载人月地返回、月面动力下降和月面动力上升等环节在短期载人登月阶段飞行试验阶段逐步标准化,参考空间站运营任务规划方法设置[17];后者由于约束条件少,可以通过事先制定的标准库按照任务生成、团队生成、任务分配和指标评估等步骤,不断迭代优化。

张伟等[59]提出的任务分配方法本质是建立多目标函数+专家打分权值求和的优化模型,利用优化算法求解最优值,从而得到任务分配方案。如建议将任务时长周期、危险系数和功耗等设为目标函数:

$$\begin{cases} J_1 = \min \sum_{i=1}^{n} \Delta t_i \\ J_2 = \min \sum_{i=1}^{n} r_i \\ J_3 = \min \sum_{i=1}^{n} p_i \end{cases} \quad (3\text{-}1)$$

式中:Δt_i、r_i、p_i 分别为第 i 个任务,总任务包含 n 个子任务。若由专家打分给 m 个优化目标各自权值 ω_i 赋值,则总的优化目标为

$$J = \sum_{i=1}^{m} \omega_i J_i \quad (3\text{-}2)$$

月面驻留站任务实施执行规划问题还可以借鉴一些新的思路,例如,多方联合任务规划[60]、地面遥操作任务规划[61]、启发式搜索算法[62]、随机森林最优制导[63]和动态规划[64]等。

3.4 小结

本章结合国内外航天任务经典案例，介绍了载人航天任务规划层次划分及各个层次的具体工作，对比分析了不同层次任务规划工作的重要性，还介绍了载人航天任务规划方法的发展和载人登月不同阶段任务规划的一些初步方法展望。

参 考 文 献

[1] 黄嘉. 天疆迷航：基于 SST 理论的航天飞机项目研究[D]. 长沙：国防科技大学，2011.

[2] 才满瑞，佟艳春. 美国停止星座计划的原因分析[J]. 国际太空，2010, 6: 12-17.

[3] 江世亮. 中国科学院院士、著名航天科技专家王希季畅谈 中国为什么要发展载人航天[J]. 世界科学，2002 (2): 1-5.

[4] 席志刚. 中国航天"921"工程决策内幕[J]. 军工文化，2014,1: 1-5.

[5] 赵薇，白瑞雪，孙彦新. 值不值：给中国载人航天算笔经济账[N]. 新华社，2011-11-3.

[6] 邱晨辉. 探月工程到底花了多少钱？航天青年这样回答[N]. 中国青年报，2020-11-25.

[7] 张智慧，郭佳子，王远振. 张育林："载人探索月球是中国载人航天发展的现实选择" [N/OL]. 载人航天工程网，2016-04-28. http://www.cmse.gov.cn/art/2016/4/28 /art_18_27628.html.

[8] 廖小刚，王岩松，陈敬一. 对美国商业载人登月的初步分析[C]. 哈尔滨：第四届载人航天学术大会论文集:上，2016.

[9] 陈光. 美国商业化月球开发的发展及启示[C]. 哈尔滨：第四届载人航天学术大会论文集:上，2016.

[10] 李海阳，张亚坤. 月球开发新体系构想[C]. 哈尔滨：第四届载人航天学术大会论文集上，2016.

[11] 邱乃镛. 中国载人航天工程概述[J]. 载人航天，2003,5: 8-10,16.

[12] 杨维廉，周文艳. 嫦娥一号月球探测卫星轨道设计[J]. 航天器工程，2007, 16(6): 16-24.

[13] 李成智. 阿波罗登月计划研究[M]. 北京：北京航空航天大学出版社，2010.

[14] LOGSDON J M, LAUNIUS R D. Human space-flight: Projects Mercury, Gemini and Apollo[M]. Washington D. C.: NASA history division office of external relations, 2008: 16-18.

[15] 彭坤，杨雷. 利用地月空间站的载人登月飞行模式分析[J]. 宇航学报，2018, 39(5): 471-481.

[16] 罗亚中，林鲲鹏，唐国金. 空间站运营任务规划技术评述[J]. 载人航天，2012,18(2): 7-13.

[17] 罗亚中，张进，朱阅訸. 空间站运营任务规划[M]. 北京：国防工业出版社，2020.

[18] NASA. Apollo 13: "Houston, we've got a problem" [R]. Johnson Space Coenter Houston. Thxes 1970. No. EP-76: 384-459.

[19] 王俊，朱忠奎，郭文瑾. 国外空间站应用任务规划综述[J]. 卫星应用，2012,3: 62-66.

[20] 李芙蓉. 天空实验室的再入应急计划[J].国外空间动态，1979, 3: 19-20,15.

[21] https://www.nasa.pov/content/40~years-ago-skylab-paved-way-for-international-space-station[EL/OL].2021.5.10

[22] 林西强. "天空实验室"后美国空间站计划的立项决策过程及启示[J]. 载人航天, 1994, 4: 9-13, 45.

[23] 管春磊, 徐艺嘉, 武艳萍. 航天飞机任务时间计划经验总结及其对国际空间站及未来任务的意义[J]. 载人航天信息, 2016, 5: 1-19.

[24] MAXWELL T G. Lessons learned in developing multiple distributed pkanning systems for the International Space Station[C]. Space Ops 2002, The 7th International Symposium on Space Mission Operations and Ground Data Systems, Texas, 2002.

[25] SAINT R. Lessons learned in developing an international planning software system[C]. Space Ops 2002, the 7th International Symposium on Space Mission Operations and Ground Data Systems, Texas, 2002.

[26] FRANK J, MORRIS P H, GREEN J, et al. The challenge of evolving mission operation tools for manned spaceflight[C]. Hollywood: The 9th International Symposium on Artifical Intelligence, Robotics and Automation for Space (i-SAI-RAS-08), 2008.

[27] ZAGREEV B, REPCHENKOV R, CHIKIREV V. A decision support system for research program scheduling on the Russian Segment of the ISS[C]. 北京: Proceeding of the 64th International Astronautical Congress, 2013.

[28] ANDREY B. Basic Principles of automated international space station Russian Segment flight planning system[C]// 66th International Astronautical Congress, Jerusalern, 2015.

[29] KOBAYASHI K, SHIMIZU M, STOH Y, et al. JEM operation control system design for utilization of JEM ter-orbit communication system[C]. Tokyo: Proceeding of the 5th Interational Conference on Space Operation, 1998.

[30] MATTEIS R, SCANNIFFIO O, HOLTZ R. International space station (ISS)/Columbus strategic and tactical planning support tools prototype[C]. Mumich: Space Ops 1996 Conference, 1996.

[31] ZOESCHINGER G A, WICKLER M. A planning system for payload and system planning of the Columbus Module on ISS[C]. Space Ops 2004 Conference, Montreal, 2004.

[32] SMITH E E, KORSMEYER D J, HALL V. Exploration technologies for operations[C]// Space Ops 2014 Conference, Pasadena, 2004.

[33] LEBLANC T P. Mission control center Web system[C]. AIAA Workshop on Enhancing Space Operations, AIAA, 2005.

[34] NIBLER R, MROWKA F, WÖRLE M T, et al. PINTA and TimeOnWeb-(more than) generic user interfaces for various planning problem[C]. Hiroshima: 2017 IEEE 10th IWCIA, 2017.

[35] SMITH E. Intellight systems technologies for ops[C]. Stockholm: Space Ops 2012 Conference, 2012.

[36] LEUOTH K, SABATH D, SÖLLNER G. Consolidating Columbus pperations and looking for

new frontiers[C]. Jerusalem: 66th International Astronautical Congress, 2015.

[37] MARQUEZ J J, PYRZAK G, HASHEMI S, et al. Supporting real-time operations and execution through timeline and scheduling aids[C]. 43rd International Conference on Environmental System,Vail, 2013.

[38] 果琳丽, 李志杰, 齐玢, 等. 一种综合式载人月球基地总体方案及建造规划设想[J]. 航天返回与遥感, 2014, 6: 5-14.

[39] 焦维新, 侯贵廷, 赖勇, 等. 未来载人登月的新理念[J]. 国际太空, 2018, 6: 17-22.

[40] 宋靖华, 张杨姝禾, 袁焕鑫. 利用熔岩管道建设月球基地的规划设想[J]. 城市建筑, 2019, 7: 44-51.

[41] BERRY R L. Launch window and trans-lunar, lunar orbit, and trans-earth trajectory planning and control for the Apollo 11 lunar landing mission [C]. Houston: NASA. manned spacecraft center, Texas. // AIAA 8th Aerospace Science Meeting, AIAA Paper 70-24, 1970: 1-18.

[42] RICHE L J, COLTON G M, GUILLORY T A. Apollo-11: Apollo AS-506/CSM-107/LM-5 final flight plan [R]. Manned Spacecraft Center, Houston, Texas. July1, 1969.

[43] 贺波勇, 顾绍景, 黄海兵, 等. 中秋节载人登月任务窗口与转移轨道设计研究[J]. 上海航天, 2017, 34(5): 9-15.

[44] 贺波勇, 李海阳, 沈红新, 等. 载人登月着陆窗口与定点返回轨道耦合设计[J]. 国防科技大学学报, 2017, 39(1): 11-16.

[45] 李革非, 刘勇, 郝大功, 等. 定时定点月面着陆全程轨道控制设计[J].宇航学报, 2020, 41(1): 10-18.

[46] 陆林, 李海阳, 周晚萌, 等. 载人月球极地探测地月转移轨道设计[J].宇航学报, 2021, 42(4): 425-436.

[47] 郑爱武, 周建平. 载人登月轨道设计方法及其约束条件概述[J]. 载人航天, 2012, 18(1): 48-54.

[48] 彭祺擘, 李桢, 李洪发, 等. 近地空间站支持登月的奔月轨道设计[J]. 载人航天, 2007, 13(3): 29-32.

[49] 贺波勇, 曹鹏飞, 罗亚中, 等. 环月轨道交会的载人登月任务轨道与窗口规划[J]. 深空探测学报, 2017, 4(5): 471-476.

[50] 贺波勇, 沈红新, 彭祺擘. 近地一次环月两次交会的载人登月任务规划[J]. 国防科技大学学报, 2020, 42(6): 22-33.

[51] 曹鹏飞, 贺波勇, 刘景勇, 等. 地月 L2 点空间站转移轨道设计与特性分析[J]. 载人航天, 2019, 25(6): 755-760, 770.

[52] 陈德相, 徐瑞, 崔平远. 航天器资源约束的时间拓扑排序处理方法[J].宇航学报, 2014, 35(6): 669-676.

[53] 陈德相. 航天器任务约束处理与规划方法研究[D]. 北京: 北京理工大学, 2015.

[54] 沈红新. 载人登月定点返回轨道问题研究[D]. 长沙: 国防科技大学, 2009.

[55] 李革非, 陈莉丹, 唐歌实, 等. 多约束交会对接发射窗口的分析与规划[J]. 宇航学报, 2011, 32(11): 2463-2470.

[56] 彭祺擘. 考虑应急返回能力的载人登月轨道优化设计及特性分析[D]. 长沙: 国防科技大学, 2012.

[57] 田百义, 王大轶, 张相宇, 等. 太阳系边际探测飞行任务规划[J]. 宇航学报, 2021, 42(3): 284-294.

[58] 张志贤, 果琳丽, 戚发轫. 月面人机联合探测概念研究[J]. 载人航天, 2014, 5: 432-442.

[59] 张伟, 靳召君. 基于标准库的月面人机联合探测任务分配方法[J]. 计算机工程与应用, 2016, 52(24): 241-245.

[60] 郭玉华, 李军, 赵珂, 等. 多星联合任务规划中的启发式求解方法研究[J]. 宇航学报, 2009, 30(2): 652-658.

[61] 周建亮, 谢圆, 张强, 等. 月面巡视器遥操作中的任务规划技术研究[J]. 中国科学:信息科学, 2014, 4: 21-31.

[62] 赵凡宇, 徐瑞, 崔平远. 启发式深空探测器任务规划方法[J]. 宇航学报, 2015, 36(5): 496-503.

[63] 姜春生, 沈红新, 李恒年. 基于随机森林的月球表面软着陆实时最优控制[J]. 中国空间科学技术, 2018, 38(3): 8-14.

[64] 康国华, 张晗, 魏建宇, 等. 能量最优的航天器连续动态避障轨迹规划[J]. 宇航学报, 2021, 42(3): 305-313.

第 4 章 着陆器地月转移轨道可达域分析

4.1 引言

着陆器地月转移轨道与一般月球探测器飞行轨道类似，采用较省能量的飞行约 5 天的地月转移方式。不同的是，一般月球探测器无论直接撞月还是环月飞行均对到达月球的轨道参数无严格精确的要求。着陆器地月转移轨道不仅对近月点高度有较高精度的要求，还要求轨道倾角和升交点赤经严格满足 LLO 第一次交会对接共面约束。因此，需要开展着陆器地月转移轨道近月点月心轨道参数可达域研究。本章以着陆器地月转移轨道可达域特性为研究目的，研究了满足约束的轨道可达域计算方法。

4.2 着陆器地月转移轨道可达域问题

着陆器地月转移轨道可达域是指在探月任务中，着陆器到达预计高度的近月点后其余轨道参数的分布范围。本节主要对着陆器地月转移轨道可达域及其约束条件等进行数学描述，最后简述其精确可达域求解策略。

4.2.1 着陆器地月转移轨道描述

着陆器采用两脉冲地月转移轨道完成从 LEO 到 LLO 的飞行，如图 4-1 所示。

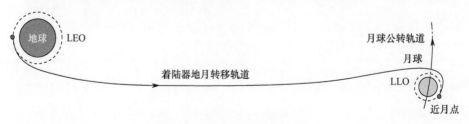

图 4-1 着陆器地月转移轨道示意图

第一次 Δv_{LEO} 是从 LEO 切向加速脉冲，第二次 Δv_{LLO} 是到达近月点切向减速制动脉冲，在满足 LEO 和 LLO 终端部分状态约束和飞行过程约束的同时，应尽可能采用较省能量的转移时长，使两次制动脉冲绝对值的和尽可能小。

$$\min J = |\Delta v_{\text{LEO}}| + |\Delta v_{\text{LLO}}| \tag{4-1}$$

4.2.2 可达域问题数学描述

在 2.4.1 节中，对动力学系统可达域问题进行了较为一般化的数学描述。与其描述风格一致，这里记地月转移出发时刻为 t_0，到达近月点时刻为 t_f。则 t_0 时刻对应飞行轨道位置和速度初始状态集合可以表示为

$$\Theta_{t_0}^n = \begin{cases} x(t_0) \in \mathbf{R}^n : \text{s.t.} \ \kappa_{\text{EJ2}} = (h_{\text{LEO}} + R_{\text{E}}), \\ e_{\text{EJ2}} < 1, \forall i_{\text{EJ2}} \in \left[i_{\text{EJ2}}^{\text{lb}}, i_{\text{EJ2}}^{\text{ub}} \right], f_{\text{EJ2}} = 0 \end{cases} \tag{4-2}$$

式中：下标 "EJ2" 为 J2000 地心坐标系；h_{LEO} 为 LEO 高度；R_{E} 为地球赤道平均半径；$e_{\text{EJ2}} < 1$ 为约束地月转移轨道，即椭圆轨道，相比于抛物线或双曲转移更省能量；$\left[i_{\text{EJ2}}^{\text{lb}}, i_{\text{EJ2}}^{\text{ub}} \right]$ 为 LEO 倾角区间，由射向角 A_0 和发射场纬度 B_0 决定，通常会调整射向角配合任务轨道设计；$f_{\text{EJ2}} = 0$ 为纯切向加速，制动效率高。

$$\cos i_{\text{E}} = \sin A_0 \cos B_0 \tag{4-3}$$

地月转移标称轨道设计时，从 LEO 出发到 LLO 中途无任何轨道控制。着陆器地月转移轨道 t_f 时刻位置和速度状态可达域可以表示为

$$\Omega_{t_f}^n = \begin{cases} x(t_f) \in \mathbf{R}^n : \exists t_f > t_0, \text{s.t.} \ \kappa_{\text{MJ2}} = (h_{\text{LLO}} + R_{\text{M}}) \\ \& \ e_{\text{MJ2}} > 1, \& \ f_{\text{MJ2}} = 0, \& \forall \Delta t = (t_f - t_0) \in [\Delta t^{\text{lb}}, \Delta t^{\text{ub}}] \end{cases} \tag{4-4}$$

式中：下标 "MJ2" 为 J2000 月心坐标系；h_{LLO} 为 LLO 高度；R_{M} 为月球赤道平均半径；$e_{\text{MJ2}} > 1$ 为着陆器以双曲轨道抵达近月点，区别于弹道-捕获长时间地月转移飞行方式；$f_{\text{MJ2}} = 0$ 为月心双曲轨道近月点时刻；$[\Delta t^{\text{lb}}, \Delta t^{\text{ub}}]$ 为任务可以接受的地月转移飞行时长区间。

对于地月转移轨道而言，可达域是由近月点轨道参数组成的多维参数集，难以清晰简便地表述和理解。而实际任务关心的往往是近月点共面切向减速制动后形成的 LLO 对月面的覆盖范围，即 LLO 星下点轨迹（ground track of satellite，GTS）。而决定 LLO 轨道 GTS 的参数是月固系中倾角 i_{LCF} 和升交点经度 Ω_{LCF}。

$$Y_{t_f}^k = \{(i_{\text{LCF}}, \Omega_{\text{LCF}}) : \forall x(t_f) \in \Omega_{t_f}^n\} \tag{4-5}$$

式中：下标 "LCF" 为月固系，详见附录。RS 和 GTS 的定义如图 4-2 所示，GTS 决定 LLO 交会对接的飞行方案月面理论可达域，本节研究主要关心 $Y_{t_f}^k$。

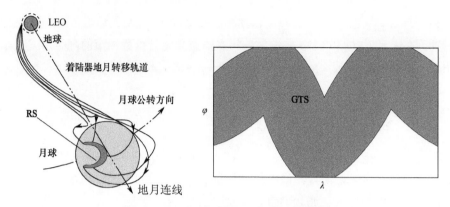

图 4-2 着陆器地月转移轨道可达域示意图

4.2.3 着陆器地月转移轨道精确可达域求解策略

着陆器地月转移轨道精确可达域计算实质上包含了无数条轨道设计问题,即要计算满足所有轨道解集 $Y_{t_f}^k$:

$$\begin{cases} \boldsymbol{x} = \boldsymbol{x}(t_0) \\ \text{s.t.} \begin{pmatrix} \kappa_{\text{EJ2}} = (h_{\text{LEO}} + R_\text{E}), e_{\text{EJ2}} < 1, i_{\text{EJ2}} \in [i_{\text{EJ2}}^{\text{lb}}, i_{\text{EJ2}}^{\text{ub}}], f_{\text{EJ2}} = 0 \\ \kappa_{\text{MJ2}} = (h_{\text{LLO}} + R_\text{M}), e_{\text{MJ2}} > 1, f_{\text{MJ2}} = 0, \Delta t = (t_\text{f} - t_0) \in [\Delta t^{\text{lb}}, \Delta t^{\text{ub}}] \end{pmatrix} \end{cases} \quad (4\text{-}6)$$

显然,直接计算无数个轨道设计问题存在两方面困难:一是如果直接采用高精度轨道动力学模型数值积分,计算量大效率低,且可达域包含无数条符合约束要求的轨道参数,不可能对无数条轨道参数一一求解;二是直接采用进化算法或局部梯度优化算法计算,存在算法收敛性不佳或初值难以设置问题。本节提出二步串行数值延拓计算策略,如图 4-3 所示,简述如下。

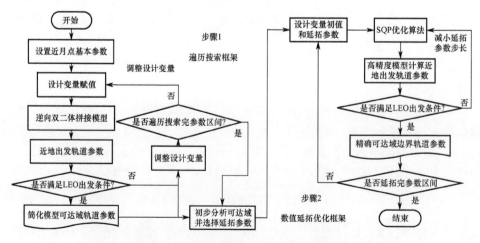

图 4-3 着陆器地月转移轨道精确可达域串行数值延拓求解策略

步骤1：建立逆向双二体拼接半解析轨道计算模型，选取近月点参数遍历搜索，记录满足所有约束的可行解，分析可达域拓扑结构及参数影响关系；

步骤2：分析逆行双二体拼接模型遍历搜索计算的可达域初步特性，选择影响可达域边界的数值延拓参数，构造精确可达域边界解数值延拓计算方法，基于高精度轨道模型和 SQP 算法，优化计算满足约束条件的解集，完成精确可达域计算。

步骤1不仅提供了可达域拓扑结构信息和参数影响关系，还为步骤2提供了轨道设计参数初值，实质是应用了 2.5.1 节所述系统模型延拓法。参数影响关系分析为步骤2选择影响可达域边界的延拓参数提供依据，便于步骤2对可达域边界解数值延拓优化求解。

4.3 逆向双二体拼接模型可达域计算

在地月转移轨道设计时，由于高精度轨道模型具有复杂性，因此往往无法直接求解计算，通常采用不同程度的简化轨道动力学模型做一定误差容忍度的前期特性分析计算，为高精度轨道模型精确解提供正确性依据和计算参数初值。本节考虑双二体拼接模型的分段解析性质，具有计算简捷、快速的特点，适宜计算可达域这类需要大规模轨道参数计算的问题，对传统双二体拼接模型进行改进提高，分析可达域初步特性。

4.3.1 逆向双二体拼接模型

1. 近月点坐标系与设计变量

本节基于传统双二体拼接模型中月地相对 Laplace 影响球概念，为更方便地表述着陆器地月转移轨道近月点参数可达问题，提出将近月点参数作为设计变量，逆向双二体拼接轨道计算模型，计算着陆器地月转移轨道。首先建立近月点坐标系，以方便轨道设计参数选取。

如图 4-4 所示，近月点时刻与地月转移出发相比，地球相对于月球旋转的角度为 $\Delta t \cdot \varpi_{\mathrm{M}}$，$\Delta t$ 为地月转移飞行时长，ϖ_{M} 为地月相对公转角速度〔约为 13.2（°）/天〕。LVLH 坐标系定义见 1.4.1 节，月心 LVLH 系 x 轴指向地月连线延长线方向，y 轴在月球公转白道面内，为月球公转速度方向，z 轴与其他两轴构成右手系。如果约束着陆器地月转移轨道近月距，则近月点时刻，该坐标系中位置矢量为

$$r_{\mathrm{prl}}^{\mathrm{LVLH}} = r_{\mathrm{prl}} \cdot [\cos\varphi\cos\lambda \quad \cos\varphi\sin\lambda \quad \sin\varphi]^{\mathrm{T}} \tag{4-7}$$

定义 (λ,φ) 分别为近月点时刻月心 LVLH 系中近月点相对于该坐标系的伪经纬度，如图 4-5 所示，r_{prl} 为近月距，下标"prl"表示近月点（perilune）。建立近月点坐标系 O_{M}-$x_{\mathrm{prl}}y_{\mathrm{prl}}z_{\mathrm{prl}}$，原点为月心，$x_{\mathrm{prl}}$ 轴由月心指向近月点位置方向，z_{prl} 轴指向

该时刻轨道面动量矩反方向，y_{prl} 轴与其他两轴构成右手系，旋转矩阵为

$$M_{\text{LVLH-prl}} = M_y(-\varphi)M_z(\lambda) \quad (4\text{-}8)$$

式中：(M_y, M_z) 与未使用的 M_x 为坐标系转化基本矩阵，如果旋转角度为 θ，则有

$$M_x(\theta) = \begin{bmatrix} 1 & 0 & 0 \\ 0 & \cos\theta & \sin\theta \\ 0 & -\sin\theta & \cos\theta \end{bmatrix}, M_y(\theta) = \begin{bmatrix} \cos\theta & 0 & -\sin\theta \\ 0 & 1 & 0 \\ \sin\theta & 0 & \cos\theta \end{bmatrix}, M_z(\theta) = \begin{bmatrix} \cos\theta & \sin\theta & 0 \\ -\sin\theta & \cos\theta & 0 \\ 0 & 0 & 1 \end{bmatrix}$$

$$(4\text{-}9)$$

在近月点坐标系中，近月点位置和速度矢量如图 4-5 和图 4-6 所示，分别为

$$\begin{cases} \boldsymbol{r}_{\text{prl}}^{\text{prl}} = [r_{\text{prl}} \quad 0 \quad 0]^{\text{T}} \\ \boldsymbol{v}_{\text{prl}}^{\text{prl}} = v_{\text{prl}} \cdot [0 \quad \cos i_{\text{prl}} \quad \sin i_{\text{prl}}]^{\text{T}} \end{cases} \quad (4\text{-}10)$$

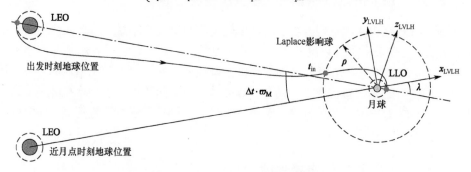

图 4-4 逆向双二体拼接模型示意图

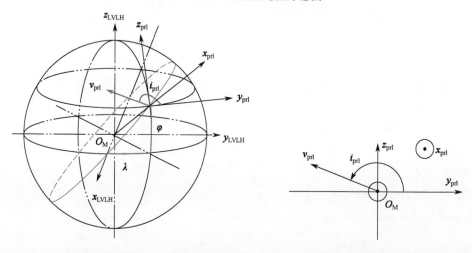

图 4-5 月心 LVLH 坐标系与近月点坐标系示意图　图 4-6 月心近月点坐标系中速度矢量示意图

给定近月点时刻 t_f 和近月点月心距 r_{prl}，则地月转移轨道由参数 $(\lambda, \varphi, v_{\text{prl}}, i_{\text{prl}})$ 决定，本节将近月点坐标系中 $(\lambda, \varphi, v_{\text{prl}}, i_{\text{prl}})$ 作为轨道设计的独立变量。

2. 逆向拼接方法

给定近月点时刻 t_{prl} 和近月点同心距 r_{prl}，将该时刻月心 LVLH 系视为惯性系，假如给定一组参数 $(\lambda, \varphi, v_{\text{prl}}, i_{\text{prl}})$，则该时刻近月点坐标系为惯性系。月心 LVLH 系中速度矢量为

$$v_{\text{prl}}^{\text{LVLH}} = M_{\text{prl-LVLH}} \cdot v_{\text{prl}}^{\text{prl}} \tag{4-11}$$

式中：$M_{\text{prl-LVLH}}$ 为 $M_{\text{LVLH-prl}}$ 反向旋转矩阵，即

$$M_{\text{prl-LVLH}} = M_z(-\lambda) M_y(\varphi) \tag{4-12}$$

由 JPL 星历表插值计算近月点时刻月地相对位置和速度矢量，转化为轨道六根数，则可得到月心 LVLH 系转化为 J2000 月心系坐标旋转矩阵：

$$M_{\text{LVLH-MJ2}} = M_z(-\Omega_{\text{M}}) M_x(-i_{\text{M}}) M_z(-u_{\text{M}}) \tag{4-13}$$

式中：u_{M}、i_{M}、Ω_{M} 分别为该时刻 J2000 地心系中，月球相对于地球的纬度幅角、倾角和升交点赤经。J2000 月心系中，近月点位置和速度矢量分别为

$$\begin{cases} r_{\text{prl}}^{\text{MJ2}} = M_{\text{LVLH-MJ2}} \cdot r_{\text{prl}}^{\text{LVLH}} \\ v_{\text{prl}}^{\text{MJ2}} = M_{\text{LVLH-MJ2}} \cdot v_{\text{prl}}^{\text{LVLH}} \end{cases} \tag{4-14}$$

将 $(r_{\text{prl}}^{\text{MJ2}}, v_{\text{prl}}^{\text{MJ2}})$ 转化为修正轨道六根数 $(\kappa_{\text{MJ2}}, e_{\text{MJ2}}, i_{\text{MJ2}}, \Omega_{\text{MJ2}}, \omega_{\text{MJ2}}, f_{\text{MJ2}}^{\text{prl}})$，若双二体假设中月球相对于地球的 Laplace 影响球半径 $\rho = 66200$ km，则着陆器进入月球影响球边界时刻 t_{in} 对应月心轨道真近点角为 $f_{\text{in}}^{\text{MJ2}}$，即为相对于近月点的真近点角差。

$$f_{\text{in}}^{\text{MJ2}} = -\arccos\left[\frac{p_{\text{prl}}}{e_{\text{prl}} \cdot \rho} - \frac{1}{e_{\text{prl}}}\right] \tag{4-15}$$

式中：下标"in"表示进入月球影响球边界；$p_{\text{prl}} = \kappa_{\text{prl}}(1+e_{\text{prl}})$。根据拉格朗日系数描述的二体轨道状态转移矩阵计算原理，可以计算影响球边界位置和速度矢量参数，拉格朗日系数 (F, G, F_t, G_t) 分别为

$$\begin{cases} F = 1 - \dfrac{\rho}{p_{\text{prl}}}(1 - \cos(f_{\text{in}}^{\text{MJ2}})) \\ G = \dfrac{\rho \cdot r_{\text{prl}}^{\text{MJ2}}}{\sqrt{\mu_{\text{M}} p_{\text{prl}}}} \sin(f_{\text{in}}^{\text{MJ2}}) \\ F_t = \dfrac{\sqrt{\mu_{\text{M}}}}{r_{\text{prl}}^{\text{MJ2}} \cdot p_{\text{prl}}} \left[\sigma_{\text{prl}}^{\text{MJ2}} \cdot (1 - \cos(f_{\text{in}}^{\text{MJ2}})) - \sqrt{p_{\text{prl}}} \sin(f_{\text{in}}^{\text{MJ2}})\right] \\ G_t = 1 - \dfrac{r_{\text{prl}}^{\text{MJ2}}}{p_{\text{prl}}}(1 - \cos(f_{\text{in}}^{\text{MJ2}})) \end{cases} \tag{4-16}$$

式中：μ_{M} 为月心引力常数；$\sigma_{\text{prl}}^{\text{MJ2}} = (r_{\text{prl}}^{\text{MJ2}} \cdot v_{\text{prl}}^{\text{MJ2}})/\sqrt{u_{\text{M}}}$。

t_{in} 时刻 J2000 月心系中位置和速度矢量 $(r_{\text{in}}^{\text{MJ2}}, v_{\text{in}}^{\text{MJ2}})$ 分别为

$$\begin{bmatrix} r_{\text{in}}^{\text{MJ2}} \\ v_{\text{in}}^{\text{MJ2}} \end{bmatrix} = \begin{bmatrix} F & G \\ F_t & G_t \end{bmatrix} \begin{bmatrix} r_{\text{prl}}^{\text{MJ2}} \\ v_{\text{prl}}^{\text{MJ2}} \end{bmatrix} \tag{4-17}$$

月心段轨道为双曲线轨道，根据古德曼（Gudermann Christoph）变换原理可知，影响球边界处月心双曲轨道近点角 H 与 $f_{\text{in}}^{\text{MJ2}}$ 存在关系式：

$$\begin{cases} \cosh H = (e_{\text{prl}} + \cos f_{\text{in}}^{\text{MJ2}})/(1 + e_{\text{prl}} \cos f_{\text{in}}^{\text{MJ2}}) \\ \sinh H = \left(\sqrt{e_{\text{prl}}^2 - 1} \sin f_{\text{in}}^{\text{MJ2}}\right)/(1 + e_{\text{prl}} \cos f_{\text{in}}^{\text{MJ2}}) \\ H = \ln(\cosh H + \sinh H) \end{cases} \tag{4-18}$$

若从影响球边界处飞行至近月点时长为

$$\Delta t_{\text{in-prl}} = \sqrt{-\frac{1}{\mu_M}\left(\frac{\kappa_{\text{prl}}}{1 - e_{\text{prl}}}\right)^3} \cdot (e_{\text{prl}} \sinh H - H) \tag{4-19}$$

则着陆器飞行至影响球边界处时刻为

$$t_{\text{in}} = t_{\text{prl}} - \Delta t_{\text{in-prl}} \tag{4-20}$$

由 JPL 星历表插值计算 t_{pho} 时刻月地相对位置和速度矢量 $(r_{\text{M-E}}^{\text{in}}, v_{\text{M-E}}^{\text{in}})$，则 J2000 地心中，该时刻着陆器地月转移轨道位置和速度矢量分别为

$$\begin{cases} r_{\text{in}}^{\text{EJ2}} = r_{\text{M-E}}^{\text{in}} + r_{\text{in}}^{\text{MJ2}} \\ v_{\text{in}}^{\text{EJ2}} = v_{\text{M-E}}^{\text{in}} + v_{\text{in}}^{\text{MJ2}} \end{cases} \tag{4-21}$$

将 $(r_{\text{in}}^{\text{EJ2}}, v_{\text{in}}^{\text{EJ2}})$ 转化为地心修正轨道六根数 $(\kappa_{\text{EJ2}}, e_{\text{EJ2}}, i_{\text{EJ2}}, \Omega_{\text{EJ2}}, \omega_{\text{EJ2}}, f_{\text{EJ2}}^{\text{in}})$，通常地心轨道为椭圆轨道，偏心率 e_{EJ2} 应小于 1，$f_{\text{EJ2}}^{\text{in}}$ 为影响球边界时刻相对于地月转移出发时刻的真近点角差，则采用椭圆轨道 Kepler 方程可以计算从地月转移出发飞行至影响球边界时长，有

$$\begin{cases} \tan\dfrac{E_{\text{EJ2}}^{\text{in}}}{2} = \sqrt{\dfrac{1 - e_{\text{EJ2}}}{1 + e_{\text{EJ2}}}} \tan\dfrac{f_{\text{EJ2}}^{\text{in}}}{2} \\ \Delta t_{\text{LEO-in}} = \sqrt{\dfrac{1}{u_E}\left(\dfrac{\kappa_{\text{EJ2}}}{1 - e_{\text{EJ2}}}\right)^3} (E_{\text{EJ2}}^{\text{in}} - e_{\text{EJ2}} \cdot \sin E_{\text{EJ2}}^{\text{in}}) \end{cases} \tag{4-22}$$

从 LEO 出发的时刻为

$$t_0 = t_{\text{in}} - \Delta t_{\text{LEO-in}} \tag{4-23}$$

该时刻地心修正轨道六根数前五项与 t_{in} 时刻值相同，只有真近点角等于 0。地月转移总时长为

$$\Delta t = (t_f - t_0) = \Delta t_{\text{LEO-in}} + \Delta t_{\text{in-prl}} \tag{4-24}$$

至此完成了着陆器地月转移轨道逆向双二体拼接轨道计算。

4.3.2 可达域遍历搜索

基于 4.3.1 节提出的逆向双二体拼接轨道计算模型,本节设计可达域遍历搜索计算方法,如图 4-7 所示。

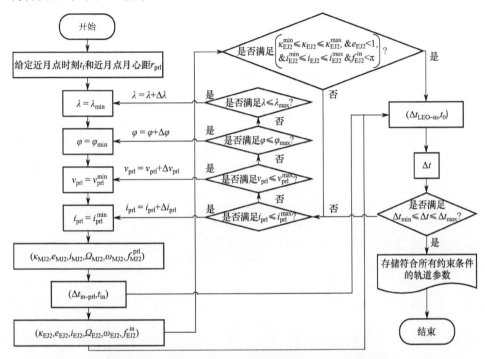

图 4-7 可达域逆向双二体模型遍历搜索计算方法示意图

给定近月点时刻 t_f 和近月点月心距 r_{prl},将 $(\lambda, \varphi, v_{prl}, i_{prl})$ 设计成四层遍历搜索结构,采用逆向双二体拼接模型顺序计算出影响球边界地心轨道修正六根数 $(\kappa_{EJ2}, e_{EJ2}, i_{EJ2}, \Omega_{EJ2}, \omega_{EJ2}, f_{EJ2}^{in})$,判断近地距 κ_{EJ2}、偏心率 e_{EJ2}、轨道倾角 i_{EJ2} 和影响球边界真近点角 f_{EJ2}^{in} 是否满足约束。

这里考虑双二体拼接模型计算位置时存在上千千米模型误差[1],设置近地距误差限 $\Delta\kappa_{EJ2}$,则

$$\begin{cases} \kappa_{EJ2}^{min} = (h_{LEO} + R_E) - \Delta\kappa_{EJ2} \\ \kappa_{EJ2}^{max} = (h_{LEO} + R_E) + \Delta\kappa_{EJ2} \end{cases} \quad (4-25)$$

如果任意一个参数不满足约束,则按照事先设置的遍历搜索结构中设计的变量步长 $(\Delta\lambda, \Delta\varphi, \Delta v_{prl}, \Delta i_{prl})$ 层层回溯,调整设计变量;如果其满足所有约束,则开始进行地心段轨道参数计算。计算出地心段轨道参数后,还需判断地月转移总时长 Δt 是否满足上下限 $[\Delta t_{min}, \Delta t_{max}]$,如果满足,则存储符合所有约束条件的轨道参数;

否则，回溯调整设计变量，再次搜索，直至遍历搜索完所有参数区间。

在事先不知道各参数分布范围时，为避免该遍历搜索策略计算用时长的问题，宜将遍历搜索参数调整步长设置得稍大一点，待得到参数分布范围信息后，可以重新调整参数搜索区间及搜索步长，计算得到能正确表征可达域基本特性的结果。

4.3.3 算例分析

为了验证 4.3.2 节提出的逆向双二体拼接模型遍历搜索计算方法的有效性，本节给出一组仿真算例。初始参数和约束条件设置如下。

（1）设置近月点时刻 t_f 为 2025 年 1 月 1 日 0:00:00.000 UTCG（UTC, in Gregorian Calendar format）；

（2）参考 Apollo-11 任务[2]，设置近月点高度为 h_{prl}=111 km（约 60 n.m.），近地出发 LEO 轨道高度 h_{LEO}=185.2 km（约 100 n.m.），n.m.为格利高利日历格式；

（3）设置 $[\lambda_{min}, \lambda_{max}]=[-180°, 180°]$，$[\varphi_{min}, \varphi_{max}]=[-90°, 90°]$，$\Delta\lambda=\Delta\varphi=2°$。考虑月心段轨道应为双曲轨道，近月点速度最小值取值为

$$v_{prl}^{min} = \sqrt{\frac{2\mu_M}{(h_{prl}+R_M)}} \tag{4-26}$$

参考文献[3]近月点减速制动容许速度增量 $\Delta v_{LLO} \leq 1$ km/s，有

$$v_{prl}^{max} = \sqrt{\frac{\mu_M}{(h_{prl}+R_M)}} + \Delta v_{LLO} \tag{4-27}$$

则 $[v_{prl}^{min}, v_{prl}^{max}]=[2302.7, 2628.3]$ m/s，$\Delta v_{prl}=1$ m/s。基于 LLO 交会对接的载人登月任务中，载人飞船采用绕月自由返回轨道或混合轨道，LLO 轨道通常为月心逆行轨道，取 $[i_{prl}^{min}, i_{prl}^{max}]=[90°, 270°]$，$\Delta i_{prl}=2°$。

（4）考虑地月系统双二体假设模型误差较大，取 $\Delta\kappa_{EJ2}$=1000 km。为了分析地月转移飞行时长对着陆器地月转移轨道可达域特性的影响，取 $[\Delta t_{min}, \Delta t_{max}]=[3,6]$ 天。

（5）由于月球绕地球公转白道面可在 18°～28°变化，考虑双二体拼接模型带来的轨道面误差，取 $[i_{EJ2}^{min}, i_{EJ2}^{max}]=[16°, 30°]$。

根据以上参数范围，利用本文提出的逆向双二体拼接模型遍历搜索计算着陆器地月转移轨道可达域。

如图 4-8 所示，逆向双二体拼接模型遍历搜索伪经度分布在西经[-100°～0°]，纬度分布关于零纬度线南北对称，最大处约为±50°。

图 4-9 和图 4-10 分别给出了逆向双二体模型遍历搜索近月点速度和速度方位角与伪经纬度分布关系。可见，近月点速度大小分布范围为[2410,2540] m/s，随着近月点伪经度值变大，近月点速度呈增大趋势，伪纬度绝对值变大，也会在一定程度上使近月点速度增大。近月点速度方位角分布范围为[90°, 270°]，随着近月点伪

经度值变大，速度方位角分别从 90°和 270°向 180°演化，且 90°～180°分布在伪纬度北半球，180°～270°分布在伪纬度南半球。

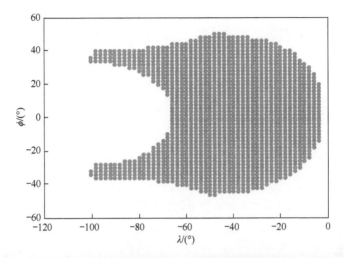

图 4-8 逆向双二体模型遍历搜索伪经纬度分布

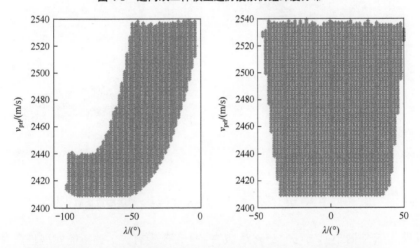

图 4-9 逆向双二体模型遍历搜索近月点速度和速度方位角与伪经纬度关系

在着陆器地月转移轨道可达域中我们关心的参数如图 4-11 所示。月心 LVLH 坐标系中近月点倾角可在 90°～180°分布，当倾角小于约 167°时，升交点经度只分布在约 80°～140°和 260°～320°，当倾角大于或等于约 167°时，升交点经度可以在 80°～320°连续分布，且分布区域都关于 180°对称。月固系由月心 LVLH 坐标系和 J2000 月心系转化而来，包含了近月点时刻月地相对位置和速度因素及月球天平动因素。月固系中近月点倾角和升交点经度分布相当于月心 LVLH 坐标系中分布的旋转和扭曲，参数变化特征与月心 LVLH 坐标系中的参数变化趋势相同。

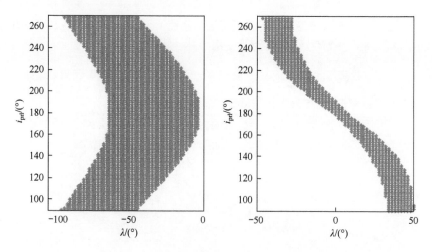

图 4-10 逆向双二体模型遍历搜索近月点速度方位角与伪经纬度关系

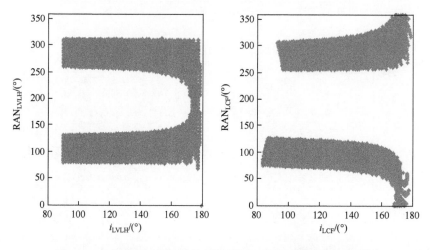

图 4-11 月心 LVLH 坐标系和月固系中双二体拼接模型可达域分布

可见，着陆器地月转移轨道可达域 RS 分布范围有限，并不能实现任意升交点经度分布，而月面覆盖范围 GTS 几乎可以实现全月面覆盖。

4.4 精确可达域数值延拓优化计算

如文献[4-6]所述，双二体假设拼接模型在近似计算地月转移飞行时间大于 114 小时的轨道参数时，存在较大模型误差，甚至结果错误。针对这一问题，为计算着陆器地月转移轨道精确可达域，提出了基于高精度轨道动力学模型的着陆器地月转移轨道逆向积分计算模型，基于该模型，设计了精确可达域数值延拓优化计算方法，并验证了方法的有效性。

4.4.1 高精度模型轨道设计优化

基于高精度模型的轨道设计优化方法是利用数值延拓理论计算轨道精确可达域的基础，是对式（4-6）所示单条轨道设计问题的优化求解方法。本节提出了逆向数值积分设计优化方法，并通过算例验证方法的正确性和精确性。

1. 优化模型

仍以 4.3.1 节所述为例，近月点坐标系中 $(\lambda, \varphi, v_{\text{prl}}, i_{\text{prl}})$ 作为轨道设计独立变量，有

$$\boldsymbol{x} = [\lambda, \varphi, v_{\text{prl}}, i_{\text{prl}}]^{\text{T}} \tag{4-28}$$

独立变量上下界设置与 4.2.3 节相同。

按照 4.2.2 节中式（4-14）计算得到 J2000 月心系中近月点时刻位置和速度矢量 $(\boldsymbol{r}_{\text{prl}}^{\text{MJ2}}, \boldsymbol{v}_{\text{prl}}^{\text{MJ2}})$ 后，通过 JPL 星历计算 J2000 地心系中近月点时刻月地相对位置和速度矢量 $(\boldsymbol{r}_{\text{M-E}}^{\text{prl}}, \boldsymbol{v}_{\text{M-E}}^{\text{prl}})$，则 J2000 地心系中，近月点时刻飞行器相对于地球的位置和速度矢量 $(\boldsymbol{r}_{\text{prl}}^{\text{EJ2}}, \boldsymbol{v}_{\text{prl}}^{\text{EJ2}})$ 分别为

$$\begin{cases} \boldsymbol{r}_{\text{prl}}^{\text{EJ2}} = \boldsymbol{r}_{\text{M-E}}^{\text{prl}} + \boldsymbol{r}_{\text{prl}}^{\text{MJ2}} \\ \boldsymbol{v}_{\text{prl}}^{\text{EJ2}} = \boldsymbol{v}_{\text{M-E}}^{\text{prl}} + \boldsymbol{v}_{\text{prl}}^{\text{MJ2}} \end{cases} \tag{4-29}$$

将 $(\boldsymbol{r}_{\text{prl}}^{\text{EJ2}}, \boldsymbol{v}_{\text{prl}}^{\text{EJ2}})$ 作为 1.4.2 节所述高精度模型轨道数值积分初始状态，采用 RKF-78 积分算法逆向积分 6 天，插值寻找近地点时刻 t_0 及位置和速度矢量，并将其转化为地月转移出发时刻修正轨道六根数 $(\kappa_{\text{EJ2}}, e_{\text{EJ2}}, i_{\text{EJ2}}, \Omega_{\text{EJ2}}, \omega_{\text{EJ2}}, f_{\text{EJ2}}^0)$，此时，应具有 $|\sin(f_{\text{EJ2}}^0)| < \varepsilon$，$\varepsilon$ 由插值精度决定。

将近地距 κ_{EJ2} 和轨道倾角 i_{EJ2} 分别作为等式约束和不等式约束，得

$$\text{s.t.} \begin{cases} \kappa_{\text{EJ2}} - (h_{\text{LEO}} + R_{\text{E}}) = 0 \\ i_{\text{EJ2}}^{\min} \leqslant i_{\text{EJ2}} \leqslant i_{\text{EJ2}}^{\max} \end{cases} \tag{4-30}$$

如果 J2000 月心系中，近月点时刻 LLO 轨道倾角和升交点赤经目标值 $(i_{\text{MJ2}}^{\text{tar}}, \Omega_{\text{MJ2}}^{\text{tar}})$ 已由任务其他环节确定，则将优化目标函数取为

$$\min J = \left| i_{\text{MJ2}} - i_{\text{MJ2}}^{\text{tar}} \right| + \left| \Omega_{\text{MJ2}} - \Omega_{\text{MJ2}}^{\text{tar}} \right| \tag{4-31}$$

这里需要说明的是，对于 2.3.1 节所述一般绕月极轨测绘探测器轨道设计任务，该优化模型做一点调整，仍然适用。为了计算最省能量轨道，这时需要将优化目标函数取为

$$\min J = Q \cdot \left| i_{\text{MJ2}} - i_{\text{MJ2}}^{\text{tar}} \right| + \Delta v_{\text{LEO}} + \Delta v_{\text{LLO}} \tag{4-32}$$

式中：$i_{\text{MJ2}}^{\text{tar}} \approx 90°$；$Q$ 为调整速度脉冲与倾角单位不同导致收敛趋势不一致问题而采用的加权系数。

2. 验证算例

在验证算例中，轨道设计参数上下界及约束条件设置与4.3.3节保持一致。轨道动力学模型摄动项中考虑日、月中心引力摄动，地球非球形摄动采用WGS84模型6×6阶次，光压和气动阻力系数取值为0。任意取目标LLO轨道倾角$i_{\mathrm{MJ2}}^{\mathrm{tar}}$=150°，升交点赤经$\Omega_{\mathrm{MJ2}}^{\mathrm{tar}}$=50°。

这里选4.3.3节逆向双二体拼接模型计算参数中比较接近的一组参数作为高精度轨道动力学模型迭代寻优计算初值，有

$$\boldsymbol{x}^{\mathrm{ini}}=[-64 \quad -24 \quad 2415 \quad 228]^{\mathrm{T}}((°),(°),\mathrm{m/s},(°)) \quad (4\text{-}33)$$

逆向双二体拼接模型计算近月点，设计变量初值如表4-1所列，对应近月点修正轨道六根数如表4-2所列，近地出发参数如表4-3所列。

表4-1 逆向双二体拼接模型计算近月点设计变量初值

设计变量	$\lambda/(°)$	$\varphi/(°)$	$v_{\mathrm{prl}}/(\mathrm{m/s})$	$i_{\mathrm{prl}}/(°)$
初值	−64	−24	2415	228

表4-2 逆向双二体拼接模型近月点修正轨道六根数

坐标系	$\kappa_{\mathrm{MJ2}}/\mathrm{m}$	e_{MJ2}	$i_{\mathrm{MJ2}}/(°)$	$\Omega/(°)$	$\omega_{\mathrm{MJ2}}/(°)$	$f_{\mathrm{MJ2}}/(°)$
月心LVLH系	1849200	1.19976	127.6819	95.8856	149.0733	0
月固系	1849200	1.20592	133.4608	273.8549	153.3355	0
J2000月心系	1849200	1.19976	150.0296	50.8816（赤经）	176.8663	0

表4-3 逆向双二体拼接模型计算近地出发参数

参数	$\kappa_{\mathrm{EJ2}}/\mathrm{m}$	e_{EJ2}	$i_{\mathrm{EJ2}}/(°)$	$\Omega_{\mathrm{EJ2}}/(°)$	$\omega_{\mathrm{EJ2}}/(°)$	$f_{\mathrm{EJ2}}/(°)$	$\Delta t/$天
数值	7462500	0.96192	25.0860	22.5152	94.6927	0	4.90386

基于4.4.1节所述高精度模型轨道优化设计模型，采用1.5.3节所述SQP_Snopt算法进行优化，迭代目标函数与约束适应度变化如图4-12所示。

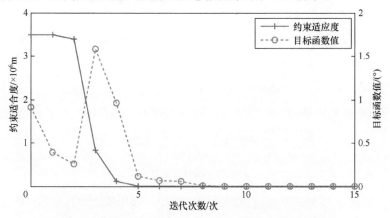

图4-12 高精度模型计算着陆器地月转移轨道迭代收敛过程

可见，逆向双二体拼接模型计算结果为高精度模型精确轨道设计计算提供的初值较有效，可使迭代过程 15 步以内快速收敛。

计算所得近月点设计变量，近月点参数及近地出发参数分别如表 4-4～表 4-6 所列。J2000 地心系中，该条地月转移轨道飞行轨迹如图 4-13 所示。

表 4-4 高精度模型计算近月点设计变量初值

设计变量	λ / (°)	φ / (°)	v_{prl} / (m/s)	i_{prl} / (°)
初值	−64.3936	−24.2613	2456.21	228.1633

表 4-5 高精度模型近月点修正轨道六根数

坐标系	κ_{MJ2} /m	e_{MJ2}	i_{MJ2} / (°)	Ω / (°)	ω_{MJ2} / (°)	f_{MJ2} / (°)
月心 LVLH 系	1849200	1.27547	127.4522	95.4101	148.8292	0
月固系	1849200	1.28171	133.2580	273.3152	153.0107	0
J2000 月心系	1849200	1.27547	149.9998	49.9998（赤经）	176.1479	0

表 4-6 高精度模型计算近地出发参数

参数	κ_{EJ2} /m	e_{EJ2}	i_{EJ2} / (°)	Ω_{EJ2} / (°)	ω_{EJ2} / (°)	f_{EJ2} / (°)	Δt /天
数值	6564074	0.96691	28.5008	61.4684	60.2577	359.7095	5.0708

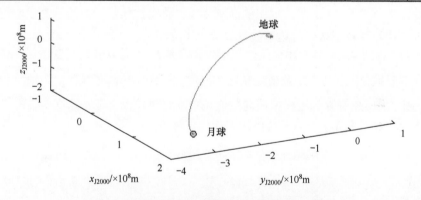

图 4-13 J2000 地心系中着陆器地月转移轨道空间轨迹

对比双二体拼接模型计算结果，可以看出双二体拼接模型逆向计算着陆器地月转移轨道近地出发时刻的轨道参数存在一定误差，飞行时长和近月点速度大小与高精度模型计算结果相差较大，特别是飞行时长大于 5 天后，双二体拼接模型不再具有简化近似功能，几乎失去参考意义。这与杨维廉、周文艳等[4-6]学者的研究结论，地月转移轨道飞行时长大于 114 小时后双二体模型失效一致。另外，表明了本节提出的高精度动力学优化模型及计算策略正确有效。本书还利用 Analytical Graphics 公司商业软件 STK（Satellite Tool Kit），配置相同轨道动力学摄动场景，将算例轨道参数置入仿真计算，验证了本节采用高精度模型计算轨道精确性，软件配置步骤及仿真结果详细数据限于篇幅,这里不详述。5.4.1 节和 6.5.1 节中算例也采用 STK 进行了验证,后续不再赘述。

4.4.2 精确可达域数值延拓计算

如 4.3.2 节所述,基于逆向双二体拼接模型的着陆器地月转移轨道与高精度模型计算结果存在一定误差,本节基于高精度模型轨道优化设计方法,设计数值延拓计算方法计算轨道精确可达域,并验证方法的正确性和有效性。

1. 数值延拓计算方法

观察 4.3.3 节中图 4-10 所示不同坐标系中可达域参数倾角和升交点经度分布,可以看出,月心 LVLH 坐标系中可达域分布范围消除了月球公转和自转运动的瞬时干扰因素,是具有对称规则轮廓的封闭区间,且与月固系中可达域参数存在确定旋转扭曲变形转化关系(不影响拓扑结构变化),与月固系中倾角和升交点经度分布相比,能更方便直观地表述着陆器地月转移轨道可达域特征。

如 4.4.1 节所述,对于着陆器地月转移轨道而言,较长的飞行时间使得逆向双二体拼接模型与高精度模型相比,存在一定误差。为了计算高精度模型中精确可达域特性,本节基于 4.4.1 节所提出的高精度模型轨道优化设计方法,提出数值延拓计算方法,计算轨道精确可达域边界参数,步骤如下:

步骤 1:将 4.4.1 节所述优化模型中设计变量 i_{prl} 作为数值延拓变量,在优化模型外层构建数值延拓结构。数值延拓结构内部,将地心段轨道倾角 $[i_{\text{EJ2}}^{\min}, i_{\text{EJ2}}^{\max}]$ 作为不等式约束,采用高精度轨道模型逆向数值积分固定时长 Δt,将近地点地心距与 LEO 轨道地心距 $(h_{\text{LEO}} + R_{\text{E}})$ 差的绝对值作为优化目标函数,有

$$\begin{cases} \text{search } (i_{\text{prl}} = i_{\text{prl}}^{\text{lb}} : i_{\text{prl}}^{\text{step}} : i_{\text{prl}}^{\text{ub}}) \\ \quad \begin{cases} \boldsymbol{x} = [\lambda, \varphi, v_{\text{prl}}]^{\text{T}} \\ \text{s.t.} \{ i_{\text{EJ2}}^{\min} \leqslant i_{\text{EJ2}} \leqslant i_{\text{EJ2}}^{\max} \\ \min J = \left| \kappa_{\text{EJ2}} - (h_{\text{LEO}} + R_{\text{E}}) \right| \to 0 \end{cases} \\ \text{end} \end{cases} \quad (4\text{-}34)$$

步骤 2:设置优化设计变量初值赋值方法。如式(3-35)所示,步骤 1 中设计的数值延拓结构中,第一次优化设计变量迭代初值 $\boldsymbol{x}_1^{\text{ini}} = \boldsymbol{x}^0$,$\boldsymbol{x}^0$ 需要从 3.2.3 节逆向双二体拼接模型计算结果中寻找最接近参数,否则可能不收敛。从数值延拓第二次开始,利用上一步设计变量最优值作为优化设计变量迭代初值,则令 $\boldsymbol{x}_n^{\text{ini}} = \boldsymbol{x}_{n-1}^{\text{opt}}$,依次优化求解完可达域边界对应轨道参数。

$$
\begin{cases}
n = 0; \\
\text{search } (i_{\text{prl}} = i_{\text{prl}}^{\text{lb}} : i_{\text{prl}}^{\text{step}} : i_{\text{prl}}^{\text{ub}}) \\
\quad n = n+1; \\
\quad \text{if } n=1: \begin{cases} \boldsymbol{x}_1^{\text{ini}} = \boldsymbol{x}^0 \\ \text{s.t. } \{i_{\text{EJ2}}^{\text{min}} \leqslant i_{\text{EJ2}} \leqslant i_{\text{EJ2}}^{\text{max}} \\ \min J = |\kappa_{\text{EJ2}} - (h_{\text{LEO}} + R_{\text{E}})| \to 0 \end{cases} \\
\quad \text{else if } n>1: \begin{cases} \boldsymbol{x}_n^{\text{ini}} = \boldsymbol{x}_{n-1}^{\text{opt}} \\ \text{s.t. } \{i_{\text{EJ2}}^{\text{min}} \leqslant i_{\text{EJ2}} \leqslant i_{\text{EJ2}}^{\text{max}} \\ \min J = |\kappa_{\text{EJ2}} - (h_{\text{LEO}} + R_{\text{E}})| \to 0 \end{cases} \\
\quad \text{end} \\
\text{end}
\end{cases}
\qquad (4\text{-}35)
$$

步骤 3：在步骤 1 数值延拓结构和步骤 2 优化设计变量初值数值延拓赋值方法中，优化完成某飞行时长的精确可达域参数计算后，利用相同步骤，计算其他飞行时长对应精确可达域参数，重复计算直至完成 $[\Delta t_{\min}, \Delta t_{\max}]$ 内所有飞行时长对应的精确可达域参数。

2. 精确可达域计算验证算例

本节算例初始环境参数设置与 4.3.3 节一致，采用 4.4.2 节所述数值延拓计算方法进行精确可达域边界对应轨道优化计算，分别计算 $[\Delta t_{\min}, \Delta t_{\max}]=[3,6]$ 天对应的月心 LVLH 坐标系中和月固系中可达域参数轨道倾角和升交点经度分布，如图 4-14 所示。

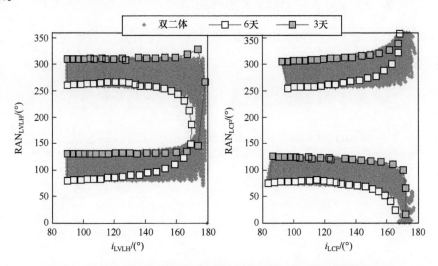

图 4-14　月心 LVLH 坐标系中和月固系中着陆器地月转移轨道精确可达域

可见，双二体拼接模型在飞行 6 天时与高精度模型计算结果相差较大，而飞行 3 天时较为吻合。当月心 LVLH 坐标系和月固系中倾角接近 180°时，升交点经度趋近奇异多值状态，计算误差较大。

4.5 着陆器地月转移轨道可达域影响因素分析

在载人登月任务方案设计阶段，工程总体需要深入了解着陆器地月转移轨道可达域随影响因素变化的情况，以便设计整体最优方案。4.3 节提出的逆向双二体拼接模型具有设计参数物理意义明确，计算过程无须迭代的特点，本节基于该模型，通过设置不同影响因素仿真实验，分析可能影响着陆器地月转移轨道可达域分布的影响因素，对不同影响因素情况下可达域分布做了对比分析，为任务方案整体优化设计提供参考。

4.5.1 地月距影响分析

月球公转运动受太阳和木星等天体摄动，表现出的轨道偏心率可在 1/23～1/5 变化，导致地月距在一个朔望月内大幅变化，变化范围为 $3.6\times10^8 \sim 4.1\times10^8$ m。本文分别取 1 Jan 2025 0:00:00.000 UTCG 后一个朔望月内，月球近地点时刻 8 Jan 2025 0:00:00.000 UTCG 和远地点时刻 21 Jan 2025 5:00:00.000 UTCG 作为着陆器地月转移轨道近月点时刻，计算地月距对轨道可达域分布特性的影响。

近地时刻地月距约为 3.70171×10^8 m，远地时刻地月距约为 4.04298×10^8 m。月球处于近地时刻和远地时刻着陆器地月转移轨道可达域，分别如图 4-15 和图 4-16 所示。对比可知，由于近地时刻和远地时刻地月空间方位变化，月心 LVLH 坐标系和月固系中升交点经度均相差 180°，升交点和降交点经度在 80°～140°和 260°～320°分布，可达域范围大小并未产生实质性变化。

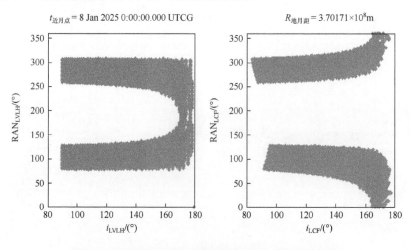

图 4-15　月球处于近地点时着陆器地月转移轨道可达域

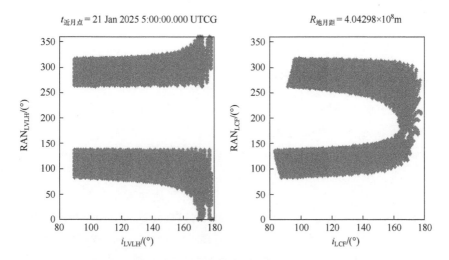

图 4-16　月球处于远地点时着陆器地月转移轨道可达域

4.5.2　地月转移飞行时长影响分析

着陆器地月转移轨道飞行时长可在较大范围内变化。如图 4-17 所示为飞行时长分别为 3 天、4 天、5 天和 6 天，且均在 1 Jan 2025 0:00:00.000 UTCG 到达近月点的着陆器地月转移轨道可达域分布图。

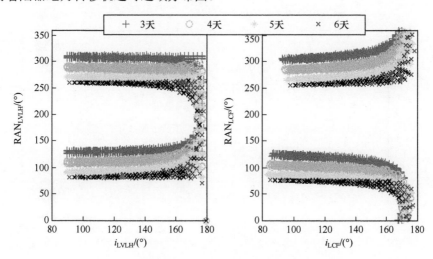

图 4-17　着陆器不同地月转移时长轨道可达域分布

可见，月心 LVLH 坐标系和月固系中，不同飞行时长导致的可达域升交点经度分布不同，但都存在升轨到达近月点和降轨到达近月点两种情况的可达域解集。地月转移飞行时长越长，升交点和降交点越靠近地球一侧；反之，升交点和降交点靠近远离地球一侧，意味着飞行时长短时，近月减速制动点是无法从地球直接测控的，只有飞行时长较长时，才可能存在近月点处于月球正面，靠近地球一侧，近月制动可以直接从地面测控。

4.5.3 月球赤纬影响分析

月球赤经赤纬是描述月球在 J2000.0 坐标系中相对于地球公转运动的参数，月球赤纬描述了垂直于 J2000.0 赤道面方向的方位变化。每个朔望月内赤经赤纬变化一个短周期。月球自转周期与公转周期一致，导致月面固定区域阳光照射变化情况与赤经赤纬变化周期相关。研究月球赤纬对着陆器地月转移轨道可达域影响是判断满足一定阳光照射条件的月面区域能否工程实际可达的重要工作。本节分别取 1 Jan 2025 0:00:00.000 UTCG 后一个朔望月内，月球赤纬绝对值较小和较大处时刻作为着陆器地月转移轨道近月点时刻，计算月球赤纬对轨道可达域分布特性的影响。较小值为 1.359°，对应 7 Jan 2025 00.00.00.000 UTCG，较大值为 28.447°，对应 12 Jan 2025 00.00.00.000 UTCG。

月球赤纬绝对值分别处于较小值和较大值时，着陆器地月转移轨道可达域分布如图 4-18 和图 4-19 所示。可见，月球赤纬变化对月心 LVLH 坐标系和月固系中可达域轨道倾角和升交点经度影响并不明显，升交点和降交点经度仍在 80°~140° 和 260°~320° 分布。

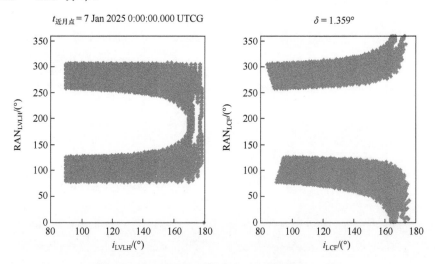

图 4-18　月球赤纬较小时着陆器地月转移轨道可达域

如图 4-20 所示，月球赤纬处于较小值和较大值时，着陆器地月转移轨道对 LEO 轨道倾角要求范围有较大区别，即当 LEO 倾角小于月球赤纬时，是不存在地月转移轨道的，也就不存在可达域。

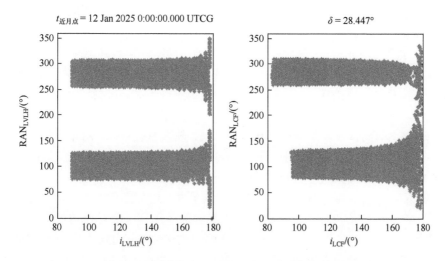

图 4-19　月球赤纬较大时着陆器地月转移轨道可达域

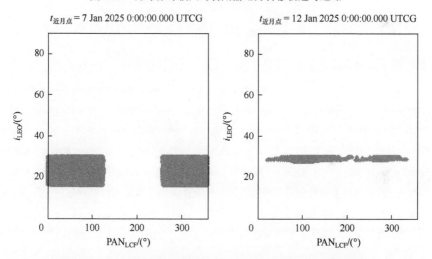

图 4-20　月球赤纬对着陆器地月转移轨道 LEO 倾角能力范围要求

另外，月球赤纬变化的长周期为默冬周期（metonic cycle，约为 18.6 年），在 18.3°~28.6° 变化一次。2025 年月球赤纬最大值为 28.6°，2034 年其最小值为 18.3°。意味着，2034 年只需 LEO 倾角大于 18.3°，着陆器地月转移轨道可达域都不会为空集，而 2025 年要保证任意时间可达域不为空集，则 LEO 倾角需大于 28.6°。

4.6　小结

本章首先建立了逆向双二体拼接模型，遍历搜索计算了着陆器地月转移轨道可达域特性，进而提出了基于高精度模型的轨道逆向积分计算方法及精确可达域数值延拓优化设计计算方法，对采用逆向双二体拼接模型计算的可达域进行验证和校正，得到的主要结论如下。

（1）建立的逆向双二体拼接模型着陆器地月转移轨道可达域遍历搜索计算方法可以方便求解空间中满足工程约束的子集，分段解析计算方法无须迭代，故而效率高于传统双二体拼接模型，计算的轨道参数为进一步高精度模型精确迭代，提供了快速收敛的初值。

（2）提出的高精度模型轨道优化设计方法，轨道参数精确，可用于标称轨道设计任务。利用数值延拓方法优化求解精确可达域计算效率高，计算结果可对逆向双二体拼接模型计算结果进行校核和修正。

（3）对可达域特性影响因素进行分析，结果表明地月距和地月转移飞行时长会对可达域产生一定程度的影响，而月球赤纬和默冬周期不会对可达域产生直接影响，但会对近地出发轨道倾角有所要求，如果不能提供所需的轨道倾角，则可达域受影响，甚至当近地出发倾角小于月球赤纬时，不能到达月球，可达域变为空集。

参 考 文 献

[1] 张洪波. 航天器轨道力学理论与方法[M]. 北京: 国防工业出版社, 2016: 423-431.

[2] BERRY R L. Launch window and trans-lunar, lunar orbit, and trans-earth trajectory planning and control for the Apollo 11 lunar landing mission [C]. NASA Manned Spacecroft Center Houston. Texas AIAA 8th Aerospace Science Meeting, AIAA Paper 70-24, 1970: 1-18.

[3] PENG Q B, SHEN H X, LI H Y, et al. Free return orbit design and characteristics analysis for manned lunar mission [J]. Science China Technological Sciences, 2011, 54(12): 3243-3250.

[4] 杨维廉. 发射极月卫星的转移轨道研究[J]. 航天器工程, 1997, 6(3): 19-32.

[5] 杨维廉. 击中月球的转移轨道研究[J]. 飞行力学, 1998, 16(4): 20-25.

[6] 周文艳, 杨维廉. 月球探测器的转移轨道特性分析[J]. 空间科学学报, 2004, 24(5): 354-359.

第 5 章
载人飞船地月转移轨道可达域分析

5.1 引言

载人登月任务初期，为了保证航天员在地月转移段任务中止后仍能安全返回地球，载人飞船通常采用绕月自由返回轨道进行地月转移。绕月自由返回轨道在近地出发、到达近月点和绕月返回地球大气层边界再入点均有极为苛刻的约束，研究表明，这些约束和绕月自由返回地球特殊性质均对轨道月面可达域产生影响。本章以载人飞船绕月自由返回轨道可达域特性为研究目的，研究了满足约束的绕月自由返回轨道精确可达域计算方法，并分析了基于绕月自由返回轨道的变轨方案对月面可达域的扩展能力。

5.2 载人飞船绕月自由返回轨道可达域问题

载人飞船绕月自由返回轨道可达域是指载人登月任务中，载人飞船采用绕月自由返回轨道飞行到达近月点后相对于月球的轨道参数分布范围。本节主要对绕月自由返回轨道、约束条件、可达域问题及精确可达域求解策略进行描述。

5.2.1 绕月自由返回轨道描述

限制性（近似）三体问题中，实际存在四类连结两个大中心天体临近空间的自由返回轨道，其在地心惯性系中的示意图如图 5-1 所示。

Jesick 等[1]以地月系统为例，阐述了四类地月自由返回轨道特征参数的区别，绕月自由返回轨道属于四类中的图 5-1（a）类，Apollo 任务前期几次飞行均采用该类绕月自由返回轨道。图 5-1（b）类和图 5-1（d）类，由于近地出发段为逆行轨道，因此从地球发射需要克服地球自转引起的推力损失效应，目前未见深入研究和工程应用。图 5-1（c）类最早由 Egorov 等[2]提出，后被 Farquhar 称为 Egorov 轨道[3]，并巧妙地设计成太阳同步定向轨道，可用于探测太阳风引起的地磁尾变化。四类自由返回轨道中，对图 5-1（a）类的研究最多，很多文献中常略称其为自由返回轨道，严格意义上讲，略称具有不确切性。

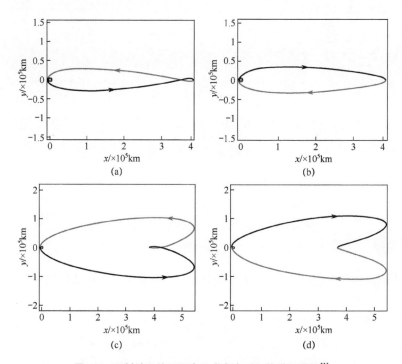

图 5-1 限制性三体问题中四类自由返回轨道示意图[1]

（a）地心顺行去程绕月；（b）地心逆行去程不绕月；（c）地心顺行回程绕月；（d）地心逆行回程不绕月。

月心惯性系中绕月自由返回轨道示意如图 5-2 所示。绕月自由返回轨道从 LEO 轨道施加切向加速脉冲出发，到达近月点后不进行轨道机动，绕月后能自由返回轨道地球大气层内。除近地出发满足切向共面制动约束外，在实际任务中，近月点高度根据 LLO 交会对接通常需要固定为常值，绕月自由返回轨道地球大气层边界要满足第二宇宙速度再入走廊约束范围。

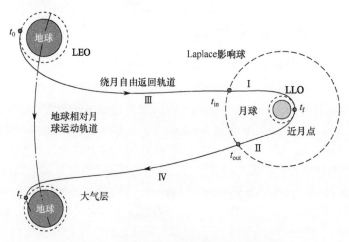

图 5-2 月心惯性系中绕月自由返回轨道示意图

5.2.2 可达域问题数学描述

与 4.2.2 节着陆器地月转移轨道可达域问题数学描述类似，本节对载人飞船绕月自由返回轨道可达域问题进行数学描述。设地月转移出发时刻为 t_0，到达近月点时刻为 t_f，绕月返回地球再入点时刻为 t_r，则 t_0 时刻对应飞行轨道位置和速度初始状态集合 $\boldsymbol{\Theta}_{t_0}^n$ 与式（4-2）相同。近月点时刻 t_f 对应位置和速度可达域集合与式（4-3）相同。

与着陆器地月转移轨道可达域不同的是，绕月自由返回轨道还需满足绕月自由返回地球再入点状态约束，即

$$\Lambda_{t_r}^n = \left\{ \begin{array}{l} \boldsymbol{x}(t_r) \in \boldsymbol{R}^n : \exists t_r > t_f, \text{s.t.} \ r_{\text{EJ2}}^{t_r} = (h_{\text{Drag}} + R_{\text{E}}), \& \ e_{\text{EJ2}} < 1, \\ \& \ i_{\text{EJ2}} \leqslant 90°, \& \ \forall \vartheta \in [\vartheta^{\text{lb}}, \vartheta^{\text{ub}}] \end{array} \right\} \quad (5\text{-}1)$$

式中：$\Lambda_{t_r}^n$ 为再入点飞行状态约束；h_{Drag} 为地球大气层边界高度；$r_{\text{EJ2}}^{t_r}$ 为再入点地心距；$[\vartheta^{\text{lb}}, \vartheta^{\text{ub}}]$ 为再入过程对再入角 ϑ 的上下限约束。

即便是将近月点高度设置为常数，近月点参数可达域仍是四维参数空间集合，难以清晰简便表达。实际任务关心近月点共面切向减速制动后形成的 LLO 对月面的 GTS，如式（4-4）和图 5-3 所示。

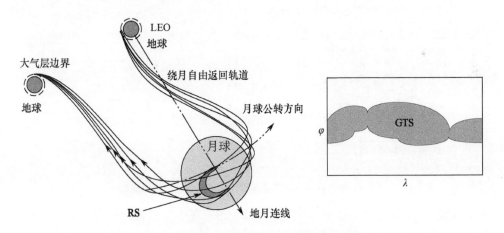

图 5-3　绕月自由返回轨道月面可达域示意图

5.2.3 绕月自由返回轨道精确可达域求解策略

绕月自由返回轨道精确可达域计算实际上包含了无数条轨道设计问题，即要计算满足式（5-2）的所有轨道解集 $Y_{t_f}^k$：

$$\begin{cases} \boldsymbol{x} = \boldsymbol{x}(t_0) \\ \text{s.t.} \begin{cases} \kappa_{\text{EJ2}} = (h_{\text{LEO}} + R_{\text{E}}), e_{\text{EJ2}} < 1, i_{\text{EJ2}} \in [i_{\text{EJ2}}^{\text{lb}}, i_{\text{EJ2}}^{\text{ub}}], f_{\text{EJ2}} = 0 \\ \kappa_{\text{MJ2}} = (h_{\text{LLO}} + R_{\text{M}}), e_{\text{MJ2}} > 1, f_{\text{MJ2}} = 0, \Delta t = (t_f - t_0) \in [\Delta t^{\text{lb}}, \Delta t^{\text{ub}}] \\ r_{\text{EJ2}}^{t_f} = (h_{\text{Drag}} + R_{\text{E}}), e_{\text{EJ2}} < 1, i_{\text{EJ2}} \leqslant 90°, \vartheta \in [\vartheta^{\text{lb}}, \vartheta^{\text{ub}}] \end{cases} \end{cases} \quad (5\text{-}2)$$

显然，绕月自由返回轨道在近地出发、近月点和返回地球再入时刻都存在较为苛刻的约束，不仅精确可达域计算困难，而且高精度模型中满足所有约束的单条轨道参数求解都存在一定难度。主要原因是约束参数类型不同，敏感度不同，且分布在 3 个可变时间点，况且绕月自由返回轨道再入点参数对近地出发参数敏感度高，对轨道动力学模型精度要求较高，导致直接采用非线性优化算法和高精度模型的求解策略往往不能计算出结果。现有研究在计算单条绕月自由返回轨道时，均采用两步串行策略，取得了较好的收敛性[4-9]。本节借鉴前人研究成果中的优势，采用串行策略，两步求解精确可达域，求解策略如图 5-4 所示，简述如下。

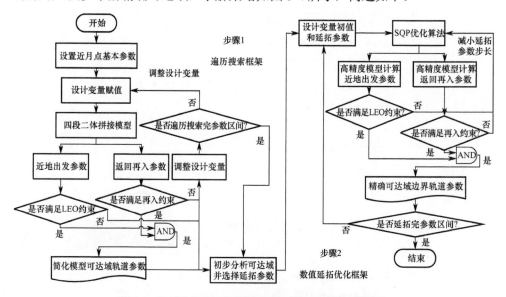

图 5-4 绕月自由返回轨道精确可达域数值延拓求解策略

步骤 1：建立四段二体拼接模型，选取近月点基本参数遍历搜索，记录满足近地出发约束和返回再入约束的可行解，分析可达域拓扑结构及参数影响关系。

步骤 2：分析四段二体拼接模型遍历搜索计算可达域初步特性，选择影响可达域边界的数值延拓参数，构造精确可达域边界解数值延拓计算方法，基于高精度轨道模型和 SQP 局部收敛算法，优化计算满足约束的精确可行解，构成精确可达域边界解集。

步骤 1 为步骤 2 提供了可达域拓扑结构信息、参数影响关系和设计变量初值，实际上应用了 2.5.1 节所述系统模型延拓法。步骤 2 中数值延拓方法可以提高优化求解鲁棒性和计算效率。

5.3 四段二体拼接模型绕月自由返回轨道可达域计算

绕月自由返回轨道飞行约 6 天，再入点参数对近地出发参数极为敏感，直接采用高精度模型计算，往往导致设计的优化模型收敛性差，对不理想的参数初值鲁棒容忍度差。而再入点约束精度要求极高，传统双二体拼接方法采用近地出发参数或影响球入口点参数作为设计变量，这对于计算再入点约束是不适用的。本节提出基于近月点参数的四段二体拼接模型计算可达域初步特性方法，一方面考虑近月点参数能方便描述月面可达域，在初步计算第一次 LLO 交会对接时，与着陆器地月转移轨道设计方法一致；另一方面可以有效减小再入点参数对设计变量的敏感度，使迭代收敛算法收敛域增大，鲁棒性增强。

5.3.1 四段二体拼接模型

如图 5-2 所示，根据进出月球 Laplace 影响球时刻和近月点时刻将绕月自由返回轨道分为四段二体轨道解析拼接计算，四段分别指：

Ⅰ——影响球入口点到近月点，$t_{in} \sim t_f$；
Ⅱ——近月点到影响球出口点，$t_f \sim t_{out}$；
Ⅲ——近地出发到影响球入口点，$t_0 \sim t_{in}$；
Ⅳ——影响球出口点到大气层再入点，$t_{out} \sim t_r$。

与 4.2.1 节相同，给定近月点时刻 t_f 和近月点月心距 r_{prl}，仍以近月点坐标系中参数 $(\lambda, \varphi, v_{prl}, i_{prl})$ 作为绕月自由返回轨道独立设计变量，则第 Ⅰ、Ⅲ 段用 4.2.1 节所示逆向二体拼接方法计算。

通过式（4-8）~式（4-12）将 r_{prl} 和 $(\lambda, \varphi, v_{prl}, i_{prl})$ 转化为 J2000 月心系中近月点飞行位置和速度矢量 $(r_{prl}^{MJ2}, v_{prl}^{MJ2})$，再转化为修正轨道六根数 $(\kappa_{MJ2}, e_{MJ2}, i_{MJ2}, \Omega_{MJ2}, \omega_{MJ2}, f_{MJ2}^{prl})$，考虑双二体假设中月球影响球半径 $\rho = 66200$ km，则第 Ⅱ 段月球影响球出口时刻 t_{out} 对应月心轨道真近点角为 f_{out}^{MJ2}，即相对于近月点的真近点角差：

$$f_{out}^{MJ2} = \arccos\left[\frac{p_{prl}}{e_{prl} \cdot \rho} - \frac{1}{e_{prl}}\right] \quad (5\text{-}3)$$

式中：下标"out"表示飞出月球影响球边界。与式（4-14）和式（4-15）类似（用 f_{out}^{MJ2} 替换 f_{in}^{MJ2}），采用拉格朗日系数描述的月心二体轨道状态转移矩阵计算原理，可以计算出 J2000 月心系中 t_{out} 时刻的位置和速度矢量 $(r_{out}^{MJ2}, v_{out}^{MJ2})$。根据古德曼双曲变换原理，可以计算出从近月点时刻飞行至月球影响球出口时长：

$$\Delta t_{\text{prl-out}} = \Delta t_{\text{in-prl}} \qquad (5\text{-}4)$$

则月球影响球出口点出时刻为

$$t_{\text{out}} = t_{\text{prl}} + \Delta t_{\text{prl-out}} \qquad (5\text{-}5)$$

用 JPL 星历表插值计算 t_{out} 时刻月地相对位置和速度矢量 ($r_{\text{M-E}}^{\text{out}}, v_{\text{M-E}}^{\text{out}}$),则 J2000 地心中,该时刻绕月自由返回轨道位置和速度矢量分别为

$$\begin{cases} r_{\text{out}}^{\text{EJ2}} = r_{\text{M-E}}^{\text{out}} + r_{\text{out}}^{\text{MJ2}} \\ v_{\text{out}}^{\text{EJ2}} = v_{\text{M-E}}^{\text{out}} + v_{\text{out}}^{\text{MJ2}} \end{cases} \qquad (5\text{-}6)$$

将其转化为地心修正轨道六根数 ($\kappa_{\text{EJ2}}, e_{\text{EJ2}}, i_{\text{EJ2}}, \Omega_{\text{EJ2}}, \omega_{\text{EJ2}}, f_{\text{EJ2}}^{\text{out}}$),通常地心返回段轨道为椭圆轨道,校验偏心率 e_{EJ2} 是否小于 1,$f_{\text{EJ2}}^{\text{out}}$ 为影响球边界时刻相对于地月转移出发时刻的真近点角差。采用椭圆轨道 Kepler 方程可以计算从月球影响球边界飞行至真空近地点飞行时长,有

$$\begin{cases} \tan\dfrac{E_{\text{EJ2}}^{\text{out}}}{2} = \sqrt{\dfrac{1-e_{\text{EJ2}}}{1+e_{\text{EJ2}}}}\tan\dfrac{f_{\text{EJ2}}^{\text{out}}}{2} \\ \Delta t_{\text{out-vcp}} = \sqrt{u_{\text{E}}\left(\dfrac{\kappa_{\text{EJ2}}}{1-e_{\text{EJ2}}}\right)^3}(E_{\text{EJ2}}^{\text{out}} - e_{\text{EJ2}} \cdot \sin E_{\text{EJ2}}^{\text{out}}) \end{cases} \qquad (5\text{-}7)$$

这里对真空近地点(vacuum perigee,VCP)做简单解释,如图 5-5 所示,对于月地快速返回轨道大气层边界附近而言,再入点在不考虑大气摄动的真空近地点之前约 20°[10],而真空近地点几乎与月地返回轨道出发时刻,月球相对于地球的反垂点重合[11]。月球反垂点的赤经和赤纬可以很容易地通过月球位置获取,进而确定真空近地点位置。由于月地平均距离为 384400 km,月地返回轨道近地距约为(6378+122) km,远地距大于(384400 − 66200)km,因此在地心坐标系中,月地返回轨道偏心率 0.96<e_{EJ2}<1。

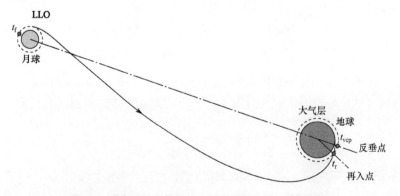

图 5-5 真空近地点与再入点和反垂点空间方位示意图

再入角 ϑ 是大气层边界处的飞行路径角,小于 0,与再入点地心距 r_{r} 和真空近地距 r_{vcp} 有以下关系:

$$\tan \vartheta = \frac{1}{r_{\text{vcp}}\sqrt{1+e_{\text{EJ2}}}}\sqrt{-r_{\text{vcp}}^2(1+e_{\text{EJ2}}) + 2r_{\text{vcp}}r_{\text{r}} - r_{\text{r}}^2(1-e_{\text{EJ2}})} \quad (5\text{-}8)$$

将 $e_{\text{EJ2}}=1$ 代入简化，则

$$\cos^2 \vartheta = r_{\text{vcp}}/r_{\text{r}} \quad (5\text{-}9)$$

Apollo-11 任务由于采用半弹道式再入方式，因此 $\vartheta = -6.5°$ [10]。我国嫦娥 5T 飞行器采用弹道升力跳跃方式再入，$[\vartheta^{\text{lb}}, \vartheta^{\text{ub}}]=[-6.5, -5.5]°$ [12-15]。由于地月距在较大范围变化，因此（6378+48）km< r_{vcp} <（6378+54）km。文献[4]在处理再入点约束时，同时约束真空近地点高度和再入角分别为 0~122 km 和 $-10°\sim-5°$，是一种比较宽松的约束范围处理方式。本节取 $\vartheta = -6°$，则 $r_{\text{vcp}} = 6429$ km，对应真空近地点高度为 $h_{\text{vcp}} = 51$ km。

绕月自由返回轨道到达真空近地点时刻为

$$t_{\text{vcp}} = t_{\text{out}} - \Delta t_{\text{out-vcp}} \quad (5\text{-}10)$$

该时刻地心修正轨道六根数前五项与 t_{out} 时刻值相同，只有真近点角等于 0。月地返回段飞行总时长为

$$\Delta t = (t_{\text{prl}} - t_{\text{vcp}}) = \Delta t_{\text{prl-out}} + \Delta t_{\text{out-vcp}} \quad (5\text{-}11)$$

完成绕月自由返回轨道月地返回段二体拼接轨道计算，与 4.2.1 节所述逆向二体计算地月转移段轨道方式共同组成四段二体拼接模型。

5.3.2 可达域遍历搜索

基于 5.3.1 节提出的四段二体拼接轨道计算模型，本节设计绕月自由返回轨道可达域遍历搜索计算方法示意如图 5-6 所示。

与 4.2.2 节着陆器地月转移轨道可达域遍历搜索计算方法类似，仍给定近月点时刻 t_{prl} 和近月点月心距 r_{prl}，将 $(\lambda, \varphi, v_{\text{prl}}, i_{\text{prl}})$ 设计成四层遍历搜索结构。不同的是，采用四段二体拼接模型并行计算地月转移段轨道参数（$\kappa_{\text{EJ2}}^{\text{in}}, e_{\text{EJ2}}^{\text{in}}, i_{\text{EJ2}}^{\text{in}}, \Omega_{\text{EJ2}}^{\text{in}}, \omega_{\text{EJ2}}^{\text{in}}, f_{\text{EJ2}}^{\text{in}}$）和月地返回段轨道参数（$\kappa_{\text{EJ2}}^{\text{out}}, e_{\text{EJ2}}^{\text{out}}, i_{\text{EJ2}}^{\text{out}}, \Omega_{\text{EJ2}}^{\text{out}}, \omega_{\text{EJ2}}^{\text{out}}, f_{\text{EJ2}}^{\text{out}}$），分别判断两段轨道近地距 κ_{EJ2}、偏心率 e_{EJ2}、轨道倾角 i_{EJ2} 和影响球边界真近点角 $f_{\text{EJ2}}^{\text{in}}$ 和 $f_{\text{EJ2}}^{\text{out}}$ 是否满足约束。

这里考虑四段二体拼接模型计算位置时存在上千千米模型误差[16]，设置近地距误差限 $\Delta \kappa_{\text{EJ2}}$，则

$$\begin{cases} \text{LEO:} \begin{cases} \kappa_{\text{EJ2}}^{\min} = (h_{\text{LEO}} + R_{\text{E}}) - \Delta \kappa_{\text{EJ2}} \\ \kappa_{\text{EJ2}}^{\max} = (h_{\text{LEO}} + R_{\text{E}}) + \Delta \kappa_{\text{EJ2}} \end{cases} \\ \text{vcp:} \begin{cases} \kappa_{\text{EJ2}}^{\min} = (h_{\text{vcp}} + R_{\text{E}}) - \Delta \kappa_{\text{EJ2}} \\ \kappa_{\text{EJ2}}^{\max} = (h_{\text{vcp}} + R_{\text{E}}) + \Delta \kappa_{\text{EJ2}} \end{cases} \end{cases} \quad (5\text{-}12)$$

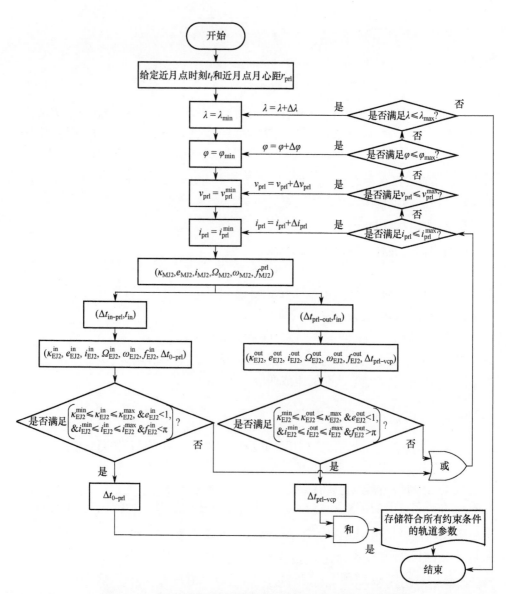

图 5-6　可达域四段二体拼接模型可达域遍历搜索计算方法示意图

要求近地出发参数和返回地球真空近地点参数同时满足所有约束,分别计算地月转移段时长和月地返回段时长,存储轨道参数。否则,按照事先设置的设计变量搜索步长 $(\Delta\lambda, \Delta\varphi, \Delta v_{prl}, \Delta i_{prl})$ 层层回溯调整设计变量,直至遍历计算结束。如 4.2.3 节所述方法,可先将循环遍历参数调整步长设置得稍大一点,待得到参数分布范围信息后,重新调整参数搜索区间并调整步长,计算得到能正确表征可达域基本特性的结果。

5.3.3 算例分析

为了验证 5.2.2 节提出的四段二体拼接模型遍历搜索计算方法的有效性，本节给出一组仿真算例。初始参数和约束条件设置如下。

（1）近月点时刻、近月距、近地出发 LEO 轨道高度与 4.3.3 节相同。

（2）取 $[\lambda_{\min},\lambda_{\max}]$=[-10°,10°]，$[\varphi_{\min},\varphi_{\max}]$=[-15°, 15°]，$\Delta\lambda = \Delta\varphi$=0.5°。$[v_{\text{prl}}^{\min}, v_{\text{prl}}^{\max}]$=[2302.7, 2628.3] m/s，$[i_{\text{prl}}^{\min}, i_{\text{prl}}^{\max}]$=[90°, 270°]，$\Delta i_{\text{prl}}$=0.5°。

（3）取 $\Delta\kappa_{\text{EJ2}}$=1000 km，地月转移出发倾角 $i_{\text{EJ2}}^{\text{in}}$ 的上下限为 $[i_{\text{EJ2}}^{\min}, i_{\text{EJ2}}^{\max}]$=[16°, 30°]。考虑如果近月点不制动，任务中止应急绕月自由返回的情况，返回段轨道倾角 $i_{\text{EJ2}}^{\text{out}}$ 只需满足地心顺行即可，上下限为 $[i_{\text{EJ2}}^{\min}, i_{\text{EJ2}}^{\max}]$=[0°, 90°]。

根据以上设置参数，利用本书提出的四段二体拼接模型仿真计算载人飞船绕月自由返回轨道可达域。

如图 5-7 所示，四段二体拼接模型遍历搜索伪经纬度分布在[-10°～10°]和[-10°～10°]，呈半弯状，是由地月转移段和月地返回段，近地距、轨道倾角等约束不对称性造成的。

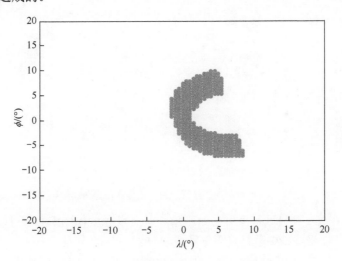

图 5-7　四段二体拼接模型遍历搜索伪经纬度分布

图 5-8 和图 5-9 分别为四段二体拼接模型遍历搜索近月点速度和速度方位角与伪经纬度分布关系。

可见，近月点速度大小分布范围为[2530,2610] m/s，随着近月点伪经度值变大，近月点速度呈增大趋势变化，伪纬度绝对值变大，也会使近月点速度增大。近月点速度方位角分布范围为[170°,190°]，随着近月点伪纬度值变大，速度方位角整体减小。

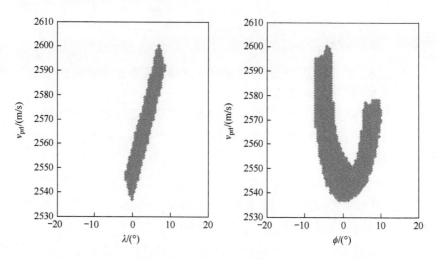

图 5-8　四段二体拼接模型遍历搜索近月点速度与伪经纬度分布关系

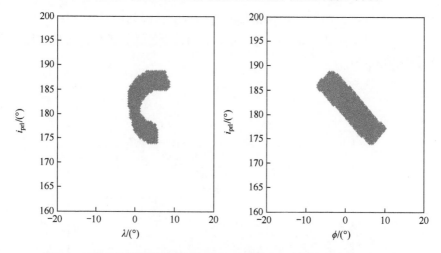

图 5-9　四段二体拼接模型遍历搜索近月点速度方位角与伪经纬度分布关系

绕月自由返回轨道近月点可达域倾角和升交点经度如图 5-10 所示。

月心 LVLH 坐标系中近月点倾角只能在 168°～180°分布，当倾角接近 168°时，升交点经度只能在 130°～170°和 290°～330°两个区间分布，当倾角接近 180°时，升交点经度歧义，理论上可以在 0～360°分布。月固系中轨道倾角和升交点经度与月心 LVLH 坐标系中相比，明显受到月球公转和自转天平动等因素影响，倾角分布在 [163°,175°]，升交点经度分布在[350°,120°]。

可见，绕月自由返回轨道月面可达域 RS 分布范围较小，特别是轨道倾角分布约为 12°，与 Berry 等[10]在 Apollo-11 任务分析的 10°和 Peng[4]研究的 13°一致，对应 GTS 如图 5-11 所示，纬度幅值只能在-20°～20°。因此，载人飞船如果采用绕月自由返回轨道近月点切向制动方式完成 LEO 到 LLO 转移，是只能到达

−20°～20°低纬度区域，这与 Apollo 任务期间的研究结论相同，也是 Apollo 前期几次任务着陆点都选择在赤道附近的原因[8,17-18]。

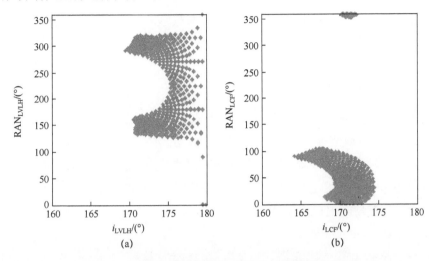

图 5-10　月心 LVLH 坐标系和月固系中双二体拼接模型可达域分布

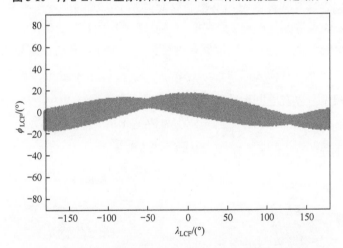

图 5-11　月固系中绕月自由返回轨道近月制动后 LLO 轨道 GTS

5.4　精确可达域数值延拓优化计算

如文献[4-6]所述，基于月球影响球假设半解析拼接模型在计算地月转移轨道时存在一定模型误差，计算的可达域结论还需进一步高精度模型修正。本节针对这一问题，为计算绕月自由返回轨道精确可达域，提出了基于高精度轨道动力学模型的绕月自由返回轨道正向和逆向分别积分计算模型，基于该模型，设计了精确可达域数值延拓优化计算策略，并验证了方法的有效性。

5.4.1 高精度绕月自由返回轨道优化设计

基于高精度模型的绕月自由返回轨道计算模型和单条轨道优化设计方法是计算精确可达域的基础,本节提出了分别正向和逆向数值积分的绕月自由返回轨道优化设计方法,并通过算例验证方法的正确性和精确性。

1. 优化模型

以 4.2.3 节建立的近月点坐标系中参数 $(\lambda, \varphi, v_{prl}, i_{prl})$ 作为轨道设计独立变量,如式(3-28)所示。独立变量上下限设置如 5.2.3 节相同。按照 4.2.2 节中式(4-14)计算得到 J2000 月心系中近月点时刻位置和速度矢量 $(r_{prl}^{MJ2}, v_{prl}^{MJ2})$ 后,通过 JPL 星历计算 J2000 地心系中近月点时刻月地相对位置和速度 $(r_{M-E}^{prl}, v_{M-E}^{prl})$,进而可通过式(4-29)计算得到 J2000 地心系中,近月点时刻飞行器相对于地球的位置和速度矢量 $(r_{prl}^{EJ2}, v_{prl}^{EJ2})$。

将 $(r_{prl}^{EJ2}, v_{prl}^{EJ2})$ 作为 2.4.1 节所述高精度模型轨道数值积分初始状态,采用 RKF-78 积分算法分别正向和逆向数值积分地月转移段和月地返回段轨道参数,如图 5-12 所示,积分时长设置为 3.5 天,分别插值寻找近地出发时刻 t_0 对应位置和速度矢量及返回地球真空近地时刻 t_r 对应位置和速度矢量,并将其分别转化为地心修正轨道六根数。此时,应具有 $\left|\sin(f_{EJ2}^{t_0})\right|<\varepsilon$ 和 $\left|\sin(f_{EJ2}^{t_r})\right|<\varepsilon$,$\varepsilon$ 由插值精度决定。将地心距和近地出发倾角,以及返回地球倾角作为等式约束和不等式约束

$$\text{s.t.} \begin{cases} \text{LEO}: \begin{cases} \kappa_{EJ2} = (h_{LEO} + R_E) \\ i_{EJ2}^{\min} \leqslant i_{EJ2} \leqslant i_{EJ2}^{\max} \end{cases} \\ \text{vcp}: \begin{cases} \kappa_{EJ2} = (h_{vcp} + R_E) \\ i_{EJ2} \leqslant 90° \end{cases} \end{cases} \quad (5\text{-}13)$$

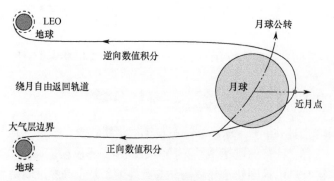

图 5-12 高精度模型绕月自由返回轨道正向和逆向积分计算示意图

例如,若要优化求解月固系中倾角最小绕月自由返回轨道(月面 GTS 纬度可

达值较大），可将优化目标函数设置为

$$\min J = i_{\text{LCF}}^{\text{prl}} \quad (5\text{-}14)$$

如果对绕月自由返回轨道要求不同，则可以根据要求设计不同的优化目标函数。例如，要求绕月自由返回轨道地月转移轨道倾角匹配发射场纬度和发射方位角，可将优化目标函数设计为

$$\min J = \left|i_{\text{EJ2}} - i_{\text{EJ2}}^{\text{tar}}\right| \to 0 \quad (5\text{-}15)$$

2. 验证算例

验证算例中，轨道设计参数上下限及约束条件设置与 5.2.3 节保持一致。高精度轨道动力学模型摄动项中考虑日、月中心引力摄动，地球非球形摄动采用 WGS84 模型 6×6 阶次，月球非球形摄动采用 LP165P 模型 6×6 阶次，光压系数和气动阻力系数设置为 0。

参考 5.2.3 节四段二体拼接模型遍历搜索计算结果，选取与优化目标函数最接近的轨道设计变量作为设计变量初值，如表 5-1 所列。

表 5-1　四段二体拼接模型计算近月点设计变量初值

设计变量	$\lambda/(°)$	$\varphi/(°)$	$v_{\text{prl}}/(\text{m/s})$	$i_{\text{prl}}/(°)$
初值	4	10	2569	177

则优化变量初值为

$$\boldsymbol{x}^{\text{ini}} = [4 \quad 10 \quad 2569 \quad 177]^{\text{T}} \left((°),(°),\text{m/s},(°)\right) \quad (5\text{-}16)$$

对应四段二体拼接模型近月点修正轨道六根数如表 5-2 所列，近地出发参数和返回地球真空近地点参数如表 5-3 所列。

表 5-2　四段二体拼接模型近月点修正轨道六根数

坐标系	$\kappa_{\text{MJ2}}/\text{m}$	e_{MJ2}	$i_{\text{MJ2}}/(°)$	$\Omega/(°)$	$\omega_{\text{MJ2}}/(°)$	$f_{\text{MJ2}}/(°)$
月心 LVLH 系	1849200	1.48925	169.5640	290.7933	286.5316	0
月固系	1849200	1.20592	164.1312	89.7464	269.8494	0
J2000 月心系	1849200	1.19976	143.4062	192.3242（赤经）	252.6921	0

表 5-3　四段二体拼接模型计算的近地出发和返回地球真空近地点轨道参数

轨道参数	κ/m	e_{EJ2}	$i_{\text{EJ2}}/(°)$	$\Omega_{\text{EJ2}}/(°)$	$\omega_{\text{EJ2}}/(°)$	$f_{\text{EJ2}}/(°)$
近地出发	7495850	0.97351	29.7044	59.5412	70.4669	0
真空近地点	7423000	0.97216	83.1494	298.6359	145.2832	0

基于 5.3.1 节所述高精度模型中轨道优化设计方法，仍利用 1.5.3 节所述 SQP_Snopt 算法进行优化，迭代目标函数值与约束适应度变化如图 5-13 所示，迭代过程在 10 步以内快速收敛。

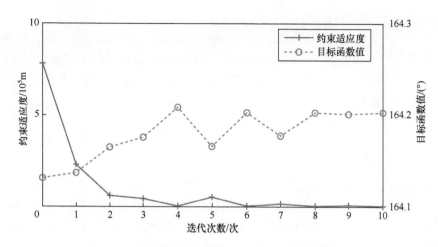

图 5-13 高精度模型计算绕月自由返回轨道迭代收敛过程

计算所得近月点设计变量,近月点修正轨道六根数及近地出发和返回地球真空近地点参数分别如表 5-4～表 5-6 所列。J2000 地心系中,载人飞船绕月自由返回轨道空间轨迹如图 5-14 所示。

与四段二体拼接模型计算结果对比分析,可知,对于绕月自由返回轨道而言,由于地月转移和月地返回飞行时长相对较短,四段二体拼接模型计算结果与高精度模型精确轨道设计结果相差较小,可以为高精度模型轨道精确设计计算提供有效的设计变量初值。

表 5-4 高精度模型计算近月点设计变量初值

设计变量	λ_{prl} / (°)	φ_{prl} / (°)	v_{prl} / (m/s)	i_{prl} / (°)
初值	4.7699	9.9694	2591.79	177.1482

表 5-5 高精度模型近月点修正轨道六根数

坐标系	κ_{MJ2} / m	e_{MJ2}	i_{MJ2} / (°)	Ω / (°)	ω_{MJ2} / (°)	f_{MJ2} / (°)
月心 LVLH 系	1849200	1.53362	169.6345	290.8231	285.8040	0
月固系	1849200	1.54289	164.2005	89.6914	269.0409	0
J2000 月心系	1849200	1.53362	143.4675	192.2652(赤经)	251.8894	0

表 5-6 高精度模型计算的近地出发和返回地球真空近地点轨道参数

轨道参数	κ_{EJ2} / m	e_{EJ2}	i_{EJ2} / (°)	Ω_{EJ2} / (°)	ω_{EJ2} / (°)	f_{EJ2} / (°)
近地出发	6563581	0.97717	30.0000	61.6537	68.4629	0
真空近地点	6429628	0.97525	89.9999	294.7003	146.2250	0

这一结论与 Berry[10]、郗晓宁[18]、黄文德[19]、彭祺擘[8]等学者的研究结论一致。另外,其也表明本节提出的高精度动力学优化模型及计算策略正确有效。

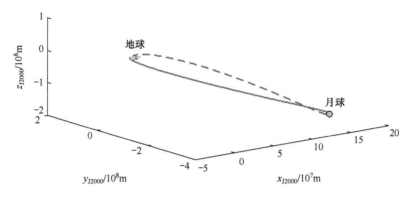

图 5-14　J2000 地心系中载人飞船绕月自由返回轨道空间轨迹

5.4.2　精确可达域数值延拓计算

如 5.3.1 节所述，基于四段二体拼接模型计算的绕月自由返回轨道参数与高精度模型计算结果虽然较为接近，但仍存在一定误差，本节基于高精度模型轨道优化设计方法，设计数值延拓精确可达域计算方法，并验证方法的正确性和有效性。

1. 数值延拓计算方法

观察分析 5.2.3 节中图 5-9 和图 5-10 可知，对于绕月自由返回轨道而言，近月点速度方位角是影响月面可达域的轨道倾角的重要参数。本节基于 5.3.1 节中提出的高精度模型绕月自由返回轨道优化设计方法，提出数值延拓策略，计算绕月自由返回轨道精确可达域边界参数，步骤如下：

步骤 1：将 5.3.1 节所述优化模型中设计变量 i_{prl} 作为数值延拓变量，在优化模型外层构建数值延拓结构。数值延拓结构内部，将剩余 3 个独立设计变量 $[\lambda, \varphi, v_{\text{prl}}]$ 仍作为优化设计变量，采用高精度轨道模型分别逆向和正向积分计算绕月自由返回轨道地月转移段和月地返回段轨道参数，约束条件仍如式（5-13）所示。将月固系中倾角作为如图 5-10（b）所示可达域边界校核参数，可先以式（5-14）作为优化目标函数，进行可达域倾角下边界优化求解校核，再校核可达域倾角上边界，可设置最小值优化目标函数为式（5-14）相反数有

$$\begin{cases} \text{search } (i_{\text{prl}} = i_{\text{prl}}^{\text{lb}} : i_{\text{prl}}^{\text{step}} : i_{\text{prl}}^{\text{ub}}) \\ \quad \begin{cases} \boldsymbol{x} = [\lambda, \varphi, v_{\text{prl}}]^{\text{T}} \\ \text{s.t.} \begin{cases} \text{LEO} : \begin{cases} \kappa_{\text{EJ2}} = (h_{\text{LEO}} + R_{\text{E}}) \\ i_{\text{EJ2}}^{\min} \leqslant i_{\text{EJ2}} \leqslant i_{\text{EJ2}}^{\max} \end{cases} \\ \text{vcp} : \begin{cases} \kappa_{\text{EJ2}} = (h_{\text{vcp}} + R_{\text{E}}) \\ i_{\text{EJ2}} \leqslant 90° \end{cases} \end{cases} \\ \min J = i_{\text{LCF}}^{\text{prl}} \text{ or } \min J = -i_{\text{LCF}}^{\text{prl}} \end{cases} \\ \text{end} \end{cases} \quad (5\text{-}17)$$

步骤 2：设置优化迭代初值数值延拓赋值方法。如式（5-17）所示，步骤 1 中设计的数值延拓结构中，第一次优化设计变量迭代初值 $x_1^{\text{ini}} = x^0$，x^0 需要从 5.3.3 节四段二体拼接模型计算结果中寻找最接近参数，否则可能不收敛。从数值延拓第二次开始，利用上一步设计变量最优值作为迭代初值 $x_n^{\text{ini}} = x_{n-1}^{\text{opt}}$，与式（5-35）类似。

步骤 3：在步骤 1 数值延拓结构和步骤 2 优化设计变量初值数值延拓赋值方法中，将 $\min J = i_{\text{LCF}}^{\text{prl}}$ 作为优化目标函数计算得到月固系中精确可达域倾角下边界后，再将 $\min J = -i_{\text{LCF}}^{\text{prl}}$ 作为优化目标函数计算得到月固系中精确可达域倾角上边界。

2. 精确可达域计算算例

本节算例初始环境参数设置与 5.3.3 节一致，采用 5.4.2 节中所述数值延拓优化策略进行精确可达域边界计算，计算得月心 LVLH 坐标系中和月固系中可达域参数轨道倾角和升交点经度分布，如图 5-15 所示。

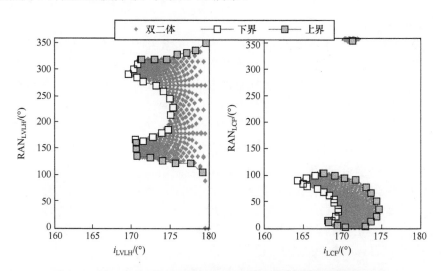

图 5-15　月心 LVLH 坐标系和月固系中绕月自由返回轨道精确可达域

月心 LVLH 坐标系中四段二体拼接模型和高精度模型计算得到的倾角最小值及对应升交点经度分别为[169.5640°, 290.7938°]和[169.7107°, 291.9163°]，而月固系中对应参数分别为[164.1312°, 89.7464°]和[164.3306°, 90.2999°]。可见，对于绕月自由返回轨道而言，地月转移和月地返回段飞行时长均约为 3 天，高精度模型计算的月面可达域结果较四段二体拼接模型计算的结果更准确，但数值相差并不大。月固系中倾角最小值可达 164°，升交点经度仅分布在 120°。

5.5 绕月自由返回轨道可达域影响因素分析

绕月自由返回轨道月面可达域分布有限，工程总体需要深入了解绕月自由返回轨道可达域随影响因素变化情况，以便设计整体最优方案。5.4 节采用数值延拓优化计算了精确可达域，验证了 5.3 节提出的四段二体拼接模型在计算绕月自由返回轨道可达域的精度和有效性。本节基于四段二体拼接模型，通过不同条件仿真实验，分析可能影响绕月自由返回轨道可达域分布的影响因素，对不同影响因素情况下可达域分布做对比分析，为任务方案整体优化提供参考。

5.5.1 地月距影响分析

如 4.5.1 节所述，分别取 1 Jan 2025 0:00:00.000 UTCG 后一个朔望月内，月球近地点时刻 8 Jan 2025 0:00:00.000 UTCG 和远地点时刻 21 Jan 2025 5:00:00.000 UTCG 作为绕月自由返回轨道近月点时刻，计算地月距对轨道可达域分布特性的影响。

近地时刻地月距约为 3.70171×10^8 m，远地时刻地月距约为 4.04298×10^8 m。月球处于近地时刻和远地时刻绕月自由返回轨道可达域分别如图 5-16 和图 5-17 所示。

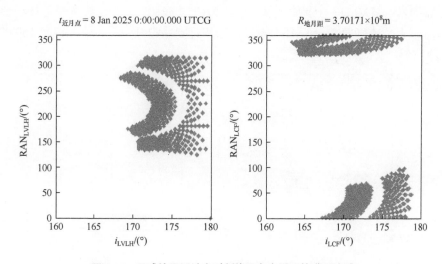

图 5-16 月球处于近地点时刻绕月自由返回轨道可达域

对比图 5-16 与图 5-17 可知，由于近地时刻和远地时刻地月距离发生变化，因此绕月自由返回轨道到达月球附近，相对月球的双曲线轨道无穷远速度方向产生变化。月心 LVLH 坐标系和月固系中升交点经度均相差 180°，升交点和降交点经度分布宽度相差不大，可达域范围大小并未产生实质性变化。

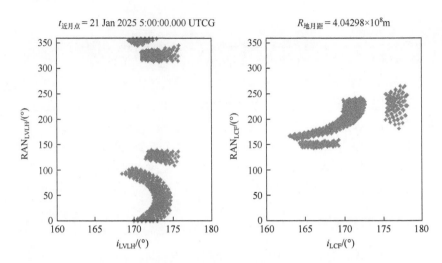

图 5-17 月球处于远地点时刻绕月自由返回轨道可达域

5.5.2 近月点高度影响分析

近月点高度一般受第一次 LLO 交会对接条件和月球捕获制动燃料共同约束，近月点高度不宜过高。本节算例参数设置与 5.3.3 节中一致，仅改变近月点高度为 300 km，计算得到绕月自由返回轨道月面可达域如图 5-18 所示。与 5.3.3 节算例参数对应，月心 LVLH 坐标系倾角最小值为 169.5640°，月固系中倾角最小值为 164.1312°，而本节算例月心 LVLH 坐标系和月固系中倾角最小值分别为 169.0844 和 163.6843。

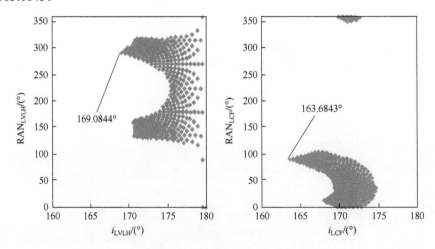

图 5-18 近月点高 300 km 绕月自由返回轨道月面可达域

对比分析可以看出，同样约束条件下，近月点高度的抬高可以一定程度上增大月面可达域，但增大幅度甚微，这与 Peng 等[4]的研究结论一致。意味着，对于工程实际任务而言，绕月自由返回轨道近月点高度总体优化设计无须考虑月面可达域范围问题。

5.5.3 月球赤纬影响分析

与 4.5.3 节一致，本节仍取 1 Jan 2025 0:00:00.000 UTCG 后一个朔望月内，月球赤纬绝对值较小和较大时刻：7 Jan 2025 00.00.00.000 UTCG 和 12 Jan 2025 00.00.00.000 UTCG，研究月球赤纬对绕月自由返回轨道可达域分布特性的影响。月球赤纬绝对值分别处于较小值和较大值时，绕月自由返回轨道可达域如图 5-19 和图 5-20 所示。

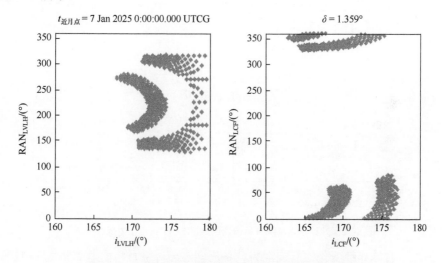

图 5-19 月球赤纬绝对值较小时绕月自由返回轨道可达域

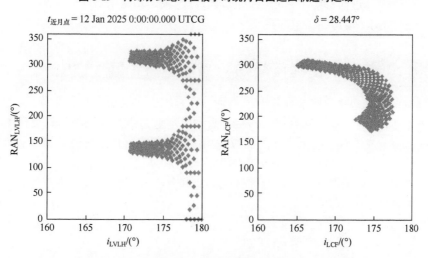

图 5-20 月球赤纬绝对值较大时绕月自由返回轨道可达域

可见，月球赤纬绝对值较小时，可达域实际包含降轨到达月球和升轨到达月球两种情况的解集，以及可达域分布范围大于月球赤纬绝对值较大时的情况。而月球赤纬绝对值较大时，月心 LVLH 坐标系和月固系中可达域轨道倾角和升交点经度分布范围为单连通域，如月球赤纬为正，则只存在升轨到达月球的解集，否则月球赤纬为负，只存在降轨到达月球的解集。

如图 5-21 所示，月球赤纬处于较小值和较大值时，绕月自由返回轨道对 LEO 轨道倾角要求范围有较大区别，即当 LEO 倾角小于月球赤纬时，是不存在绕月自由返回轨道的，也不存在可达域。

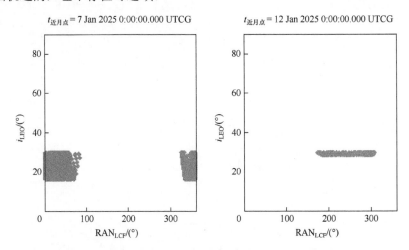

图 5-21　月球赤纬对绕月自由返回轨道 LEO 倾角能力范围要求

另外，月球赤纬变化的长周期为默冬周期，会对绕月自由返回轨道 LEO 倾角需求产生影响，进而影响绕月自由返回轨道可达域，其规律与 4.5.3 节着陆器地月转移轨道对 LEO 倾角的需求一致。

5.6　绕月自由返回轨道月面可达域扩展变轨

绕月自由返回轨道对于保障航天员地月转移段安全返回具有重要意义，但月面可达域分布范围较小，因此利用绕月自由返回轨道近月点共面制动后只能探测月球低纬度区域。为了对月面中高纬度区域探测，且继承绕月自由返回轨道优势，分析变轨代价与可达域扩展范围具有突出的工程价值和理论意义。本节在绕月自由返回轨道基础上，研究了混合轨道单脉冲变轨方案和月心椭圆轨道三脉冲变轨方案对月面可达域扩展的能力范围。

5.6.1　混合轨道单脉冲变轨

混合轨道也称绕月自由返回轨道加中途变轨策略，是指载人飞船在沿绕月自由返回轨道出发一定时长后，测试确认飞行器各个系统正常工作，通过施加一次中途变轨，进入一条新的奔月轨道。混合轨道一般不再具有绕月自由返回轨道属性，但可以到达更大倾角的环月轨道，进而扩展月面探测可达范围，如图 5-22 所示。

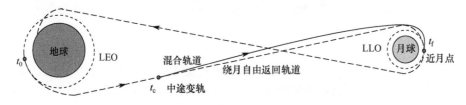

图 5-22 单脉冲中途变轨混合轨道飞行示意图

Apollo-13～Apollo-17 任务均采用混合轨道，因此，它是目前唯一一种在工程中使用的载人探月飞船月面扩展可达域飞行方案。在特殊情况下，变轨后的轨道也具有绕月自由返回特性——两段自由返回拼接轨道[5]，这种轨道解集域特别小，且对月心倾角扩展能力也很有限（约为 15°），中途变轨脉冲约大于 400 m/s，应用前景有限，本节不对这种特殊情况展开讨论。

1. 变轨速度增量计算方法

显而易见，如果初始绕月自由返回轨道参数已知，混合轨道由中途变轨时刻 t_c 和变轨速度增量 Δv_{t_c} 确定。一般考虑变轨前调姿机动，将地心 LVLH 坐标系中变轨速度增量作为优化设计变量，将混合轨道中途变轨速度增量计算问题转化为非线性优化问题，有

$$\begin{cases} \boldsymbol{x} = \Delta \boldsymbol{v}_{t_c} = [\Delta v_x^{\text{LVLH}} \quad \Delta v_y^{\text{LVLH}} \quad \Delta v_z^{\text{LVLH}}]^{\text{T}} \\ \text{s.t.} \left| r_{\text{prl}}^{\text{hyb}} - r_{\text{prl}}^{\text{fro}} \right| = 0 \\ \min J = \left| i_{\text{prl}}^{\text{hyb}} - i_{\text{prl}}^{\text{tar}} \right| \to 0 \end{cases} \quad (5\text{-}18)$$

式中：上标"hyb"为混合轨道（hybrid）；"fro"为绕月自由返回轨道（free-return orbit）；上标"tar"为目标（target）倾角。以初始绕月自由返回轨道 t_c 时刻状态加上中途变轨速度增量，以高精度轨道动力学模型数值积分求解近月点参数

$$\begin{cases} \boldsymbol{r}_{t_c}^{\text{hyb}} = \boldsymbol{r}_{t_c}^{\text{fro}} \\ \boldsymbol{v}_{t_c}^{\text{hyb}} = \boldsymbol{v}_{t_c}^{\text{fro}} + \Delta \boldsymbol{v}_{t_c}^{\text{EJ2}} \end{cases} \quad (5\text{-}19)$$

式中：上标"EJ2"为 J2000 地心系。通过以上模型，采用优化算法即可计算变轨速度增量。本节采用 SQP_Snopt 局部梯度算法求解，初值设置为 $\boldsymbol{x} = [0 \quad 0 \quad 0]^{\text{T}}$。

2. 月面可达域扩展范围与脉冲增量分析

本节以 5.4.1 节中算例求解的高精度模型轨道作为初始绕月自由返回轨道，研究混合轨道月面可达域扩展范围与脉冲增量关系。该条轨道于 29Dec 2024

05:32:50.000 UTCG 时刻从 LEO 出发，于 1 Jan 2025 00:00:00.000 UTCG 到达近月点，月固系中轨道倾角和升交点经度分别为[164.1312°，89.7464°]。理论上混合轨道变轨时刻可以在从 LEO 出发至近月点时刻之间选取，Apollo 任务考虑工程实际测定轨、飞船及航天员状态确认、飞船变轨前姿态机动等，变轨时刻约在从 LEO 出发后 1 天[10]，本节取 30 Dec 2024 05:32:50.000 UTCG 为变轨时刻。如表 5-7 所列，采用混合轨道单脉冲中途变轨策略，可将月固系中近月点倾角变到 90°，但随着倾角变化，升交点经度、近月点时刻和变轨所需速度增量也会伴随变化。变轨后倾角与原绕月自由返回轨道月心倾角差越大，其他近月点状态与原绕月返回轨道近月点状态差越大。

表 5-7　混合轨道变轨月面可达域扩展能力

i_{LCF} / (°)	Ω_{LCF} / (°)	Δt_{prl} /h:m:s	$\Delta v_{t_c}^{\text{EJ2}}$ / (m/s)
90	127.5302	+2:00:54	61.6038
100	125.8531	+1:51:16	56.8734
110	124.0916	+1:38:47	50.8181
120	122.0872	+1:23:51	43.5479
130	119.5919	+1:06:59	35.2071
140	116.1351	+0:48:37	25.9561
150	110.6134	+0:29:12	15.9271
160	99.4199	+0:08:44	5.0371
170	31.8268	−0:23:58	13.1754

5.6.2　月心椭圆轨道三脉冲变轨

月心椭圆轨道三脉冲变轨方案最初是由 NASA 在星座计划中提出的[20]。NASA 充分吸收 Apollo-13 任务的经验和教训，特别强调绕月自由返回轨道对于航天员安全保障的必要性，提出通过月心椭圆轨道扩展月面可达域的方案，如图 5-23 所示。

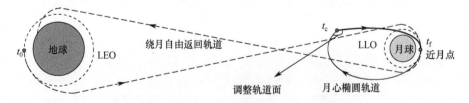

图 5-23　三脉冲月心椭圆变轨轨道飞行示意图

在绕月自由返回轨道近月点施加一次切向月球捕获减速制动脉冲，形成月心椭圆轨道，在远月点附近实施第二次调整轨道面脉冲，待再次飞回近月点时，第三次脉冲将轨道圆化。这种方案需要月心大椭圆转移轨道飞行时长和一定速度增量等额外的代价，但是保留了地月转移段的绕月自由返回安全特性，变轨后也具有良好的飞行稳定性。月心椭圆轨道远月点高度和速度大小与周期存在二体轨道关系式：

$$\begin{cases} h_{\text{apl}} = 2(\mu_M T_L^2/4\pi^2)^{1/3} - 2R_M - h_{\text{prl}} \\ v_{\text{apl}} = \sqrt{2\mu_M \left(\dfrac{1}{h_{\text{apl}} + R_M} - \dfrac{1}{h_{\text{apl}} + h_{\text{prl}} + 2R_M} \right)} \end{cases} \quad (5\text{-}20)$$

式中：下标"apl"为远月点（apolune）。易知，椭圆轨道远月点高度与周期呈正相关关系，远月点速度与周期呈反相关关系，远月点附近第二次脉冲尽可能小与椭圆变轨额外飞行时长尽可能短二者是对立而不可兼得的。本节取椭圆轨道周期不超过 48 小时。

1. 变轨速度增量计算方法

给定初始绕月自由返回轨道，设三次速度增量分别为 Δv_1、Δv_2 和 Δv_3，变轨所用飞行总时长为 T_L，第一次月球捕获制动到第二次轨道面调整时间为 $\Delta t_{1\text{-}2}$，则载人飞船第三次速度增量后 LLO 轨道位置及速度矢量可表示为上述变量的函数：

$$[\boldsymbol{r}_{\text{prl}}, \boldsymbol{v}_{\text{prl}}] = g(T_L, \Delta t_{1\text{-}2}, \Delta v_1, \Delta v_2, \Delta v_3) \quad (5\text{-}21)$$

1）月心二体模型计算方法

椭圆轨道变轨方案需要通过 3 次速度增量实现轨道机动，设计变量多，直接采用高精度模型优化计算存在初值猜测的困难。本节先利用月心二体轨道模型估算初值，再用高精度模型优化修正求解。假设绕月自由返回轨道近月点轨道偏心率为 e_{fro}，则绕月自由返回轨道近月点速度为

$$v_{\text{fro}} = \sqrt{\mu_M (1 + e_{\text{fro}})/(h_{\text{prl}} + R_M)} \quad (5\text{-}22)$$

椭圆轨道半长轴和偏心率分别为

$$\begin{cases} a_{\text{ellip}} = \sqrt[3]{\mu_M T_L^2/4\pi^2} \\ e_{\text{ellip}} = 1 - (R_M + h_{\text{prl}})/a_{\text{ellip}} \end{cases} \quad (5\text{-}23)$$

则绕月自由返回轨道近月点月球捕获制动速度增量为

$$\Delta v_1 = v_{\text{fro}} - \sqrt{\mu_M (1 + e_{\text{ellip}})/(h_{\text{prl}} + R_M)} \quad (5\text{-}24)$$

绕月自由返回轨道近月点时刻月心 LVLH 坐标系中第一次速度脉冲为

$$\Delta \boldsymbol{v}_1^{\text{LVLH}} = [0 \quad -\Delta v_1 \quad 0]^T \quad (5\text{-}25)$$

如图 5-24 所示，设绕月自由返回轨道近月点位置及速度矢量分别为 $[\boldsymbol{r}_{\text{prl}}, \boldsymbol{v}_{\text{prl}}]$，则动量矩方向为

$$\boldsymbol{H}_{\text{fro}} = \frac{\boldsymbol{r}_{\text{prl}} \times \boldsymbol{v}_{\text{prl}}}{|\boldsymbol{r}_{\text{prl}} \times \boldsymbol{v}_{\text{prl}}|} \quad (5\text{-}26)$$

设环月目标圆轨道（lunar destination orbit，LDO）动量矩方向为

$$\boldsymbol{H}_{\text{LDO}} = [\sin \Omega_{\text{LDO}} \sin i_{\text{LDO}} \quad -\cos \Omega_{\text{LDO}} \sin i_{\text{LDO}} \quad \cos i_{\text{LDO}}]^T \quad (5\text{-}27)$$

绕月自由返回轨道与 LDO 交线单位矢量为

$$\boldsymbol{n} = \boldsymbol{H}_{\text{fro}} \times \boldsymbol{H}_{\text{LDO}} \tag{5-28}$$

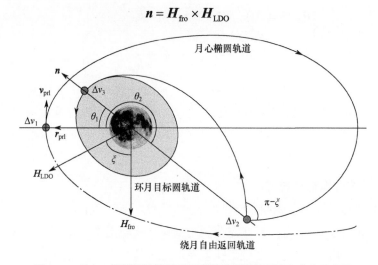

图 5-24 月心二体模型估算轨道面调整速度增量时间及大小示意图

则 $\boldsymbol{n}$ 与 $\boldsymbol{r}_{\text{prl}}$ 夹角为

$$\begin{cases} \theta_1 = \arccos\left(\dfrac{\boldsymbol{r}_{\text{prl}} \cdot \boldsymbol{n}}{r_{\text{prl}}}\right) \\ \theta_2 = \arccos\left(\dfrac{\boldsymbol{r}_{\text{prl}} \cdot \boldsymbol{n}}{r_{\text{prl}}}\right) + \pi \end{cases} \tag{5-29}$$

由于 θ_1 交点靠近近月点，轨道面调整速度增量大，因而从降低速度增量的角度取 θ_2 交点作为轨道面调整第二次机动。第二次变轨处椭圆轨道偏近点角为

$$E_2 = 2\arctan\left(\sqrt{\dfrac{1-e_{\text{ellip}}}{1+e_{\text{ellip}}}}\tan\dfrac{\theta_2}{2}\right) \tag{5-30}$$

从近月点飞行至 θ_2 交点的飞行时间为

$$\Delta t_{1-2} = \sqrt{a_{\text{ellip}}/\mu_{\text{M}}}(E_2 - e_{\text{ellip}}E_2) \tag{5-31}$$

此时，载人飞船月心距和飞行速度分别为

$$\begin{cases} r_2 = \dfrac{a_{\text{ellip}}(1-e_{\text{ellip}}^2)}{1+e_{\text{ellip}}\cos\theta_2} \\ v_2 = \sqrt{\mu_{\text{M}}\left(\dfrac{2}{r_2} - \dfrac{1}{a_{\text{ellip}}}\right)} \end{cases} \tag{5-32}$$

椭圆轨道月心 LVLH 坐标系中速度矢量（轨道面调整前）为

$$\boldsymbol{v}_2^- = v_2 \frac{\begin{bmatrix} e_{\text{ellip}} \sin\theta_2 & 1 + e_{\text{ellip}} \cos\theta_2 & 0 \end{bmatrix}^{\text{T}}}{\sqrt{1 + 2e_{\text{ellip}}\cos\theta_2 + e_{\text{ellip}}^2}} \quad (5\text{-}33)$$

轨道面调整后速度矢量为

$$\boldsymbol{v}_2^+ = v_2 \begin{bmatrix} 1 & 0 & 0 \\ 0 & \cos(-\xi) & \sin(-\xi) \\ 0 & -\sin(-\xi) & \cos(-\xi) \end{bmatrix} \frac{\begin{bmatrix} e_{\text{ellip}} \sin\theta_2 & 1 + e_{\text{ellip}} \cos\theta_2 & 0 \end{bmatrix}^{\text{T}}}{\sqrt{1 + 2e_{\text{ellip}}\cos\theta_2 + e_{\text{ellip}}^2}} \quad (5\text{-}34)$$

式中：上标"−""+"分别表示轨道机动前后状态，即以月心 LVLH 坐标系中 x 轴反向旋转 ξ 角度；ξ 为 LDO 与椭圆轨道（绕月自由返回轨道）异面差，有

$$\begin{cases} \sin\xi = \dfrac{\sin(\Omega_{\text{LDO}} - \Omega_{\text{prl}})\sin i_{\text{LDO}}}{\sin\theta_2} \\ \cos\xi = \cos(\Omega_{\text{LDO}} - \Omega_{\text{prl}})\sin i_{\text{prl}} \sin i_{\text{LDO}} + \cos i_{\text{prl}} \cos i_{\text{LDO}} \end{cases} \quad (5\text{-}35)$$

在第二次轨道面调整前，月心 LVLH 坐标系中，调整轨道面速度增量为

$$\Delta\boldsymbol{v}_2^{\text{LVLH}} = v_2 \begin{bmatrix} 0 & 0 & 0 \\ 0 & \cos(\xi) - 1 & -\sin(\xi) \\ 0 & \sin(\xi) & \cos(\xi) - 1 \end{bmatrix} \frac{\begin{bmatrix} e_{\text{ellip}} \sin\theta_2 & 1 + e_{\text{ellip}} \cos\theta_2 & 0 \end{bmatrix}^{\text{T}}}{\sqrt{1 + 2e_{\text{ellip}}\cos\theta_2 + e_{\text{ellip}}^2}} \quad (5\text{-}36)$$

再一次飞行至近月点时，施加第三次速度增量，将椭圆轨道圆化，形成 LDO，第三次轨道圆化速度增量大小为

$$\Delta v_3 = \sqrt{\mu_{\text{M}}(1 + e_{\text{ellip}})/r_{\text{prl}}} - \sqrt{\mu_{\text{M}}/r_{\text{prl}}} \quad (5\text{-}37)$$

月心 LVLH 坐标系中第三次轨道圆化速度增量矢量为

$$\Delta\boldsymbol{v}_3^{\text{LVLH}} = \begin{bmatrix} 0 & -\Delta v_3 & 0 \end{bmatrix}^{\text{T}} \quad (5\text{-}38)$$

2）高精度模型计算方法

高精度模型中，月心椭圆轨道受到地球和太阳等引力摄动影响，远月点越高，摄动效果越明显，导致第二次轨道面调整时刻与二体轨道估算时刻存在一定误差。三次速度增量也需要微小调整，才能保证最终达到 LDO。以月心 LVLH 坐标系中参数作为高精度模型优化设计变量，以二体轨道估算值作为局部梯度优化算法迭代初值，将变轨后下列轨道参数作为优化等式约束，将优化目标函数取为三次速度增量模值的和，优化计算模型为

$$\begin{cases} \boldsymbol{x} = [\Delta\boldsymbol{v}_1^{\text{LVLH}} \quad \Delta\boldsymbol{v}_2^{\text{LVLH}} \quad \Delta\boldsymbol{v}_3^{\text{LVLH}} \quad \Delta t_{1\text{-}2}]^{\text{T}} \\ \text{s.t.} \begin{cases} a_3^+ = r_{\text{prl}} \\ e_3^+ = 0 \\ i_3^+ = i_{\text{LDO}} \\ \Omega_3^+ = \Omega_{\text{LDO}} \end{cases} \\ \min J = \sum_{i=1}^{3} |\Delta v_i| \end{cases} \quad (5\text{-}39)$$

2. 月面可达域扩展范围与脉冲增量分析

如果月心椭圆轨道远月点较低，受地球和太阳引力摄动较小，则采用月心二体模型计算的可达域扩展范围与脉冲增量关系结论与高精度模型相差很小。本节采用月心二体轨道解析计算月面可达域扩展范围与脉冲增量关系。

算例假设椭圆轨道周期为 24 小时，LDO 倾角和升交点赤经分别为[148.493°，63.748°]。初始绕月自由返回轨道到达 111 km 高近月点后偏心率为 1.5027，倾角和升交点赤经分别为[150.6238°，183.3959°]。则近月点月球捕获第一次脉冲速度增量与第三次轨道圆化速度增量大小分别为 $[\Delta v_1, \Delta v_3]$ = [385.486, 524.201] m/s。

J2000 月心系中，近月点切向减速月球捕获后轨道偏心率为 0.8091，飞行约 34790 s 后到达与 LDO 交线处，月心 LVLH 坐标系中第二次速度增量为

$$\Delta v_2^{\text{LVLH}} = [-51.615, -83.893, 181.985]^\text{T} \text{ m/s} \tag{5-40}$$

调整椭圆轨道周期，月球捕获第一次切向脉冲与轨道圆化第三次切向脉冲大小如图 5-25 所示。

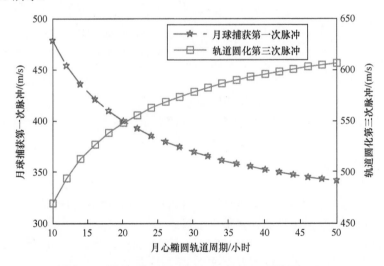

图 5-25 椭圆轨道变轨第一次与第三次切向速度脉冲大小

由于第二次变轨不改变轨道形状，因此第一次和第三次速度脉冲和不变（算例中均为 947.648 m/s），即从一个固定的绕月自由返回轨道近月点变轨形成环月目标圆轨道的总能量消耗不变。图 5-26 给出了第二次调整轨道面的速度增量脉冲大小。

可见，该值受两轨道面异面差和变轨处真近点角值影响很大，异面差越大，速度增量脉冲越大，变轨处真近点角距离近月点越近，速度增量脉冲越大。椭圆变轨方案理论上可以实现全月面到达，需携带 2547 m/s（1600 m/s + 947 m/s）速度增量对应燃料用于月球捕获制动，该结论与 Li 等[21]研究结果 2.6 km/s 吻合，说明了结果的正确性。而在实际工程中，飞行器很难携带这么多速度增量对应燃料用于近月

制动。因此，应采用环月等待时长和尽可能将绕月自由返回轨道近月段轨道面设计的接近 LDO 轨道面等其他方式，调整交线变轨处的真近点角，用于减小第二次速度脉冲，减小全月面到达需要的额外代价，这也是 NASA 推荐的策略[22]。

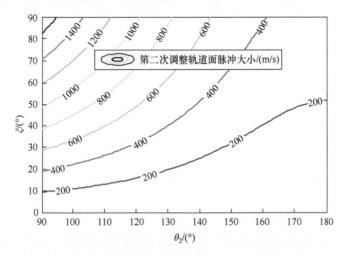

图 5-26　第二次调整轨道面速度脉冲与交线和异面差变化关系

5.7　小结

本章首先建立了四段二体拼接模型，计算了载人飞船绕月自由返回轨道月面可达域特性，进而提出了基于高精度模型的逆向和正向数值积分的轨道优化设计方法及精确可达域数值延拓计算方法，对采用四段二体拼接模型计算的可达域进行验证和校正，得到的主要结论如下：

（1）用建立的四段二体拼接模型计算绕月自由返回轨道可达域，可以方便计算解空间中满足工程约束的子集，分段解析计算方法无须迭代，计算的轨道参数为进一步采用高精度模型精确迭代，提供了快速收敛的初值。

（2）提出的分别逆向和正向数值高精度模型积分的轨道优化设计方法收敛性好，可以用于标称轨道设计任务。利用数值延拓方法计算精确可达域收敛性好，计算结果可对四段二体拼接模型可达域计算结果进行修正。

（3）对可达域特性影响因素的分析结果表明，地月距和近月点高度几乎不对绕月自由返回轨道可达域产生影响，而月球赤纬和默冬周期会对近地出发轨道倾角有影响，如果不能提供所需的轨道倾角，则可达域受影响，甚至当近地出发倾角小于月球赤纬时，不能到达月球，可达域变为空集。

（4）混合轨道和椭圆轨道方案均可改变绕月自由返回轨道月心倾角，混合轨道不需要额外飞行时间代价，变轨速度增量也较小，但地月转移过程只有前面一部分具有绕月自由返回安全特性，而且几乎不具有月心升交点经度调整能力；椭圆轨道方案理论上可以实现全月面到达,但需与之有关的速度增量用于近月制动和变轨,另外的代价是额外的月心飞行时间,优点是地月转移过程具有绕月自由返回特性。工程实际应用中应综合考虑月面探测目标区域、载人飞船推进舱变轨机动能力和地月转移段飞行安全性要求等,选择合理的月面可达域扩展方案。

参 考 文 献

[1] JESICK M, OCAMPO C. Automated generation of symmetric lunar free-return trajectories [J]. Journal of Guidance, Control, and dynamics, 2011, 34(1): 98-106.

[2] EGOROV V A. Certain problem of Moon flight dynamics [M]. New York: Russian Literature of Satellite, Part I, International Physical Index Inc, 1958: 36-42.

[3] FARQUHAR R W, DUNHAM D W. A new trajectory concept for exploring the earth's geomagnetic tail[J]. Journal of Guidance, Control, and Dynamics, 1980, 4(2): 192-196.

[4] PENG Q B, SHEN H X, LI H Y, et al. Free return orbit design and characteristics analysis for manned lunar mission [J]. Science China Technological Sciences, 2011, 54(12): 3243-3250.

[5] LI J Y, GONG S P, BAOYIN H. Generation of multi-segment lunar free return trajectories [J]. Journal of Guidance, Control, and Dynamics, 2013, 36(3): 765-775.

[6] LUO Q Q, YIN J F, HAN C. Design of earth-moon free-return trajectories[J]. Journal of Guidance, Control, and Dynamics, 2012, 36(2): 263-271.

[7] 张磊, 谢剑锋, 唐歌实, 等. 绕月自由返回飞行任务的轨道设计方法[J]. 宇航学报, 2014, 35(12): 1388-1395.

[8] 彭祺擘. 考虑应急返回能力的载人登月轨道优化设计及特性分析[D]. 长沙: 国防科技大学, 2012.

[9] 郑爱武, 周建平. 载人登月轨道设计方法及其约束条件概述[J]. 载人航天, 2012, 18(1): 48-54.

[10] BERRY R L. Launch window and trans-lunar, lunar orbit, and trans-earth trajectory planning and control for the Apollo 11 lunar landing mission [C]. AIAA 8th Aerospace Science Meeting, AIAA Paper 70-24, 1970: 1-18.

[11] 沈红新. 载人登月定点返回轨道问题研究[D]. 长沙: 国防科技大学, 2009.

[12] 闵学龙. 载人航天器深空飞行返回再入轨迹优化[J]. 中国空间科学技术, 2009, (4): 8-12.

[13] 周军, 水尊师, 葛致磊. 一种适用于月球跳跃返回的改进解析预测校正制导律[J]. 宇航学报, 2012, 33(9): 1210-1216.

[14] 曾亮. 探月飞船跳跃式返回再入制导方法研究[D]. 长沙: 国防科技大学, 2012.

[15] 杜昕. 探月返回跳跃式再入轨迹规划与制导[D]. 长沙: 国防科技大学, 2015.

[16] 张洪波. 航天器轨道力学理论与方法[M]. 北京: 国防工业出版社, 2016.

[17] LYNDON B. Johnson Space Center. Apollo program summary report[R]. Houston, Texas, 1975.

No. JSC-09423: 1-3.

[18] 郗晓宁, 曾国强, 任萱, 等. 月球探测器轨道设计[M]. 北京: 国防工业出版社, 2001.

[19] 黄文德, 郗晓宁, 王威, 等. 基于双二体假设的载人登月自由返回轨道特性分析及设计[J]. 宇航学报, 2010, 31(5):1297-1303.

[20] CONDON G. Lunar Orbit Insertion Targeting and Associated Outbound Mission Design for Lunar Sortie Missions[C]. Proceedings of the 2007 AIAA Guidance, Navigation, and Control Conference and Exhibit, Hilton Head, SC, 2007: 1-27.

[21] LI J Y, GONG S P, BAOYIN H X. Lunar orbit insertion targeting from the two-segment lunar free-return trajectories[J]. Advances in Space Research, 2015, 55(4): 1051-1060.

[22] STANLEY D, COOK S, CONNOLLY J, et al. NASA's exploration system architecture study [R]. NASA Report, 2005: TM-2005-214062: 1-3.

第 6 章
载人飞船月地返回轨道可达域分析

6.1 引言

载人飞船月地返回轨道是指航天员完成月面科考任务后,乘坐载人飞船从 LLO 出发,返回地球的转移轨道。一般而言,载人飞船月地返回轨道受飞船生命保障系统能力约束,采用飞行约 3 天的快速月地返回轨道,且为了降低地面搜救成本,期望发展成熟可靠的月地定点返回和搜救技术。然而,受种种因素制约,Apollo 任务和苏联探月回收都采用"大着陆区"原则[1-2]。20 世纪后,随着 NASA 星座计划的提出,月地任意时刻返回和定点返回成为载人登月面临的重要研究热点。本章以载人飞船月地返回轨道精确可达域特性为研究目的,研究了满足约束的轨道可达域计算方法。

6.2 载人飞船月地返回轨道可达域问题

载人飞船月地返回轨道可达域是指载人登月任务中,载人飞船从 LLO 轨道出发,返回地球的轨道参数分布范围。本节主要对载人飞船月地返回轨道、约束条件、可达域及精确可达域求解策略进行描述。

6.2.1 载人飞船月地返回轨道描述

载人飞船月地返回轨道一般采用切向单脉冲从 LLO 出发,逃逸月球引力,返回地球大气层边界,利用长航程再入弹道过程中大气摩擦减速[3],最终返回地面,如图 6-1 所示。

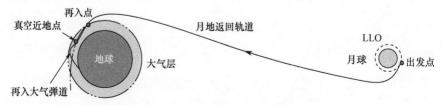

图 6-1 载人飞船月地返回轨道示意图

传统无人月球探测器返回轨道是指从 LLO 加速出发后,至再入点的飞行轨道。5.3.1 节详细描述了对于载人月地返回轨道而言,再入点和真空近地点的关系,采用真空近地点代替月地返回轨道终点,即将从 LLO 加速出发,至不考虑地球大气的真空近地点飞行轨迹统称月地返回轨道。

6.2.2 可达域问题数学描述

在 2.4.1 节中对动力学系统可达域问题进行了较为一般化的数学描述。与其描述风格一致,这里记月地返回出发时刻为 t_0,则到达真空近地点时刻 t_{vcp} 相当于 t_f。t_0 时刻对应飞行轨道位置和速度初始状态集合可以表示为

$$\boldsymbol{\Theta}_{t_0}^n = \left\{ \begin{array}{l} \boldsymbol{x}(t_0) \in \boldsymbol{R}^n : \text{s.t.} \ \kappa_{\text{MJ2}} = (h_{\text{LLO}} + R_{\text{M}}), \\ e_{\text{MJ2}} > 1, \forall i_{\text{MJ2}} \in [i_{\text{MJ2}}^{\text{lb}}, i_{\text{MJ2}}^{\text{ub}}], f_{\text{MJ2}} = 0 \end{array} \right\} \tag{6-1}$$

载人月地返回轨道真空近地点时刻 t_f 对应位置和速度状态可达域表示为

$$\boldsymbol{\Omega}_{t_f}^n = \left\{ \begin{array}{l} \boldsymbol{x}(t_f) \in \boldsymbol{R}^n : \exists t_f > t_0, \text{s.t.} \ \kappa_{\text{EJ2}} = (h_{\text{vcp}} + R_{\text{E}}), \& e_{\text{EJ2}} < 1, \\ \& i_{\text{EJ2}} \leqslant 90°, \& f_{\text{EJ2}} = 0, \& \forall \Delta t = (t_f - t_0) \in [\Delta t^{\text{lb}}, \Delta t^{\text{ub}}] \end{array} \right\} \tag{6-2}$$

实际上,式(6-2)与第 5 章中式(5-1)等价。

对于载人月地返回轨道而言,可达域是真空近地点轨道参数组成的高维参数集合,而工程实际只关心其中部分参数,如地固系中真空近地点经纬度 ($\lambda_{\text{ECF}}^{\text{vcp}}, \varphi_{\text{ECF}}^{\text{vcp}}$) 和轨道倾角 $i_{\text{ECF}}^{\text{vcp}}$ 等,下标"ECF"表示地固系(earth centric fixed)。

$$\boldsymbol{Y}_{t_f}^k = \{ (\lambda_{\text{ECF}}^{\text{vcp}}, \varphi_{\text{ECF}}^{\text{vcp}}, i_{\text{ECF}}^{\text{vcp}}) : \forall \boldsymbol{x}(t_f) \in \boldsymbol{\Omega}_{t_f}^n \} \tag{6-3}$$

如果给定真空近地点高度,忽略再入弹道横程运动(往往远小于纵程),知道这些参数就可以估算出再入弹道开伞点和落点区域,真空近地点可达域与再入弹道开伞点如图 6-2 所示。

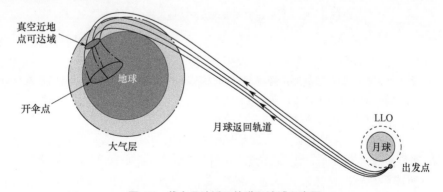

图 6-2 载人月地返回轨道可达域示意图

6.2.3 月地返回轨道精确可达域求解策略

月地返回轨道精确可达域计算实际上包含了无数条轨道设计问题,即要计算满足式(6-4)的所有轨道解集 $Y_{t_f}^k$。

$$\begin{cases} \boldsymbol{x} = \boldsymbol{x}(t_0) \\ \text{s.t.} \begin{cases} \kappa_{\text{MJ2}} = (h_{\text{LLO}} + R_{\text{M}}), e_{\text{MJ2}} > 1, \forall i_{\text{MJ2}} \in [i_{\text{MJ2}}^{\text{lb}}, i_{\text{MJ2}}^{\text{ub}}], f_{\text{MJ2}} = 0 \\ \kappa_{\text{EJ2}} = (h_{\text{vcp}} + R_{\text{E}}), e_{\text{EJ2}} < 1, i_{\text{EJ2}} \leqslant 90°, \\ f_{\text{EJ2}} = 0, \forall \Delta t = (t_f - t_0) \in [\Delta t^{\text{lb}}, \Delta t^{\text{ub}}] \end{cases} \end{cases} \quad (6-4)$$

载人月地返回轨道以第二宇宙速度到达大气层边界,采用直接再入方式减速制动,再入走廊十分狭窄,满足约束的月地返回高精度模型轨道尚存在一定难度,精确可达域计算更难。现有研究在计算载人月地返回轨道时,均采用两步串行思路,取得了较好的收敛性[4-10]。本节借鉴前人研究成果,设计两步求解精确可达域策略,如图 6-3 所示,简述如下。

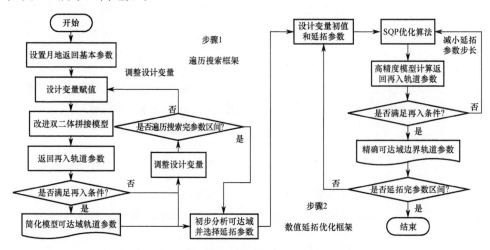

图 6-3 载人月地返回轨道精确可达域串行求解策略

步骤 1:建立改进双二体拼接模型,选取月地返回出发参数遍历搜索,记录满足返回再入约束的可行解,分析可达域拓扑结构及参数影响关系。

步骤 2:分析改进双二体拼接模型遍历搜索计算可达域初步结果,选择合适的延拓参数,基于高精度轨道模型和 SQP 局部梯度收敛算法,优化计算满足约束条件的解集,完成精确可达域计算。

与 4.2.3 节和 5.2.3 节精确可达域求解策略类似,步骤 1 不仅提供了可达域拓扑结构信息和参数影响关系,还为步骤 2 提供了轨道设计参数初值,实质是应用了 2.5.1 节所述系统模型延拓法。参数影响关系分析为步骤 2 选择影响可达域边界的延拓参数提供依据,便于步骤 2 对可达域边界解数值延拓优化求解。

6.3 改进双二体拼接模型月地返回轨道可达域计算

传统双二体拼接模型计算月地返回轨道时,需要通过牛顿迭代计算地心段轨道飞行时长与真近点角,从而确定轨道半长轴,并将再入走廊约束放宽,与实际偏离较多。本节将通过再入走廊和再入角约束用真空近地点参数等效,以月地返回出发参数作为轨道设计参数,提出改进双二体拼接模型,无须迭代,顺序计算真空近地点参数可达域。

6.3.1 改进双二体拼接模型

改进双二体拼接模型如 5.3.1 节中四段二体轨道绕月自由返回轨道第 Ⅱ 段和第 Ⅳ 段所述,月地返回轨道空间轨迹相对月球最近点为月地返回出发时刻,与 5.3.1 节中近月点类似,该时刻 LLO 轨道半径 r_{LLO} 在工程中事先已知,将该时刻月心 LVLH 坐标系中出发点相对于 LVLH 坐标系的伪经纬度和速度大小、速度方位角 $(\lambda, \varphi, v_{t_0}, i_{t_0})$ 作为设计变量,则可通过式(4-12)和(4-13)将这 5 个参数分别转化为 J2000 月心系中位置和速度矢量 $(r_{t_0}^{\text{MJ2}}, v_{t_0}^{\text{MJ2}})$,以及修正轨道六根数 $(\kappa_{\text{MJ2}}, e_{\text{MJ2}}, i_{\text{MJ2}}, \Omega_{\text{MJ2}}, \omega_{\text{MJ2}}, f_{\text{MJ2}}^{t_0})$,利用式(5-2)计算出月球影响球出口点处对应月心轨道真近点角 $f_{\text{out}}^{\text{MJ2}}$。根据古德曼双曲变换原理,可以计算出从近月点时刻飞至月球影响球出口时长 $\Delta t_{\text{0-out}}$ 及位置和速度矢量 $(r_{t_{\text{out}}}^{\text{MJ2}}, v_{t_{\text{out}}}^{\text{MJ2}})$。

月球影响球出口点出时刻为

$$t_{\text{out}} = t_0 + \Delta t_{\text{0-out}} \tag{6-5}$$

由 JPL 星历表插值计算 t_{out} 时刻月地相对位置和速度矢量,并分别与 $(r_{t_{\text{out}}}^{\text{MJ2}}, v_{t_{\text{out}}}^{\text{MJ2}})$ 相加,得到 J2000 地心中该时刻月地返回轨道位置和速度矢量 $(r_{t_{\text{out}}}^{\text{EJ2}}, v_{t_{\text{out}}}^{\text{EJ2}})$。将其转化为地心修正轨道六根数 $(\kappa_{\text{EJ2}}, e_{\text{EJ2}}, i_{\text{EJ2}}, \Omega_{\text{EJ2}}, \omega_{\text{EJ2}}, f_{\text{EJ2}}^{\text{out}})$,通常地心返回段轨道为椭圆轨道,校验偏心率 $e_{\text{EJ2}} < 1$,考虑再入过程热流和过载约束,要求 $i_{\text{EJ2}} \leq 90°$。与式(5-7)类似,采用椭圆轨道开普勒方程可以计算从月球影响球边界飞至真空近地点飞行时长 $\Delta t_{\text{out-vcp}}$ 及真空近地点轨道参数 $(r_{\text{vcp}}, v_{\text{vcp}})$。月地返回轨道总的飞行时长为

$$\Delta t = (t_{\text{vcp}} - t_0) = \Delta t_{\text{0-out}} + \Delta t_{\text{out-vcp}} \tag{6-6}$$

6.3.2 可达域遍历搜索

基于 6.3.1 节提出的改进双二体拼接轨道计算模型,本节设计的月地返回轨道可达域遍历搜索计算方法示意如图 6-4 所示。

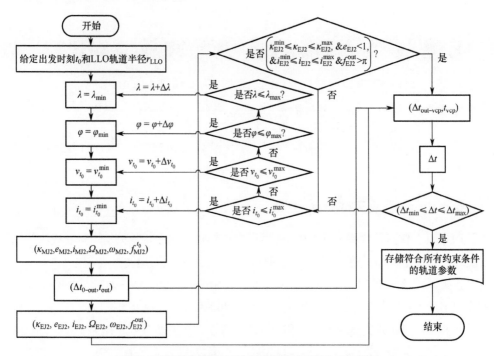

图 6-4　月地返回轨道可达域遍历搜索计算方法示意图

与 4.3.2 节着陆器地月转移轨道可达域遍历搜索计算方法和 5.3.2 节绕月自由返回轨道可达域遍历搜索计算方法类似,这里给定月地返回出发时刻 t_0 和 LLO 轨道半径 r_LLO。将 $(\lambda,\varphi,v_{t_0},i_{t_0})$ 设计成四层遍历搜索结构。按照 6.3.1 节改进双二体拼接模型计算月地返回轨道参数。考虑基于双二体假设的轨道拼接计算模型在求解月地返回轨道时,终端位置存在上千千米模型误差[11],设置真空近地距误差限为 $\Delta\kappa_\text{EJ2}$,则

$$\begin{cases} \kappa_\text{EJ2}^\text{min} = (h_\text{vcp} + R_\text{E}) - \Delta\kappa_\text{EJ2} \\ \kappa_\text{EJ2}^\text{max} = (h_\text{vcp} + R_\text{E}) + \Delta\kappa_\text{EJ2} \end{cases} \tag{6-7}$$

当 $e_\text{EJ2}<1$,且 $i_\text{EJ2}\leqslant 90°$ 时,计算地心段轨道参数和月地返回轨道飞行总时长,当 $\Delta t_\text{min}\leqslant\Delta t\leqslant\Delta t_\text{max}$ 时,记录存储符合所有约束条件的轨道参数。否则,按照事先设置的设计变量步长 $(\Delta\lambda,\Delta\varphi,\Delta v_{t_0},\Delta i_{t_0})$ 层层回溯搜索,直至遍历搜索完成。宜先将遍历搜索参数调整步长设置得稍大一点,待得到参数分布范围信息后,重新调整参数搜索区间及步长,计算得到能正确表征可达域基本特性的结果。

6.3.3　算例分析

本节给出基于改进双二体拼接模型遍历搜索计算方法的月地返回轨道可达域计算算例。初始参数和约束条件设置如下:

（1）设置月地返回出发时刻 t_0 为 1 Jan 2025 0:00:00.000 UTCG。

（2）参考 Apollo-11 任务[12]，设置 LLO 轨道高度为 h_{LLO}=111 km（约为 60 海里），真空近地点轨道高度 h_{vcp}=51 km[3]。

（3）设置 $[\lambda_{min},\lambda_{max}]$=$[-20°,70°]$，$[\varphi_{min},\varphi_{max}]$=$[-90°,90°]$，$\Delta\lambda=\Delta\varphi$=2°。$[v_{t_0}^{min},v_{t_0}^{max}]$=[2302.7, 2628.3] m/s，$[i_{t_0}^{min},i_{t_0}^{max}]$=[90°, 270°]，$\Delta i_{t_0}$=2°。$\Delta\kappa_{EJ2}$=1000 km，返回段轨道倾角 i_{EJ2}^{out} 须满足地心顺行，上下限为 $[i_{EJ2}^{min},i_{EJ2}^{max}]$=[0°,90°]。月地返回飞行总时长限制为 $[\Delta t_{min},\Delta t_{max}]$=[2.8,3.2]天。

根据以上设置参数，利用本文提出的改进双二体拼接模型仿真计算载人飞船月地返回轨道可达域。如图 6-5 所示，改进双二体拼接模型遍历搜索伪经纬度范围在[0°～64°]和[-60°～60°]，呈半弯状，近似对称。

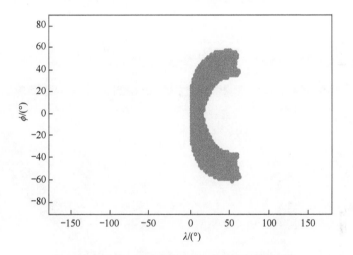

图 6-5 改进双二体拼接模型遍历搜索伪经纬度分布

图 6-6 和图 6-7 分别给出了月地返回出发速度和速度方位角与伪经纬度分布关系。可见，出发速度大小分布范围为[2470, 2628] m/s，而速度方位角分布范围为[90°, 270°]，随着月地返回出发位置伪纬度绝对值变大，速度方位角远离180°。

为了描述月地返回轨道真空近地点可达域参数不含月球公转影响特性参数，这里引入地心月地返回时刻 LVLH 坐标系，如图 6-8 所示，即将月地返回出发时刻月心 LVLH 坐标系平移至地心。

该坐标系中月地返回轨道真空近地点经纬度集中分布在[±180°, 0°]附近很小区域，即 5.3.1 节所述月地返回出发时刻月球反垂点，如图 6-9 所示，而地固系中，因限制月地返回时长在[2.8,3.2]天，0.4 天地球自转导致真空近地点经度分布范围为144°，月地返回出发时刻月球赤经赤纬为[-164.22°,-25.86°]，真空近地点纬度分布在 25.86°±9°之间。图 6-10 给出了地固系中轨道倾角与真空近地点经纬度关系，可以看出，地固系中倾角可在 25.86°～90°之间分布，总是大于月地返回出发时刻月球反垂点纬度值，这一结论与文献[13-14]一致。

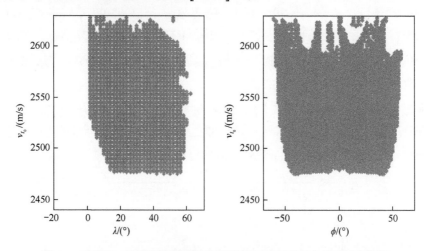

图 6-6　改进双二体拼接模型遍历搜索月地返回出发速度与伪经纬度关系

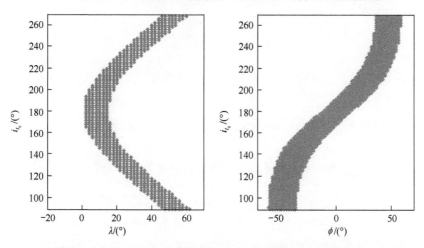

图 6-7　改进双二体拼接模型遍历搜索速度方位角与伪经纬度关系

图 6-8　地心月地返回时刻 LVLH 坐标系示意图

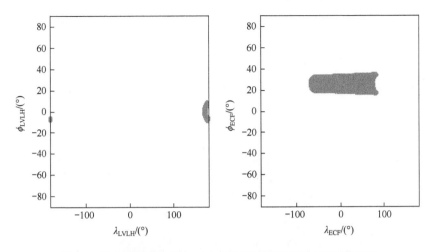

图 6-9　地心月地返回时刻 LVLH 坐标系中和地固系中可达域分布

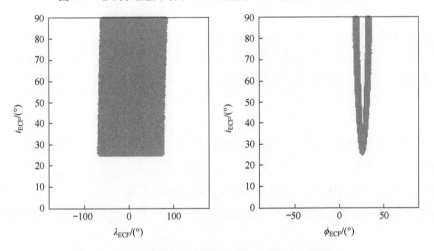

图 6-10　地固系中轨道倾角与真空近地点经纬度关系

6.4 精确可达域数值延拓优化计算

如本书 1.4.3 节论述，基于月球影响球假设半解析拼接模型在计算地月转移轨道时存在一定误差，计算的可达域结论还需进一步高精度模型校验。本节针对这一问题，为计算月地返回轨道精确可达域，提出了基于高精度轨道动力学模型数值积分的精确可达域数值延拓优化计算方法，并验证了方法的有效性。

6.4.1 高精度月地返回轨道优化设计

本节提出了高精度数值积分的月地返回轨道优化设计方法，并通过算例验证方法的正确性和精确性，为精确可达域计算提供基础算法。

1. 优化模型

在工程中月地返回出发时刻 LLO 轨道半径 r_{LLO} 事先已知，与 5.4.1 节相同，仍以该时刻月心 LVLH 坐标系中出发点相对于 LVLH 坐标系的伪经纬度和速度大小、速度方位角 $(\lambda, \varphi, v_{t_0}, i_{t_0})$ 为设计变量，有

$$\boldsymbol{x} = [\lambda, \varphi, v_{t_0}, i_{t_0}]^\mathrm{T} \tag{6-8}$$

可通过式（4-12）和式（4-13）将这 5 个参数转化为 J2000 月心系中位置和速度矢量 $(\boldsymbol{r}_{t_0}^{MJ2}, \boldsymbol{v}_{t_0}^{MJ2})$，通过 JPL 星历计算 J2000 地心系中该时刻月地相对位置和速度 $(\boldsymbol{r}_{M-E}^{t_0}, \boldsymbol{v}_{M-E}^{t_0})$，相加即可计算得到 J2000 地心系中，飞行器相对于地球的位置和速度矢量为

$$\begin{cases} \boldsymbol{r}_{t_0}^{EJ2} = \boldsymbol{r}_{t_0}^{MJ2} + \boldsymbol{r}_{M-E}^{t_0} \\ \boldsymbol{v}_{t_0}^{EJ2} = \boldsymbol{v}_{t_0}^{MJ2} + \boldsymbol{v}_{M-E}^{t_0} \end{cases} \tag{6-9}$$

将此刻位置和速度矢量作为初始状态，用 1.4.2 节所述高精度轨道动力学模型数值积分，插值得到真空近地点位置和速度矢量。与 5.4.1 节类似，以等式和不等式分别约束真空近地点高度和轨道倾角：

$$\mathrm{s.t.} \begin{cases} \kappa_{EJ2} = (h_{vcp} + R_E) \\ i_{EJ2} \leqslant 90° \end{cases} \tag{6-10}$$

例如，考虑我国内蒙古四子王旗着陆场纬度约为 42°，可以设置优化目标函数为

$$\min J = \left| i_{EJ2} - i_{EJ2}^{tar} \right| \to 0 \tag{6-11}$$

工程实际应用中，一般会根据再入热流和气动过载事先估算再入弹道航程，并考虑再入弹道测控能力，将 i_{EJ2}^{tar} 设置为大于 43° 的某一数值。如果对月地返回轨道要求不同，则可以根据要求设计不同的优化目标函数。

2. 验证算例

验证算例中，高精度轨道动力学模型摄动项、轨道设计参数上下限设置与 6.3.3 节一致。

参考 6.3.3 节改进双二体拼接模型遍历搜索计算结果，选取与优化目标函数接近的轨道设计变量作为设计参数初值，如表 6-1 所列，优化变量初值为

$$\boldsymbol{x}^{\mathrm{ini}} = [16 \quad 38 \quad 2530 \quad 220]^\mathrm{T} ((°),(°),\mathrm{m/s},(°)) \tag{6-12}$$

表 6-1 改进双二体拼接模型计算月地返回出发时刻轨道设计变量初值

设计变量	λ / (°)	φ / (°)	v_{prl} / (m/s)	i_{prl} / (°)
初值	16	38	2530	220

对应月地返回出发时刻月心 LVLH 坐标系中修正轨道六根数如表 6-2 所列，返回地球真空近地点参数如表 6-3 所列。

表 6-2　改进双二体拼接模型月地返回出发时刻修正轨道六根数

坐标系	κ_{MJ2}/m	e_{MJ2}	i_{MJ2}/(°)	Ω/(°)	ω_{MJ2}/(°)	f_{MJ2}/(°)
月心 LVLH 系	1849200	1.41424	127.1319	232.2679	230.5548	0

表 6-3　改进双二体拼接模型月地返回真空近地点参数

真空近地点	κ/m	e	i/(°)	Ω/(°)	ω/(°)	f/(°)
J2000 地心系	6429420	0.97577	44.0168	326.5401（赤经）	132.0794	0
地心 LVLH 系	6429420	0.97577	24.7521	0.0615	171.0417	0
地固系	6429420	0.85816	44.8892	266.0896	133.1210	0

基于 6.4.1 节中所述高精度模型轨道优化设计方法，采用 1.5.3 节所述 SQP_Snopt 优化算法进行优化，迭代目标函数与约束适应度变化如图 6-11 所示，迭代过程 10 步以内快速收敛。

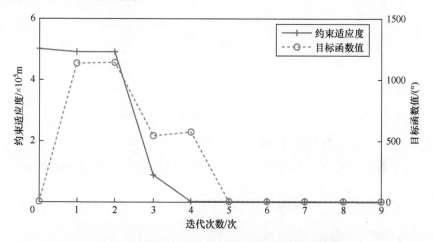

图 6-11　高精度模型计算月地返回轨道迭代收敛过程

计算所得月地返回出发时刻设计变量，出发修正轨道六根数及真空近地参数分别如表 6-4～表 6-6 所列。

表 6-4　高精度模型计算月地返回出发时刻轨道设计变量初值

设计变量	λ/(°)	φ/(°)	v_{t_0}/(m/s)	i_{t_0}/(°)
初值	20.3354	40.1310	2534.01	224.0815

表 6-5　高精度模型月地返回出发时刻修正轨道六根数

坐标系	κ_{MJ2}/m	e_{MJ2}	i_{MJ2}/(°)	Ω_{MJ2}/(°)	ω_{MJ2}/(°)	f_{MJ2}/(°)
月心 LVLH 系	1849200	1.4219	123.3143	233.9805	230.4688	0

表 6-6 高精度模型月地返回真空近地点参数

真空近地点	κ /m	e	i /(°)	Ω /(°)	ω /(°)	f /(°)
J2000 地心系	6429120	0.97457	43.1132	327.1681（赤经）	131.5379	0
地心 LVLH 系	6429120	0.97457	23.7795	359.4772	171.4874	0
地固系	6429118	0.85521	44.9700	252.0905	132.5475	0

J2000 地心系中，该条载人月地返回轨道飞行轨迹如图 6-12 所示。与改进双二体拼接模型计算结果表 6-3 所示数据对比可知，高精度模型设计结果比改进双二体拼接模型计算结果更精确，是未来月地返回轨道精确参数计算的必然选择。虽然双二体拼接模型计算结果存在误差，但其为高精度模型轨道精确设计计算提供了较为接近的设计变量初值，这一结论与沈红新[1-2]、Yan 等[15]学者的研究结论一致。另外，其也表明本文提出的高精度动力学优化模型及计算策略正确有效。

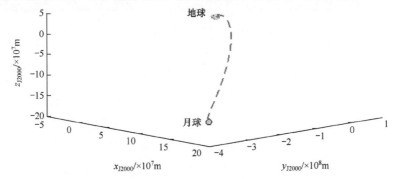

图 6-12　J2000 地心系中载人飞船月地返回轨道空间轨迹

6.4.2　精确可达域数值延拓计算

如 6.4.1 节所述，基于改进双二体拼接模型计算的载人月地返回轨道参数与高精度模型计算结果虽然较为接近，但仍存在一定误差。本节采用高精度模型轨道优化设计方法，为计算精确可达域参数，设计数值延拓策略，并验证方法正确性和有效性。

1．数值延拓计算方法

观察分析 6.3.3 节中图 6-7 和图 6-9 易知，对于载人月地返回轨道而言，月地返回出发速度方位角 i_{t_0} 是影响真空近地点可达域的重要参数。本节采用 6.4.1 节中提出的高精度模型载人月地返回轨道优化设计方法，为计算载人月地返回轨道精确可达域边界解集，设计数值延拓计算方法，步骤如下：

$$\begin{cases} \text{search } (i_{t_0} = i_{t_0}^{\text{lb}} : i_{t_0} : i_{t_0}^{\text{ub}}) \\ \quad \begin{cases} \boldsymbol{x} = [\lambda, \varphi, v_{t_0}]^{\text{T}} \\ \text{s.t. } i_{\text{EJ2}} \leqslant 90° \\ \min J = \left| \kappa_{\text{EJ2}} - (h_{\text{vcp}} + R_{\text{E}}) \right| \to 0 \end{cases} \\ \text{end} \end{cases} \quad (6\text{-}13)$$

步骤 1：将 6.4.1 节所述优化模型中设计变量 i_{t_0} 作为数值延拓变量，在优化模型外层构建数值延拓结构。延拓结构内部，将剩余 3 个独立设计变量 $(\lambda, \varphi, v_{t_0})$ 仍作为设计变量，采用高精度轨道模型积分计算月地返回轨道真空近地点轨道参数，积分时长为 2.8~3.2 天，约束条件仍如式（6-10）所示。则数值延拓结构与式（5-17）类似，如式（6-13）所示。

步骤 2：设置优化迭代初值数值延拓赋值方法。如式（6-13）所示，步骤 1 中设计的数值延拓结构中，第一次优化设计变量迭代初值 $x_1^{\mathrm{ini}} = x^0$，x^0 需要从 6.3.3 节改进双二体拼接模型计算结果中寻找最接近参数，否则可能不收敛。从数值延拓第二次开始，利用上一步设计变量最优值作为迭代初值 $x_n^{\mathrm{ini}} = x_{n-1}^{\mathrm{opt}}$，与式（4-35）类似，不再赘述。

步骤 3：在步骤 1 数值延拓结构和步骤 2 优化设计变量初值赋值框架中，优化计算完成 $\Delta t \in [2.8, 3.2]$ 天内飞行时长对应精确可达域参数。

2. 精确可达域计算算例

本节算例初始环境参数设置与 6.3.3 节一致，采用 6.4.2 节所述数值延拓优化策略进行精确可达域边界计算。计算得到的高精度模型地心 LVLH 坐标系中和地固系中可达域参数经纬度分布如图 6-13 所示，轨道倾角与真空近地点经纬度关系如图 6-14 所示。月地返回飞行 3.2 天时，采用高精度模型和改进双二体拼接模型分别计算的地固系中经度最小值及对应纬度分别为 [−69.7232°, 26.4187°] 和 [−67.4297°, 25.4173°]。

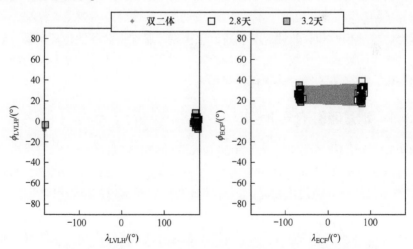

图 6-13 高精度模型地心 LVLH 坐标系中和地固系中可达域参数经纬度分布

可见，对于载人月地返回轨道而言，高精度模型计算的轨道真空近地点可达域结果较改进双二体拼接模型结果更加准确。地心 LVLH 坐标系中真空近点始终在月地返回轨道出发时刻月球反垂点附近，而地固系中真空近地点经度主要受月地返回飞行时长影响，地固系中轨道可在反垂点值至 90°之间分布。

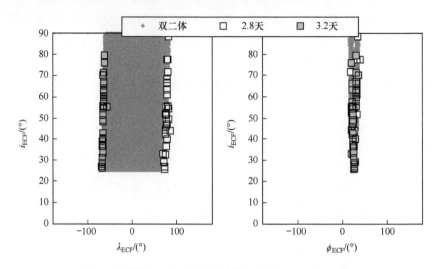

图 6-14　高精度模型地固系中轨道倾角与真空近地点经纬度关系

6.5　月地返回轨道可达域影响因素分析

载人月地返回轨道月面可达域分布十分有限，工程总体需要深入了解可达域随影响因素的变化情况，以便设计整体最优返回方案。6.3 节采用数值延拓优化设计方法计算了精确可达域，验证了本节提出的改进双二体拼接模型在计算载人月地返回轨道可达域的精度和有效性。本节基于该模型，通过不同条件仿真实验，分析可能影响月地返回轨道可达域分布的影响因素，对不同影响因素情况下可达域分布做了对比分析，为任务方案整体优化提供参考。

6.5.1　地月距影响分析

如 4.5.1 节所述，分别取 1 Jan 2025 0:00:00.000 UTCG 后一个朔望月内，月球近地点时刻 8 Jan 2025 0:00:00.000 UTCG 和远地点时刻 21 Jan 2025 5:00:00.000 UTCG 作为月地返回轨道出发时刻，计算地月距对月地返回轨道可达域分布特性的影响。

如图 6-15 和图 6-16 所示，地月距对月地返回轨道真空近地点经纬度分布影响很小。

图 6-17 分别给出了月球处于近地点和远地点时刻月地返回轨道真空近地点轨道倾角与地固系中纬度值关系，可见，地月距几乎不对轨道倾角产生任何影响。

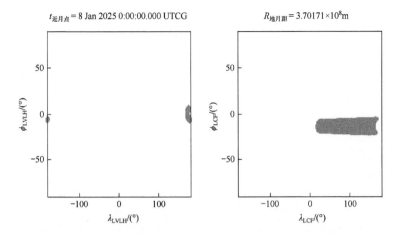

图 6-15　月球处于近地点时刻月地返回轨道真空近地点经纬度可达域

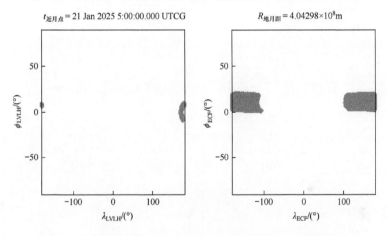

图 6-16　月球处于远地点时刻月地返回轨道真空近地点经纬度可达域

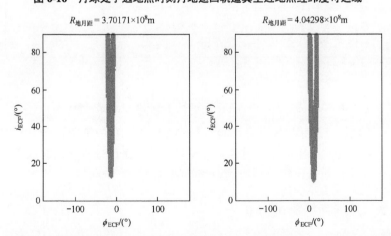

图 6-17　月球处于近地点和远地点时刻月地返回轨道真空近地点轨道倾角与地固系中纬度值的关系

6.5.2 月地返回飞行时长影响分析

图 6-18 和图 6-19 分别为载人月地返回飞行时长为 2.8 天和 3.2 天的真空近地点经纬度分布和轨道倾角分布。

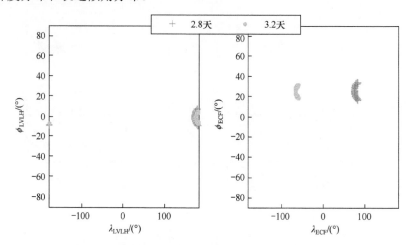

图 6-18 载人月地返回飞行不同时长真空近地点经纬度分布

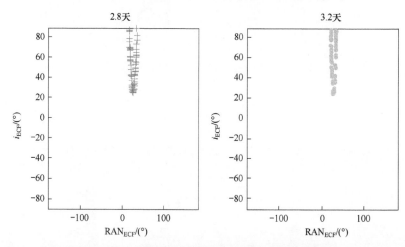

图 6-19 载人月地返回飞行不同时长真空近地点轨道倾角分布

可见，月地返回飞行时长不会影响地心 LVLH 坐标系中真空近地点和轨道倾角分布，只会导致地固系中真空近地点经度变化，原因是地球自转。这也意味着可以通过月地返回飞行时长一定范围内的调整匹配地面某着陆场。

6.5.3 月球赤纬影响分析

分别以 7 Jan 2025 00.00.00.000 UTCG 和 12 Jan 2025 00.00.00.000 UTCG 为月地

返回出发时刻，月球赤纬值为 1.359° 和 28.447°，对应月地返回轨道真空近地点经纬度如图 6-20 和图 6-21 所示。

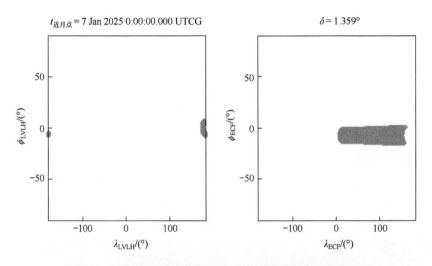

图 6-20　月球赤纬值较小时月地返回轨道真空近地点经纬度分布

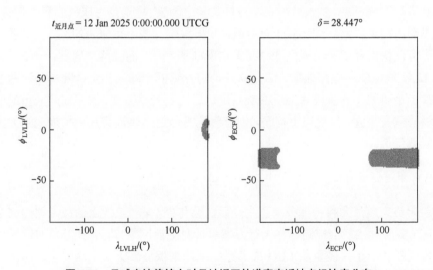

图 6-21　月球赤纬值较大时月地返回轨道真空近地点经纬度分布

图 6-22 分别给出了月球赤纬较小值和较大值时，地固系中真空近地点轨道倾角值。可见，地固系中月地返回轨道真空近地点轨道倾角最小值对应月地返回出发时刻月球反垂点值。如果想以较小轨道倾角返回真空近地点，月地返回出发时刻需要选择为月球赤纬绝对值较小时刻；反之，想要以较大倾角和一定航程返回地面高纬度着陆场，宜选月球赤纬绝对值较大时刻为月地返回轨道出发时刻。

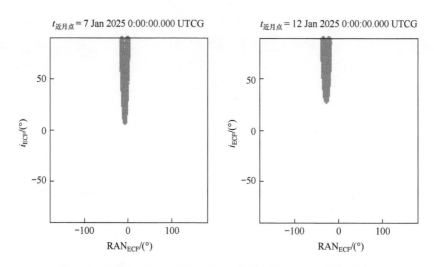

图 6-22　月球赤纬较小和较大时月地返回轨道真空近地点轨道倾角

6.6　月地返回轨道可达域扩展变轨

载人登月任务中，航天员的安全是首要考虑因素，特别是完成月面科考任务后，载人飞船内剩余生命保障物资十分有限，如果发生一些不可修复的故障，则要求航天员尽可能快速并安全地返回地球某指定着陆场。此时面临两个问题：一是任意时刻从 LLO 轨道应急返回地球，二是从月地定点返回地球某指定着陆场。这两个问题实质上是研究不同阶段月地返回轨道可达域扩展变轨方案，对保证航天员的应急安全返回意义重大。针对以上问题，本节研究月地返回轨道可达域扩展变轨方案和额外变轨代价。

6.6.1　任意时刻从 LLO 应急返回

航天员完成月面科考任务动力上升后，会与停泊在 LLO 上的载人飞船交会对接，完成交会对接后会按照标称飞行方案等待月地返回窗口。若在等待时间段内发生故障则任务中止，需要从 LLO 应急返回地球来保证航天员生命安全。本节着重分析了从 LLO 三脉冲应急返回变轨方案最差情况下额外速度增量代价。

1. 从 LLO 三脉冲应急返回变轨方案

如 2.2.2 节所述，NASA 提出 5 天之内，采用总共 1450 m/s 速度增量（包括 900 m/s 用于月地返回加速），完成任意时刻从 LLO 返回的目标。沈红新[2]分析了 LLO 为月球极轨时，一个朔望月周期内月地应急返回轨道与 LLO 异面差的影响，如图 6-23 所示。

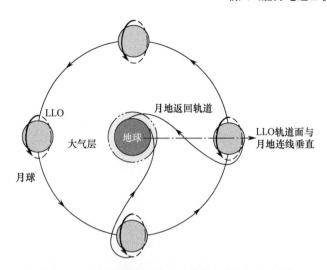

图 6-23　LLO 轨道面相对于地球方位的变化示意图[2]

当 LLO 轨道面与月地连线垂直时,无法有效利用月球公转的轨道速度实现返回,即单脉冲月地返回轨道可达域为空集,此时需要异面变轨返回,相当于扩展了可达域。

参考 5.3.1 节,月心 LVLH 坐标系中月地返回轨道出发点经纬度总在地月连线延长线附近,且轨道面贴近白道面。本节设计任意时刻从 LLO 三脉冲应急返回变轨方案如图 6-24 所示。该方案与 5.6.2 节绕月自由返回轨道近月端椭圆三脉冲变轨方案类似,可以视为其反过程,分为 3 个步骤逐步实施。

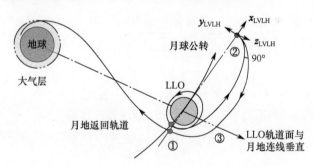

图 6-24　从三脉冲 LLO 应急返回变轨方案示意图

步骤 1:第 1 次脉冲先将应急返回飞船从 LLO 切向加速进入月心椭圆轨道,该椭圆轨道面与初始 LLO 轨道面法向一致。

步骤 2:待飞行至椭圆轨道远月点时,实施第 2 次变轨脉冲,调整椭圆轨道面接近白道面。

步骤 3:飞行至与地月连线延长线的交线和近月点附近,寻找最优时机,实施第 3 次变轨脉冲,进入月地返回轨道。

2. 变轨速度增量计算方法

如 6.6.1 节所述，本书设计的 LLO 应急返回变轨方案实质为月心三脉冲椭圆轨道变轨。参考 5.6.2 节结论，月心变轨椭圆轨道远月点距离远小于月球影响球半径，可在初步计算时视为月心二体轨道运动，则三次速度增量矢量 $[\Delta v_1, \Delta v_2, \Delta v_3]$ 可解耦逐步计算。

月心 LVLH 坐标系中

$$\Delta v_1^{\text{LVLH}} = [0 \quad \Delta v_1 \quad 0]^{\text{T}} \quad (6\text{-}14)$$

其中

$$\Delta v_1 = \sqrt{\mu_{\text{M}}\left(\frac{2}{r_{\text{LLO}}} - \frac{2}{r_{\text{apo}} + r_{\text{LLO}}}\right)} - \sqrt{\frac{\mu_{\text{M}}}{r_{\text{LLO}}}} \quad (6\text{-}15)$$

式中：r_{apo} 为椭圆轨道远月点月心距，飞行至远月点时，速度大小为

$$v_{\text{apo}} = \sqrt{2\mu_{\text{M}}(1/r_{\text{apo}} - 1(r_{\text{LLO}} + r_{\text{apo}}))} \quad (6\text{-}16)$$

在第二次变轨前的月心 LVLH 坐标系中，第二次速度增量矢量为

$$\Delta v_2^{\text{LVLH}} = [0 \quad -v_{\text{apo}} \quad v_{\text{apo}}]^{\text{T}} \quad (6\text{-}17)$$

第二次速度大小 $\Delta v_2 = \sqrt{2} \cdot v_{\text{apo}}$。第三次脉冲施加位置也是特殊点，此时真近点角为 270°，月心距为椭圆轨道半通径：

$$r_3 = P = \frac{2 \cdot r_{\text{apo}} \cdot r_{\text{LLO}}}{r_{\text{apo}} + r_{\text{LLO}}} \quad (6\text{-}18)$$

第三次变轨前，月心 LVLH 坐标系中速度矢量为

$$v_3^{\text{LVLH}} = \sqrt{\mu_{\text{M}}\left(\frac{2}{r_3} - \frac{2}{r_{\text{LLO}} + r_{\text{apo}}}\right)} \frac{[-e \quad 1 \quad 0]^{\text{T}}}{\sqrt{1+e^2}} \quad (6\text{-}19)$$

参考 6.3.3 节，从 111 km 高 LLO 月地返回出发速度大小在 2440～2620 m/s，取平均值 2530 m/s。由活力公式知，月球逃逸能量守恒即

$$E = \frac{1}{2}v_{\text{LLO}}^2 - \frac{\mu_{\text{M}}}{r_{\text{LLO}}} \quad (6\text{-}20)$$

如图 6-25 所示，第三次变轨只需将月心 LVLH 坐标系中 x 方向速度 v_{3x}^{LVLH} 变为 0，y 方向 v_{3y}^{LVLH} 变为

$$v_{3y}^{\text{LVLH}} = \sqrt{2\left(E + \frac{\mu_{\text{M}}}{r_3}\right)} \quad (6\text{-}21)$$

下面给出算例，验证本书提出的变轨方案是否满足 NASA 提出的 1450 m/s 和 5 天要求。与 5.6.2 节一样，仍设置 LLO 轨道高 111 km，假设月地返回轨道飞行 3 天，计算月心椭圆周期在 24～48 小时变化对三次变轨速度增量绝对值大小的影响。

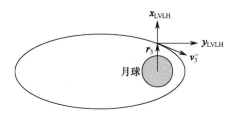

图 6-25　LLO 应急返回第三次变轨示意图

通过上述月心二体轨道公式，估算的 LLO 最差情况三脉冲应急返回变轨速度增量与月心椭圆轨道周期变化关系如图 6-26 所示。

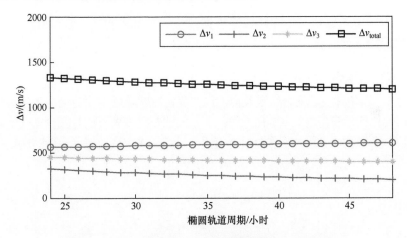

图 6-26　LLO 应急返回三次速度增量随椭圆轨道周期变化

在此需要申明一点，本节只是采用二体轨道模型计算任意时刻应急返回特殊点变轨最差情况三次速度增量需求，文献[2]基于 CB3BP 模型，采用解析同伦延拓思想，计算了最优能量三脉冲变轨轨道。工程实际应用中如果发生 LLO 应急返回状况，需考虑飞船设备状态和地面搜救等实际情况，采用高精度轨道模型进一步优化出轨道方案。

6.6.2　中途单脉冲变轨调整飞行时长

中途单脉冲变轨调整飞行时长是 Apollo-13 任务中止，应急返回过程中最重要的环节之一。Apollo-13 在采用混合轨道飞向月球途中大约 56 小时服务舱液氧罐发生爆炸，3 名航天员进入着陆器中，抛离服务舱，通过一次变轨，使着陆器进入绕月自由返回轨道，在绕月后大约 2 小时，考虑着陆器内氧气等物资不足以支持航天员返回地面，施加了一次变轨速度增量，提前约 9 小时返回地面。中途变轨以变轨速度增量为代价，调整了返回飞行时长，扩展了返回地球可达域，如果减少飞行时长，可以降低航天员生命保障系统物资能源需求。

1. 调整飞行时长变轨方案

在初始月地返回轨道途中实施一次变轨，使生保能力有限的飞船尽快返回地球，变轨后轨道如图 6-27 所示。

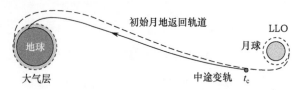

图 6-27 月地返回中途变轨调整飞行时长轨道示意图

月地返回中途变轨与中途轨道修正类似[16]，除瞄准再入点参数外，其主要目的是调整返回飞行时长。

2. 变轨速度增量计算方法

与 5.6.1 节中途变轨混合轨道类似，仍将变轨速度增量 3 个方向分量作为优化设计变量，优化计算模型与式（5-16）类似。不同的是，变轨目的是减少返回地球剩余飞行时长，需将剩余飞行时长作为最小值优化目标，求解变轨速度增量的优化模型为

$$\begin{cases} \boldsymbol{x}=\Delta \boldsymbol{v}_{t_c} = [\Delta v_x^{\text{LVLH}} \quad \Delta v_y^{\text{LVLH}} \quad \Delta v_z^{\text{LVLH}}]^T \\ \text{s.t.} \quad \left| r_{\text{vcp}}^{\text{imp}} - r_{\text{vcp}}^{\text{ini}} \right| = 0 \\ \min \ J = \Delta t_{\text{rem}} \end{cases} \quad (6\text{-}22)$$

算例采用 6.4.1 节优化计算月地返回轨道为初始轨道，该条轨道月地返回出发 2 小时后，J2000 地心系中修正轨道六根数如表 6-7 所列。

表 6-7 J2000 地心系中初始月地返回出发 2 小时参数

UTCG	κ_{EJ2}/m	e_{EJ2}	i_{EJ2}/(°)	Ω_{EJ2}/(°)	ω_{EJ2}/(°)	f_{EJ2}/(°)
1 Jan 2025 02:00:00.0	6429420	0.9949	151.9352	227.5313	104.5925	184.6103

如果不实施中途变轨，则于 3 Jan 2025 22:28:36.974 UTCG 到达真空近地点，地固系中真空近地点经纬度为[26.9908°, 30.4939°]。采用式（6-22）分别优化计算提前 1，2，3……小时，9 小时到达真空近地点变轨速度增量及变轨后真空近地点经纬度参数，计算结果如图 6-28 和图 6-29 所示。

可见，提前返回地面时间越长，变轨速度越大，提前 9 小时返回变轨速度大小约为 270 m/s，且主要用在地心 LVLH 坐标系的 x 方向，其余两个方向速度增量相对较小。而终端真空近地点在地固系中纬度值变化较小，经度值因地球自转以 15（°）/小时变化，提前 9 小时可返回太平洋海域溅落。可见，中途单脉冲变轨不仅能大幅度扩展月地返回轨道可达域，也能有效地减少返回飞行时长。

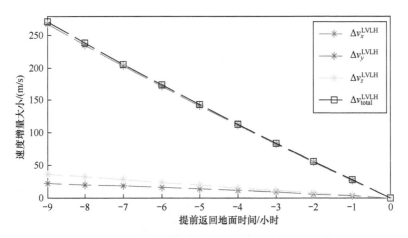

图 6-28 中途单脉冲调整飞行时长与速度增量大小的关系

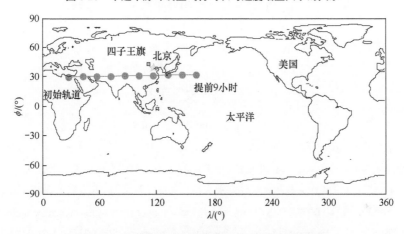

图 6-29 月地返回中途变轨调整飞行时长轨道示意图

另外,中途单脉冲变轨消耗的速度增量是以任务接近结束时的燃料为代价的,此时的燃料代价是数倍于地面发射时刻的,除非有类似 Apollo-13 应急特殊情况,否则正常情况不应采用该类方案。

6.7 小结

本章首先建立了物理意义明确的改进双二体拼接模型,计算了载人月地返回轨道可达域特性,进而提出了基于高精度模型数值积分的轨道优化设计方法及精确可达域数值延拓计算方法,对采用改进双二体拼接模型计算的可达域进行验证和校正,得到的主要结论如下:

(1) 建立的改进双二体拼接模型计算载人月地返回轨道可达域,可以方便地获得满足工程约束的子集,分段解析计算方法无须迭代,计算的轨道参数为进一步高精度模型精确迭代，提供了快速收敛的初值。

　　（2）提出的高精度模型数值积分的轨道优化设计方法收敛性好，可以用于标称轨道设计任务。利用数值延拓方法计算精确可达域收敛性好，计算结果可对改进双二体拼接模型可达域计算结果进行校核和修正。

　　（3）对可达域特性影响因素分析结果表明，月地返回轨道真空近地点始终在返回出发时刻月球反垂点附近，不因地月距、月地返回飞行时长和月球赤纬等因素变化，但受地球自转因素影响，月地返回飞行时长会导致地固系中可达域参数经度值快速变化。

　　（4）针对任意时刻从LLO应急返回月心椭圆轨道三脉冲变轨问题，计算了LLO轨道面与地月连线垂直最差的情况，验证了NASA报告1450 m/s速度增量从LLO应急返回结论的正确性。

　　（5）研究验证了Apollo-13任务中，采用月地返回途中单脉冲调整返回飞行时长，扩大了地固系中月地返回轨道可达域的可行性，并给出变轨所需速度增量与提前返回缩短飞行时长的关系。

参 考 文 献

[1] 沈红新. 载人登月定点返回轨道问题研究[D]. 长沙：国防科技大学, 2009.

[2] 沈红新. 基于解析同伦的月地应急返回轨迹优化方法[D]. 长沙：国防科技大学, 2014.

[3] 杜昕. 探月返回跳跃式再入轨迹规划与制导[D]. 长沙：国防科技大学, 2015.

[4] 郑爱武, 周建平. 载人登月轨道设计方法及其约束条件概述[J]. 载人航天, 2012, 18(1): 48-54.

[5] OCAMPO C, SAUDEMONT R R. Initial trajectory model for a multi-maneuver moon to earth abort sequence[J]. Journal of Guidance, Control, and Dynamics, 2010, 33(4): 1184-1194.

[6] 白玉铸, 郗晓宁, 刘磊. 月球探测器返回轨道特性分析[J]. 国防科技大学学报, 2008, 30(4): 11-16.

[7] 张磊, 于登云, 张熇. 直接再入大气的月球返回轨道设计研究[J]. 航天器工程, 2010, 19(5): 50-55.

[8] 黄文德, 郗晓宁, 王威. 载人登月返回轨道发射窗口分析与设计[J]. 飞行器测控学报, 2010, 29(3): 310-319.

[9] 郑爱武, 周建平. 直接再入大气的月地返回窗口搜索策略[J]. 航空学报, 2013, 35(8): 2243-2250.

[10] LI J Y, GONG S P. Launch windows for manned moon-to-earth trajectories[J]. Aircraft Engineering and Aerospace Technology, 2012, 84(5): 344-356.

[11] 张洪波. 航天器轨道力学理论与方法[M]. 北京：国防工业出版社, 2016.

[12] BERRY R L. Launch window and trans-lunar, lunar orbit, and trans-earth trajectory planning and

control for the Apollo 11 lunar landing mission [C]//AIAA 8th Aerospace Science Meeting, AIAA Paper 70-24, 1970: 1-18.

[13] SOMMER S C, SHORT B J. Point return from a lunar mission for a vehicle that maneuvers within the Earth's atmosphere[R]. NASA TND-1142, 1961: 1-34.

[14] SHEN H X, ZHOU J P, PENG Q B, et al. Point return orbit design and characteristics analysis for manned lunar mission[J]. Science China·Technological Sciences, 2012, 55(9): 2561-2569.

[15] YAN H, GONG Q. High-accuracy trajectory optimization for a trans-earth-lunar mission[J]. Journal of Guidance, Control, and Dynamics, 2011, 34(4): 1219-1227.

[16] 李海阳, 贺波勇, 曹鹏飞. 载人登月转移轨道偏差传播分析与中途修正方法概述[J]. 力学与实践, 2017, 39(1): 1-6.

第 7 章
L2 点空间站至月球转移轨道可达域分析

7.1 引言

地月 L2 点（拟）周期轨道空间站用于长期载人登月任务具有一定的经济性优势[1]。L2 点（拟）周期轨道的不变流形轨道可以直接到达月球附近，但由于不变流形轨道的转移时间较长（约 15 天左右），基于不变流形的 L2 点空间站至月球转移轨道用于载人登月任务时间成本较高。Parker 等[2]曾提到 LL2 点 Halo 轨道的低能转移轨道具有全月面到达优势，但从 L2 点（拟）周期轨道出发至月球的载人登月快速转移轨道可达域特性目前鲜有研究。实际上，2013 年，我国"嫦娥 5T 试验器"的服务舱利用月球借力技术飞向了地月 L2 点（拟）周期轨道（Lissajous 轨道）[3]，在轨运行 3 圈后通过零消耗转移轨道返回了环月轨道，标志着我国已掌握地月 L2 点至月球转移轨道设计与控制技术。2018 年 5 月，我国成功将嫦娥四号任务"鹊桥号"中继星发射进入地月 L2 点 Halo 轨道，为人类首次月球背面软着陆及巡视探测提供通信中继支持[4]。"鹊桥号"中继星任务的成功，标志着我国已掌握地月 L2 点低能转移轨道设计与控制技术。本章以载人飞船从 L2 点空间站飞行至月球转移轨道的可达域为研究对象，研究了满足约束的轨道可达域计算方法。

7.2 L2 点空间站至月球转移轨道可达域问题

从 L2 点（拟）周期轨道空间站转移至 LLO 的转移轨道可达域是指基于 L2 点（拟）周期轨道空间站的载人登月任务中，载人飞船与 L2 点空间站交会对接后，与事先已经和空间站对接的月面着陆器组合，组合体从 L2 点（拟）周期轨道出发快速（约 5 天）转移至 LLO 的轨道参数分布范围。本节主要对 L2 点空间站至月球转移轨道、约束条件、可达域问题及精确可达域求解策略进行描述。

7.2.1 L2 点空间站至月球转移轨道描述

L2 点空间站至月球转移轨道一般采用切向单脉冲从 L2 点（拟）周期轨道

出发，通过约 5 天时间直接转移至月球附近，在近月点切向制动，形成 LLO 轨道，如图 7-1 所示。

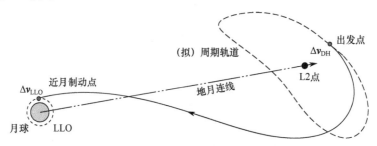

图 7-1　L2 点空间站至月球转移轨道示意图

从 L2 点空间站所在的（拟）周期轨道出发至 LLO 轨道共需要两次脉冲机动：第一次脉冲机动位置为（拟）周期轨道，作用是使航天器逃离（拟）周期轨道，进入直接转移轨道；第二次脉冲机动位置为直接转移轨道的近月点，方向为速度反方向，作用是使航天器被月球捕获，进入 LLO。在满足切向出发和近月点切向制动约束外，通过约 5 天转移时长到达 LLO，应尽可能使两次制动脉冲绝对值的和尽可能小。

$$\min J = |\Delta v_{\text{DH}}| + |\Delta v_{\text{LLO}}| \tag{7-1}$$

7.2.2　可达域问题数学描述

在 2.4.1 节中对动力学系统可达域问题进行了较为一般化的数学描述。与其描述风格一致，这里记 L2 点（拟）周期轨道出发时刻为 t_0，到达近月点时刻为 t_f，则 t_0 时刻载人飞船和着陆器组合体位于 L2 点（拟）周期轨道上，以 Halo 轨道为例，在地月 CR3BP 问题中轨道参数集合可以表示为

$$\Theta_{t_0}^n = \begin{cases} x(t_0) \in \mathbf{R}^n \\ \text{s.t.} \begin{cases} x = a_{21}A_x^2 + a_{22}A_z^2 - A_x \cos \tau_1 + (a_{23}A_x^2 - a_{24}A_z^2)\cos 2\tau_1 \\ \quad + (a_{31}A_x^3 - a_{32}A_xA_z^2)\cos 3\tau_1 \\ y = kA_x \sin \tau_1 + (b_{21}A_x^2 - b_{22}A_z^2)\sin 2\tau_1 + (b_{31}A_x^3 - b_{32}A_xA_z^2)\sin 3\tau_1 \\ z = \delta_n A_z \cos \tau_1 + \delta_n d_{21} A_x A_z (\cos 2\tau_1 - 3) + \delta_n (d_{32}A_zA_x^2 - d_{31}A_z^3)\cos 3\tau_1 \end{cases} \end{cases}$$

$$\tag{7-2}$$

式中：约束条件的解析解中，A_x 与 A_z 相关，A_z 决定 Halo 轨道幅值，$\delta_n = \pm 1$，对应北向 Halo 轨道和南向 Halo 轨道，其他系数的物理意义和计算方法见文献[5]。该表达是 1980 年 Richardson[5]通过采用 Lindstedt 级数法将 CR3BP 的动力学方程展开至三阶，给出的 Halo 轨道的三阶解析解。实际地月 L2 点附近，受太阳和月球运动摄动，（拟）周期轨道都需要不断地维持控制，无法给出简洁的表达式。当给定 Halo

轨道幅值和南北向参数后，在一个轨道周期内，也可通过相位 ϕ 表达出发点位置，如图 7-2 所示。

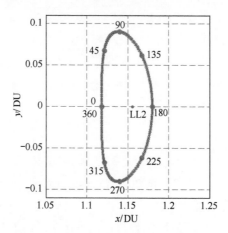

图 7-2 Halo 轨道上位置的相位表示图

到达近月点时刻 t_f 对应位置和速度状态可达域与第 4 章中式（4-2）相同，符号意义见 4.1 节。对于 L2 点空间站至月球转移轨道而言，可达域也是由近月点轨道参数组成的多维参数集，难以清晰简便地表述和理解，实际任务关心的往往是近月点共面切向减速制动后形成的 LLO 对月面的覆盖范围，即 GTS，如图 7-3 所示。而决定 LLO 轨道 GTS 的参数是月固系中倾角 i_{LCF} 和升交点经度 Ω_{LCF} 组成的集合 $Y_{t_f}^k$ 表达式同式（4-5）。

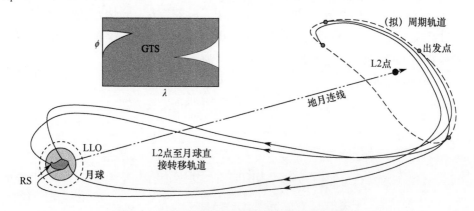

图 7-3 L2 点空间站至月球转移轨道可达域示意图

7.2.3 L2 点空间站至月球转移轨道精确可达域求解策略

从 L2 点空间站（拟）周期轨道至月球转移轨道可达域计算实际包含了无数条轨道设计问题，即要计算满足式（7-3）的所有轨道解集 $Y_{t_f}^k$。

$$\text{s.t.} \begin{cases} \boldsymbol{x} = \boldsymbol{x}(t_0) \in \boldsymbol{\Theta}_{t_0}^n \\ \kappa_{\text{EJ2}} = (h_{\text{vcp}} + R_{\text{E}}), e_{\text{EJ2}} < 1, i_{\text{EJ2}} \leqslant 90°, \\ f_{\text{EJ2}} = 0, \forall \Delta t = (t_{\text{f}} - t_0) \in \left[\Delta t^{\text{lb}}, \Delta t^{\text{ub}} \right] \end{cases} \tag{7-3}$$

从 L2 点（拟）周期轨道直接转移至月球附近的出发速度增量 Δv_{DH} 需要采用二体轨道模型 Hohmann 转移猜测初值，再采用局部梯度优化算法和正向数值积分求解，具体求解流程如图 7-4 所示。

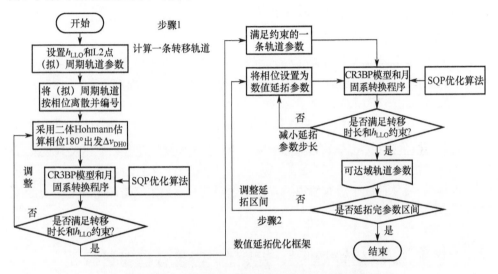

图 7-4　L2 点空间站至月球转移轨道可达域求解策略

步骤 1：根据任务目标，给定 LLO 轨道高度 h_{LLO} 和 L2 点空间站所在的（拟）周期轨道参数。

步骤 2：将（拟）周期轨道按时间等间距离散成 360 份。定义轨道上 360 个离散点为逃逸点，并按时间顺序对逃逸点进行编号 $n=1\sim360$，这里以逃逸点编号 n 代替其在（拟）周期轨道上的相位 ϕ。

步骤 3：基于时间正向积分求解思路，利用 SQP 优化算法优化一条从（拟）周期轨道 $n=180°$ 逃逸点出发到达给定高度 LLO 的直接转移轨道。优化变量为

$$\Delta \boldsymbol{v}_{\text{DH}} = [\Delta v_{\text{DH}x}, \Delta v_{\text{DH}y}, \Delta v_{\text{DH}z}]^{\text{T}} \tag{7-4}$$

迭代初值由二体模型 Hohmann 转移理论给出，计算式如下：

$$\Delta v_{\text{DH0}} = -\sqrt{\frac{u_{\text{E}}}{r_2}} \left(1 - \sqrt{\frac{2r_1}{r_1 + r_2}} \right) \tag{7-5}$$

式中：r_1 为月球轨道半长轴；r_2 为（拟）周期轨道 $n=180°$ 逃逸点的地心距。出于最大效率和最小燃耗考虑，一般在 $n=180°$ 逃逸点处近似切向离开（拟）周期轨道，优化变量 Δv_{DH} 的迭代初值可取为

$$\Delta v_{DH0} = [0, \Delta v_{DH0}, 0]^T \tag{7-6}$$

约束条件为

$$\begin{cases} \Delta t = (t_f - t_0) \in [\Delta t^{lb}, \Delta t^{ub}] \\ h_L = h_{LLO} \end{cases} \tag{7-7}$$

式中：Δt 为转移轨道飞行时长；h_L 为近月点高度。

当约束条件满足时，通过活力公式即可解析计算出 Δv_{LLO}。优化目标为式（6-1）速度增量总消耗最少。优化得到 $n=180°$ 逃逸点对应的最优逃逸脉冲为 Δv_{DHopt}^{180}，对应的 LLO 切向减速脉冲为 Δv_{LLO}^{180}。

步骤 4：采用数值延拓策略逐步计算出从（拟）周期轨道全相位出发到达给定高度 LLO 的直接转移轨道族。由于上一步已经得到从（拟）周期轨道 $n=180°$ 逃逸点出发到达给定高度 LLO 的直接转移轨道，在求解 $n=179°$ 或 $n=181°$ 逃逸点出发到达 LLO 的直接转移轨道时，将优化变量 Δv_{DH} 的迭代初值设置为 Δv_{DHopt}^{180} 即可。将相位设置为数值延拓参数，可以逐步计算出从（拟）周期轨道全相位出发到达 LLO 的直接转移轨道族。

步骤 5：将轨道族中所有轨道近月点参数对应月固系中轨道倾角和升交点经度作为可达域参数集。

7.3 L2 点空间站至月球转移轨道设计与特性分析

本节给出了从 L2 点空间站至月球转移轨道设计模型，并通过算例和不同参数，分析了该类轨道特性。

7.3.1 转移轨道设计模型

针对 CR3BP 模型下 L2 点空间站至月球 LLO 直接转移轨道设计问题，下面从设计变量、约束条件和目标函数三个方面介绍其优化模型。

以 Halo 轨道为例，设计变量为 L2 点(拟)周期轨道逃逸相位 ϕ、逃逸脉冲 Δv_{DH}、转移时间 Δt、轨道近月点高度 h_L、LLO 切向减速脉冲 Δv_{LLO} 以及 Halo 轨道幅值 A_z。设计变量均已知时，在 CR3BP 模型下可唯一确定一条 Halo-LLO 直接转移轨道。其中，$h_L = h_{LLO}$，h_{LLO} 由后续月面动力下降及软着陆任务决定；A_z 由任务目标确定。因此一条 Halo-LLO 直接转移轨道可由式（7-8）所示的四个元素确定。

$$x = [\Delta v_{DH}, \phi, \Delta t, \Delta v_{LLO}]^T \tag{7-8}$$

主要约束条件为考虑转移时间和近月点高度约束，如式（7-7）所示。在保证转移时间满足载人奔月任务需求的情况下，将优化目标设为燃料消耗最少，目标函数如式（7-1）所示。

7.3.2 算例分析

给出 CR3BP 模型下,从 Halo-LLO 直接转移轨道设计实例,初始参数及约束条件配置如下:LLO 高度 h_{LLO} = 200 km, $\Delta t \in [4.8, 5.1]$ 天,Halo 轨道幅值 A_z = 30000 km,为 LL2 点南向 Halo 轨道。

采用 7.2.2 节所述求解策略,首先将 Halo 轨道离散成 360 份,并对离散点(逃逸点)进行编号 n = 1~360;其次通过式(7-5)和式(7-6)计算 n = 180 处逃逸点对应的逃逸脉冲迭代初值 Δv_{DH0}^{180}=[0, −0.042, 0] km/s;再次基于正向积分求解思路,采用 SQP 算法优化一条从 n = 180 逃逸点出发到 LLO 的直接转移轨道,得到的最优逃逸脉冲 Δv_{DHopt}^{180}=[−0.068, −0.042, −0.020] km/s;最后采用数值延拓策略,逐步计算出从 LL2 点 Halo 轨道全相位出发到达 LLO 的直接转移轨道族,如图 7-5 所示。

对比 360 条 Halo-LLO 直接转移轨道的总速度增量消耗,发现存在两条燃料最优的轨道,二者的总速度增量消耗与转移时间均几乎相等,分别称为 A 型和 B 型直接转移轨道。如图 7-6 所示,给出了两种类型的直接转移轨道的飞行轨迹,对应的详细轨道参数见表 7-1 和表 7-2。

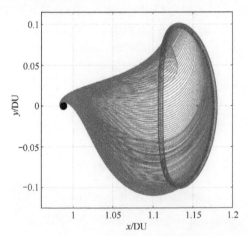
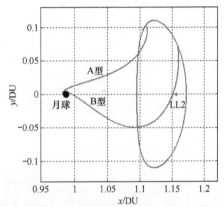

图 7-5　Halo-LLO 直接转移轨道族　　图 7-6　A 型和 B 型直接转移轨道的飞行轨迹

由图 7-6 可知,虽然 A 型和 B 型直接转移轨道的总速度增量消耗与转移时间均很接近,但二者的 Halo 轨道逃逸点相位存在显著差异,前者的逃逸点相位 $n \approx 50$,后者的逃逸点相位 $n \approx 135$。

7.3.3 转移轨道特性分析

通过大量仿真实例,分析 Halo-LLO 直接转移轨道特性。初始参数配置为:LLO 高度 h_{LLO} = 200 km;Halo 轨道幅值 A_z 分别为 5000 km、15000 km、30000 km,均

为 LL2 点南向 Halo 轨道。

如图 7-7 所示为不同 Halo 轨道幅值下，LLO 切向减速脉冲 Δv_{LLO} 与 Halo 轨道逃逸点相位 n 的关系。

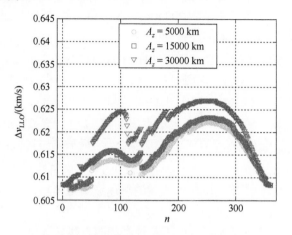

图 7-7　不同相位逃逸点对应的 LLO 减速脉冲

由图 7-7 可知：Halo 轨道幅值和 Halo 轨道逃逸点相位对 LLO 切向减速脉冲消耗均有影响，但影响不大。如图 7-8 所示为不同 Halo 轨道幅值下，Halo 轨道逃逸脉冲 Δv_{DH} 与 Halo 轨道逃逸点相位 n 的关系。

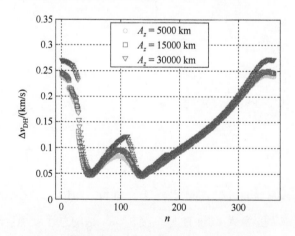

图 7-8　不同相位逃逸点对应的 Halo 轨道逃逸脉冲

由图 7-8 可知：

（1）Halo 轨道幅值和逃逸点相位对逃逸脉冲均有影响，相比之下，后者的影响更加显著。例如，对于 $A_z = 30000$ km 的 Halo 轨道，当 n 由 0 变化到 360 时，Δv_{DH} 的最大值与最小值相差约为 225 m/s；而对于不同幅值的 Halo 轨道，同一相位的插入点对应的 Δv_{DH} 最大相差约为 25 m/s。

(2) 对于不同幅值的 Halo 轨道，Δv_{DH} 随 n 的变化趋势基本相同。

(3) 当 $n \approx 50$ 和 $n \approx 135$ 时 Δv_{DH} 取得极小值，且极小值随着 Halo 轨道幅值的增大而略增大。

图 7-9 给出不同 Halo 轨道幅值下，转移所需的总速度增量 $\Delta v_{\mathrm{total}}$ 与 Halo 轨道插入点相位 n 的关系。

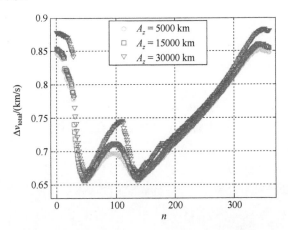

图 7-9 不同相位逃逸点对应的两脉冲转移轨道总脉冲

由图 7-9 可知：

(1) 对于不同幅值的 Halo 轨道，总速度增量随插入点相位的变化趋势基本相同；

(2) 对比图 7-9 和图 7-8 可知，对于同一幅值 Halo 轨道，$\Delta v_{\mathrm{total}}$ 和 Δv_{DH} 随 n 的变化趋势基本相同，该结论与图 7-6 的分析结果相吻合；

(3) 当 $n \approx 50$ 和 $n \approx 135$ 时，$\Delta v_{\mathrm{total}}$ 取得极小值，对应的轨道分别为 A 型和 B 型直接转移轨道。

如表 7-1 和表 7-2 所列，不同 Halo 轨道幅值下，A 型和 B 型直接转移轨道的参数，包括 Halo 轨道逃逸点相位 n、转移总脉冲 $\Delta v_{\mathrm{total}}$ 和转移时间 Δt 等。

表 7-1 不同幅值 Halo 轨道对应的 A 型直接转移轨道参数

轨道参数	A_z / km		
	5000	15000	30000
n	49	49	52
Δv_{DH} / (km/s)	0.0460	0.0502	0.0533
Δv_{LLO} / (km/s)	0.607	0.606	0.613
$\Delta v_{\mathrm{total}}$ / (km/s)	0.653	0.656	0.666
h_{L} / km	200	200	200
Δt /天	5.037	5.037	5.037

表 7-2 不同幅值 Halo 轨道对应的 B 型直接转移轨道参数

轨道参数	A_z / km		
	5000	15000	30000
n	135	136	136
Δv_{DH} / (km/s)	0.0451	0.0463	0.0504
Δv_{LLO} / (km/s)	0.609	0.611	0.616
$\Delta v_{\mathrm{total}}$ / (km/s)	0.654	0.657	0.666
h_{L} / km	200	200	200
Δt /天	5.037	5.037	5.037

由表 7-1 和表 7-2 可知：

（1）当 Halo 轨道幅值增大时，A 型与 B 型直接转移轨道的总速度增量消耗均略减小，但转移时间几乎不变；

（2）对于转移时间约为 5 天的 L2 点 Halo 轨道出发到达 LLO 的载人奔月任务，整个过程需要消耗 0.653～0.666 km/s 的速度增量，其中 Halo 轨道逃逸脉冲为 0.045～0.053 km/s，近月点制动脉冲约为 0.61 km/s。

7.4 L2 点空间站至月球转移轨道可达域计算与特性分析

月面可达能力是衡量任务支持能力的一项重要指标。传统的登月模式如 Apollo 模式，受自由返回轨道的限制，其月面可达域主要分布在低纬度区域，这不利于全月面考察。文献[2]等通过定性分析发现 L2 点（拟）周期轨道至 LLO 低能转移轨道具有全月面到达能力，但对于月面可达域显式计算方法，文中并没有给出。本节将通过坐标系转换建立奔月轨道月面可达域计算模型，分析该类转移轨道的月面可达域特性。

7.4.1 可达域计算模型

在载人登月任务中，工程实际为节省燃料通常要求月面着陆为共面转移，这就要求转移轨道能到达的 LLO 必须经过着陆区。换言之，L2 点空间站至月球转移轨道的月面可达域由其能到达的 LLO 参数决定。这里需要将 CR3BP 模型地月质心会合坐标系中参数转化至月心固连坐标系，步骤如下。

步骤 1：将 CR3BP 模型中位置矢量参数转化至 J2000 地心坐标系。在 CR3BP 模型质心会合坐标系下，假设航天器沿奔月轨道抵达近月点的时刻为 t_{prl}，航天器在近月点的位置矢量为 $\boldsymbol{r}_0$，速度矢量为 $\boldsymbol{v}_0$。根据 JPL 星历可得到该时刻月球在 J2000 地心坐标系中位置和速度矢量，利用位置和速度参数可计算得到月球公转运动轨道六根数，即半长轴 a_{M}、偏心率 e_{M}、白赤交角 i_{M}、升交点赤经 Ω_{M}、近地点幅角 $\tilde{\omega}_{\mathrm{M}}$ 和真近点角 f_{M}，如图 7-10 所示。

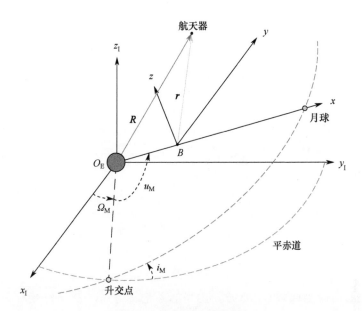

图 7-10 坐标系几何构型图

根据二体运动规律,可计算得到 t_{pr1} 时刻的地月距离:

$$L = a_M(1 - e_M \cos(E_M)) \tag{7-9}$$

式中:E_M 为月球偏近点角。单位归一化后的 L 记为 $\bar{L}$:

$$\bar{L} = L/\mathrm{DU} \tag{7-10}$$

由坐标系定义可知,在 $B-xyz$ 地月质心会合坐标系中,地球位置矢量为 $\boldsymbol{r}_{B1} = [-\bar{L}\mu, 0, 0]^T$,航天器位置矢量为 $\boldsymbol{r}_{B2} = [\bar{L}x, y, z]^T$,因此,航天器相对地球的位置矢量为

$$\boldsymbol{r}_{B3} = \boldsymbol{r}_{B2} - \boldsymbol{r}_{B1} = [\bar{L}x + \bar{L}\mu \quad y \quad z]^T \tag{7-11}$$

其次,将 $\boldsymbol{r}_{B3}$ 转换到 J2000 地心坐标系。$B-xyz$ 坐标系与 J2000 坐标系地心的转换由 i_M、Ω_M 和 u_M 三个欧拉角决定,转换矩阵 $\boldsymbol{M}_{B2O}$ 为

$$\boldsymbol{M}_{B2O} = \boldsymbol{M}_z(-\Omega_M) \cdot \boldsymbol{M}_x(-i_M) \cdot \boldsymbol{M}_z(-u_M) \tag{7-12}$$

式中:$u_M = \tilde{\omega}_M + f_M$ 为纬度幅角。

将 $\boldsymbol{r}_{B3}$ 转换到 J2000 地心坐标系并将 DU 转换为 km,即可完成位置矢量转换,如

$$\begin{bmatrix} x_I \\ y_I \\ z_I \end{bmatrix} = \mathrm{DU} \cdot \boldsymbol{M}_{B2O} \cdot \begin{bmatrix} \bar{L}x + \bar{L}\mu \\ y \\ z \end{bmatrix} \tag{7-13}$$

步骤 2:将 CR3BP 模型中速度矢量参数转化至 J2000 地心坐标系。速度转化与位置转换类似,区别在于前者需要考虑牵连速度项。J2000 地心坐标系下,由二

体运动规律可知，地月距离径向变化速率 $\dot{L}$ 为

$$\dot{L} = a_{\mathrm{M}} e_{\mathrm{M}} \sin(E_{\mathrm{M}}) \frac{\mathrm{d}E_{\mathrm{M}}}{\mathrm{d}t} \tag{7-14}$$

式中：$\dfrac{\mathrm{d}E_{\mathrm{M}}}{\mathrm{d}t} = \dfrac{n_{\mathrm{M}}}{1 - e_{\mathrm{M}} \cos(E_{\mathrm{M}})}$，$n_{\mathrm{M}} = \sqrt{\dfrac{G(m_1 + m_2)}{a_{\mathrm{M}}^3}}$，其中，$n_{\mathrm{M}}$ 为月球公转平均角速度；m_1 和 m_2 分别为地球和月球质量。单位归一化后的 $\dot{L}$ 记为 $\bar{\dot{L}}$，计算式为

$$\bar{\dot{L}} = \frac{e_{\mathrm{M}} \sin E_{\mathrm{M}}}{1 - e_{\mathrm{M}} \cos E_{\mathrm{M}}} \sqrt{\frac{G(m_1 + m_2)}{a_{\mathrm{M}}}} \frac{\mathrm{TU}}{\mathrm{DU}} \tag{7-15}$$

参考式（7-11），$B - xyz$ 坐标系中航天器相对于地心的速度矢量为

$$\dot{\boldsymbol{r}}_{B3} = \frac{\delta \boldsymbol{r}_{B3}}{\delta t} = \begin{bmatrix} \bar{\dot{L}}x + \bar{L}\dot{x} + \bar{\dot{L}}\mu \\ \dot{y} \\ \dot{z} \end{bmatrix} \tag{7-16}$$

引入地心白道坐标系 $O_{\mathrm{E}} - xyz$，由坐标系定义可知，$B - xyz$ 坐标系相对于地心的旋转角速度矢量 $\boldsymbol{\omega}_{\mathrm{M}}$ 在 $O_{\mathrm{E}} - xyz$ 坐标系中可表示为

$$\boldsymbol{\omega}_{\mathrm{M}} = [0, 0, \omega]^{\mathrm{T}} \tag{7-17}$$

式中：ω 为月球公转瞬时角速度。归一化后的 ω 记为 ω_{norm}，计算式为

$$\omega_{\mathrm{norm}} = \frac{\sqrt{a_{\mathrm{M}}(1 - e_{\mathrm{M}}^2)} \sqrt{G(m_1 + m_2)}}{a_{\mathrm{M}}^2 [1 - \cos(E_{\mathrm{M}})]^2} \mathrm{TU} \tag{7-18}$$

从而可得 $B - xyz$ 坐标系相对 $O_{\mathrm{E}} - xyz$ 坐标系的牵连速度：

$$\boldsymbol{v}_{\mathrm{e}} = \begin{bmatrix} 0 \\ 0 \\ \omega_{\mathrm{norm}} \end{bmatrix} \times \begin{bmatrix} \bar{L}x + \bar{L}\mu \\ y \\ z \end{bmatrix} \tag{7-19}$$

综上式（7-16）和式（7-19），并进行坐标转换和单位统一即可完成速度转换，如：

$$\begin{bmatrix} \dot{x}_{\mathrm{I}} \\ \dot{y}_{\mathrm{I}} \\ \dot{z}_{\mathrm{I}} \end{bmatrix} = \frac{\mathrm{DU}}{\mathrm{TU}} \cdot \boldsymbol{M}_{B2O} \cdot \left\{ \begin{bmatrix} 0 \\ 0 \\ \omega_{\mathrm{norm}} \end{bmatrix} \times \begin{bmatrix} \bar{L}x + \bar{L}\mu \\ y \\ z \end{bmatrix} + \begin{bmatrix} \bar{\dot{L}}x + \bar{L}\dot{x} + \bar{\dot{L}}\mu \\ \dot{y} \\ \dot{z} \end{bmatrix} \right\} \tag{7-20}$$

步骤 3：将 J2000 地心坐标系位置和速度矢量参数转化至 J2000 月心坐标系。设转换后的位置和速度矢量记为 $\boldsymbol{R}_{\mathrm{E0}}$ 和 $\boldsymbol{V}_{\mathrm{E0}}$。由 t_{prl} 可通过 JPL 星历获得月球相对于地球位置和速度矢量 $\boldsymbol{R}_{\mathrm{M}}$ 和 $\boldsymbol{V}_{\mathrm{M}}$，则 J2000 月心坐标系中位置和速度矢量分别为

$$\begin{cases} \boldsymbol{R}_{\mathrm{M0}} = \boldsymbol{R}_{\mathrm{E0}} - \boldsymbol{R}_{\mathrm{M}} \\ \boldsymbol{V}_{\mathrm{M0}} = \boldsymbol{V}_{\mathrm{E0}} - \boldsymbol{V}_{\mathrm{M}} \end{cases} \tag{7-21}$$

步骤 4：将 J2000 月心坐标系位置和速度矢量参数转化至月心固连坐标系。将 $\boldsymbol{R}_{M0}$ 和 $\boldsymbol{V}_{M0}$ 转换到月固系中，记转换后的位置和速度矢量为 $\boldsymbol{R}_{F0}$ 和 $\boldsymbol{V}_{F0}$，转换公式为

$$\begin{cases} \boldsymbol{R}_{F0} = \boldsymbol{M}_{J2F} \boldsymbol{R}_{M0} \\ \boldsymbol{V}_{F0} = \boldsymbol{M}_{J2F} \boldsymbol{V}_{M0} + \mathrm{d}\boldsymbol{M}_{J2F} \boldsymbol{R}_{M0} \end{cases} \quad (7\text{-}22)$$

其中

$$\boldsymbol{M}_{J2F} = \boldsymbol{M}_3(\tilde{u}_L)\boldsymbol{M}_1(\tilde{i}_L)\boldsymbol{M}_3(\tilde{\Omega}_L) \quad (7\text{-}23)$$

$$\begin{aligned}\mathrm{d}\boldsymbol{M}_{J2F} = &\mathrm{d}\boldsymbol{M}_3(\tilde{u}_L)\boldsymbol{M}_1(\tilde{i}_L)\boldsymbol{M}_3(\tilde{\Omega}_L)\mathrm{d}\tilde{u}_L + \boldsymbol{M}_3(\tilde{u}_L)\mathrm{d}\boldsymbol{M}_1(\tilde{i}_L)\boldsymbol{M}_3(\tilde{\Omega}_L)\mathrm{d}\tilde{i}_L \\ &+ \boldsymbol{M}_3(\tilde{u}_L)\boldsymbol{M}_1(\tilde{i}_L)\mathrm{d}\boldsymbol{M}_3(\tilde{\Omega}_L)\mathrm{d}\tilde{\Omega}_L\end{aligned} \quad (7\text{-}24)$$

式中：$\tilde{u}_L$、$\tilde{i}_L$、$\tilde{\Omega}_L$、$\mathrm{d}\tilde{u}_L$、$\mathrm{d}\tilde{i}_L$、$\mathrm{d}\tilde{\Omega}_L$ 为描述月球天平动的参数，通过 JPL 星历表查询。

已知在 t_{prl} 时刻月固系下航天器的位置矢量 $\boldsymbol{R}_{L0}$ 和速度矢量 $\boldsymbol{V}_{L0}$，可由式（6-25）计算得到奔月轨道能到达的 LLO 轨道倾角 i_L 和升交点经度 Ω_L。i_L 和 Ω_L 决定了 LLO 轨道面在惯性空间中的指向，因此其是决定奔月轨道月面可达域的重要参数。

$$\begin{cases} i_L = \mathrm{acos}(h_{Lz}/h_L) \\ \Omega_L = \mathrm{atan}(h_{Lx}/-h_{Ly}) \end{cases} \quad (7\text{-}25)$$

式中：h_{Fx}、h_{Fy} 和 h_{Fz} 分别为角动量矢量 $\boldsymbol{h}_L$ 在三个方向的分量。其中，$\boldsymbol{h}_L = \boldsymbol{R}_{L0} \times \boldsymbol{V}_{L0}$。

此外，由上述推导过程可知，给定不同的近月点时刻 t_{prl}，计算得到的 i_L 和 Ω_L 也不同。因此，从 L2 点空间站转移至 LLO 的月面可达域参数集由 t_{prl}、i_L 和 Ω_L 决定，通过计算不同 t_{prl} 时刻的 i_L 和 Ω_L，即可得到奔月轨道月面可达域。

7.4.2 可达域特性分析

本节将利用 7.2 节提出的轨道设计模型，放宽燃料最优限制，对所有满足约束的 L2 点（拟）周期轨道至 LLO 直接转移轨道参数进行统计分析，以揭示该类轨道的月面可达特性。

初始参数与约束条件配置如下。

LLO 高度 $h_{LLO} = 200$ km；仍以 Halo 轨道为例，幅值 $A_z = 5000, 15000, 20000, \cdots$, 40000, 43000 km，均为地月 L2 点南向 Halo 轨道。为分析这一类轨道的月面可达特性，放宽 Halo 轨道逃逸脉冲限制为 $\Delta v_{DH} < 0.15$ km/s。

首先通过采用 7.2.3 节提供的求解策略，计算从 Halo 轨道全相位出发到达 LLO 的直接转移轨道族，与图 7-5 类似；其次选出所有满足 $\Delta v_{DH} < 0.15$ km/s 的直接转移轨道，作为目标直接转移轨道。如图 7-11 所示为不同幅值 Halo 轨道对应的目标直接转移轨道在月球附近的位置分布。

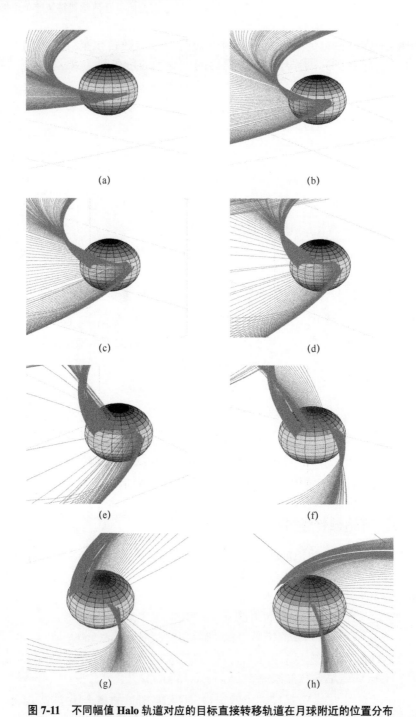

图 7-11 不同幅值 Halo 轨道对应的目标直接转移轨道在月球附近的位置分布
(a) $A_z = 5000$ km; (b) $A_z = 15000$ km; (c) $A_z = 20000$ km; (d) $A_z = 25000$ km; (e) $A_z = 30000$ km; (f) $A_z = 35000$ km; (g) $A_z = 40000$ km; (h) $A_z = 43000$ km。

由图 7-11 可知：

（1）Halo 轨道幅值 A_z 对 i_F 的影响较为显著，A_z 越小 i_F 整体越偏小，即目标直接转移轨道到达的 LLO 越靠近月球赤道，反之亦然。例如，当 A_z = 5000 km 时，i_F 的范围为 0～17°，而当 A_z = 10000 km 时，i_F 的范围为 5°～27°；

（2）当 A_z = 35000 km 时，i_F 的最大值大于 90°，即目标直接转移轨道到达的 LLO 部分为逆行轨道，且逆行轨道所占比例随 A_z 的增大而增大。

（3）针对地月 L2 点 Halo 轨道空间站支持的载人月球中高纬度区域探测任务，同时考虑 i_F 与 Ω_F 的分布特征，推荐选用 A_z = 40000 km 的 Halo 轨道作为空间站停泊轨道。

图 7-12 的另一个明显特征是：从不同幅值的 Halo 轨道出发的目标直接转移轨道，所到达的 LLO 轨道的 i_F 和 Ω_F 组成区域的形状差异较大。

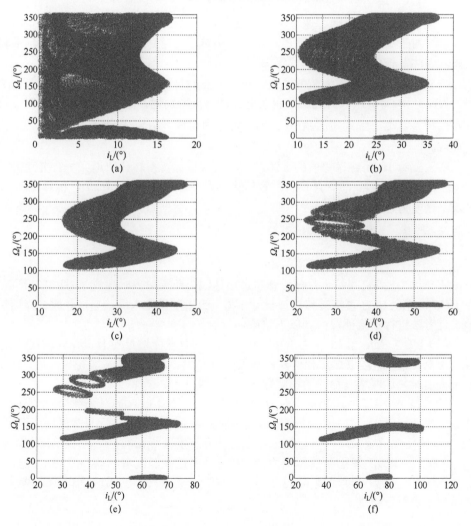

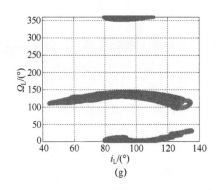 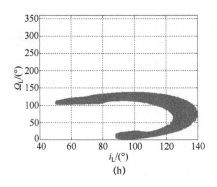

图 7-12　目标直接转移轨道所能达到的 LLO 轨道倾角与升交点经度的关系

(a) $A_z = 5000$ km；(b) $A_z = 15000$ km；(c) $A_z = 20000$ km；(d) $A_z = 25000$ km；(e) $A_z = 30000$ km；
(f) $A_z = 35000$ km；(g) $A_z = 40000$ km；(h) $A_z = 43000$ km。

产生该种现象的原因可通过图 7-11 定性解释。

（1）对于小幅值的 Halo 轨道，目标直接转移轨道为一族，其分布较为集中和连续，因此 i_F 和 Ω_F 所组成区域为连通域。

（2）随着 Halo 轨道幅值的增大，集中分布的目标直接转移轨道逐渐向两侧扩散，因此 i_F 和 Ω_F 所组成的连通域也呈分开趋势。特别地，当 $A_z = 35000$ km 时，目标直接转移轨道完全分为两族，因此 i_F 和 Ω_F 所组成区域也完全分开，形成了两块连通域。

（3）随着 Halo 轨道幅值的继续增大，两族目标直接转移轨道又呈合并趋势，当 $A_z = 43000$ km 时，两族目标直接转移轨道完全合并为一族，因此 i_F 和 Ω_F 所组成区域又恢复为连通域。

7.5　小结

本章以 L2 点空间站至月球转移轨道可达域为研究对象，建立了 CR3BP 下 L2 点 Halo 轨道至 LLO 直接转移轨道设计模型，给出了优化求解策略，并通过算例对该设计方法进行了验证，得到以下结论。

（1）L2 点 Halo 至 LLO 直接转移轨道所需的总速度增量受 Halo 轨道逃逸点相位的影响比较大，当逃逸点相位 $n \approx 50$ 和 $n \approx 135$ 时，总速度增量取得极小值；Halo 轨道幅值对总速度增量消耗的影响很小，可忽略不计；

（2）L2 点 Halo 轨道幅值，对 Halo 轨道出发到达 LLO 的直接转移轨道月面可达域的影响比较大，当 Halo 轨道幅值较小时，可达域分布越靠近月球低纬度区域，当 Halo 轨道幅值较大时，可达域分布在月球高纬度区域；

（3）以 CR3BP 模型下的轨道为初始猜想，考虑在匹配着陆场纬度决定的 LLO 的情况下，建立高精度模型下（LL2）Halo-LLO 直接转移轨道的优化设计模型，并给出了求解策略。

参 考 文 献

[1] 彭坤, 杨雷. 利用地月空间站的载人登月飞行模式分析[J]. 宇航学报, 2018, 39(5): 471-481.

[2] PARKER J S. Families of low energy lunar halo transfers [J]. Advances in the Astronautical Sciencises, 2006, 124(1): 132-152.

[3] 徐菁. 嫦娥-5: 匠心独妙的"采样返回" [J]. 国际太空, 2015, 433(1): 1-6.

[4] 吴伟仁, 王琼, 唐玉华, 等. "嫦娥四号"月球背面软着陆任务设计 [J]. 深空探测学报, 2017, 4(2): 111-117.

[5] RICHARDSON D L. Analytic construction of periodic orbits about the collinear points [J]. Celestial Mechanics, 1980, 22(3): 241-253.

第 8 章 近地一次环月两次交会的载人登月任务规划

8.1 引言

Apollo 任务采用 1.3.1 节所述地面一次发射飞行模式，且不对月面探测区域目标做苛刻要求，飞行任务规划相对简单。无人月球探测器因无航天员生保系统约束和救生要求，多采用类似于第 4 章着陆器地月转移飞行约 5 天的轨道，一般以环月极轨为地月转移轨道目标，飞行任务规划相对简单。近年来，随着我国载人登月工程论证的展开，彭祺擘[1]、沈红新[2]、黄文德[3]、李京阳[4]、郑爱武[5]、张祖鹤[6]等国内学者分别研究了载人登月任务中，从 LEO 空间站出发的地月转移发射窗口、月地直接返回窗口、月面上升窗口等飞行方案问题，采用近似简化的轨道运动学约束、光照约束、测控约束、再入约束等条件，计算只能得到大致窗口区间，没有给出详细轨道参数计算方法，并不能严格说明该区间内所有时刻均存在满足任务约束的飞行轨道，且没有考虑复杂任务中不同阶段窗口的衔接和匹配问题。本章基于前几章转移轨道可达域分析的一些轨道设计方法和分析结论，研究了近地一次环月两次交会支持的载人登月任务规划方法，并对研制的飞行任务规划软件进行简要介绍，是可达域分析研究的实际应用，为我国载人航天预先研究项目提供了计算方法。

8.2 飞行轨道窗口总体规划

飞行轨道窗口总体规划是指设计满足所有约束的载人登月任务各个飞行阶段窗口与轨道参数。本节主要描述近地一次环月两次交会的载人登月飞行方案任务规划问题，并研究飞行方案总体规划策略与衔接方法。

8.2.1 飞行方案规划问题描述及主要约束条件

由于近地一次环月两次交会的载人登月任务规模大、过程复杂、历时长，因此总体规划问题不同于轨道动力学与控制学科中研究较多的变轨燃料最优问题，难以证明全任务整体燃料最优。燃料最优固然是一个最优指标，但仅是若干个优化指标中的其中一个。总体规划更注重在满足任务中所有约束条件前提下，研究各阶段飞行轨道衔接匹配设计问题，并给出规划策略。

1. 飞行方案规划问题描述

本章所述工作开始于我国载人登月概念研究与可行性论证阶段，得到了载人航天工程办公室相关预研项目支持，面向概念研究和可行性论证中的超重型运载火箭研制难度大、研制周期长等实际问题，开展"人货分离"奔月和环月交会对接支持的载人登月飞行方案相关研究（1.3.4 节所述 LEO+LLO 交会组装方案）。该飞行方案如 1.3.7 节所述，优点明显，缺点是会导致全任务过程更加复杂，从任务需求分析、飞行方案论证、任务流程设计、窗口规划等到标称轨道优化，需要循序渐进地展开研究。考虑到我国载人航天技术现状及未来预期能力，本章假定有以下任务基本需求。

（1）送 3~4 名航天员到月面科学考察；
（2）任务实施年份约在 2025 年后；
（3）月面科学考察活动时长约 3 天；
（4）月面着陆区域具备科学考察意义、资源利用价值及工程可实现性；
（5）优先考虑海南文昌等基地发射；
（6）优先考虑内蒙古四子王旗陆上着陆回收。

载人飞船与推进飞行器在 LEO 上交会组装后进行地月转移，月球捕获制动后与先期停泊在 LLO 上的着陆器交会对接组装，航天员从载人飞船进入着陆器，与月面科学考察设备下降月面科考。完成月面考察后，着陆器上升级月面上升，与载人飞船在 LLO 上第二次交会对接，航天员和月球样品转移至载人飞船，然后一起定点返回地球着陆场。基于上述载人登月任务场景想定，以任务中 3 枚火箭地面发射、地月转移、交会对接、月面活动和月地返回等为主线，建立全任务飞行阶段剖面如图 8-1 所示。

图 8-1 中，A 代表月面着陆器，分为 A1 下降级，A2 上升级，B 为推进飞行器，C 为载人飞船，C1 为飞船服务舱，C2 为飞船返回舱。重要窗口时刻均用 T 表示，上标 A、B、C 区别飞行器，下标 0，1，2……为任务主要窗口或轨道机动节点排序。着陆器近地停泊时长小于 12 小时，采用飞行约 5 天的地月转移轨道。推进飞行器在着陆器月球捕获制动数天后发射入轨，近地停泊约 3 天，调相配合载人飞船入轨相位，2 天之内完成近地交会对接，形成载人飞船与推进飞行器组合体，重新进行姿轨测控及必要准备后（约用时 12 小时），采用绕月自由返回轨道地月转移，到达近月点后，24 小时内完成三脉冲月球捕获制动，为环月第一次交会对接做准备，2 天之内完成环月第一次交会对接，航天员及月球科考设备向着陆器转移。任务设计月面动力下降前环月等待时长最多 5 天，用来调整减小三脉冲月球捕获速度增量消耗。

忽略月面动力下降和动力上升时长,月面科考 3 天后,着陆器抛弃下降级,动力上升,2 天之内与载人飞船在环月轨道进行第二次共面交会对接,将航天员和月球样品转移至载人飞船,考虑月球公转和地球自转同向,预留 25 小时匹配着陆场经度,采用三脉冲完成月球逃逸加速制动,使载人飞船进入月地定点返回轨道,预定时间到达指定再入点,安全着陆地面。

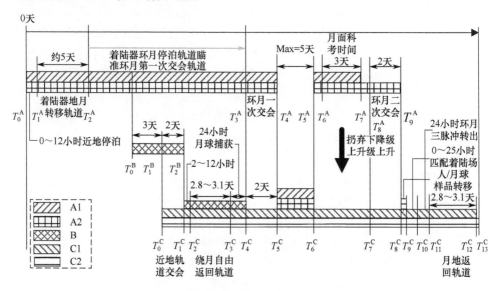

图 8-1　近地一次环月两次交会的飞行阶段剖面

2. 主要约束条件

载人登月任务需要考虑很多约束,一般而言,约束条件包括轨道运动学约束、光照约束和测控约束[6-12]。

1) 轨道运动学约束

基于 LEO + LLO 交会对接的载人登月任务中,地月/月地转移轨道共有 3 种,分别为着陆器地月转移轨道、载人飞船地月转移轨道和月地返回轨道,除此之外,载人飞船与推进飞行器在 LEO 交会对接轨道和 LLO 轨道交会对接的环月目标轨道(lunar destination orbit, LDO)都受到轨道运动学约束。按照时间先后顺序论述不同阶段约束条件。

(1) 着陆器地月转移轨道约束。着陆器地月转移飞行时长可在 5 天左右选择,不严格限制,采用近地切向单脉冲加速奔月和近月点切向单脉冲减速制动方式,瞄准 LLO 上第一次交会对接轨道 LDO。

(2) LEO 交会约束。载人飞船和推进飞行器在 LEO 共面近圆轨道交会对接,且满足交会相位差约束。LEO 交会轨道面倾角 i_E 需与地面发射场纬度 B_0 和射向角 A_0 匹配,如式(4-3)所示。

(3) 载人飞船地月转移轨道约束。载人飞船采用绕月自由返回轨道进行地月转移("星座计划"推荐载人地月转移方式)[13],与着陆器地月转移轨道不同的是,除采用近地切向单脉冲加速奔月外,近月端采用月心椭圆轨道三脉冲实现月球捕获,绕月自由返回轨道还需满足绕月自由返回地球再入点再入走廊约束。

(4) 月面共面下降和上升约束。由于月面动力下降和上升分别消耗约 2km/s 速度增量,如果采取非共面动力下降和上升,速度增量将快速增长,工程中不可取,一般利用月球自转,设计 LDO 星下点轨迹经过目标探测区域,如图 8-2 所示。

(5) 载人飞船月地返回轨道约束。考虑正常情况下返回我国内蒙古四子王旗着陆场,直接再入大气减速后开伞着陆。由于内蒙古四子王旗地理纬度约为 42°,宜采用跳跃式长航程再入弹道,要求月地返回出发时刻,月球位于赤纬南纬绝对值较大的时段。

2) 光照约束

光照约束为太阳入射角约束,一般包含两种约束。

(1) 月面动力下降时刻着陆点太阳入射角约束。月球自转和公转同周期、恒星月周期平均长度约为 27.32 天,月昼和月夜各一半。月球没有大气,受太阳直晒,加之反照率仅 7%左右,昼夜温差很大,白天太阳直射处高达 127℃,夜晚最低可降至−183℃。受视觉和保温条件限制,月面科考均安排在月昼早晨,Apollo-11 任务动力下降过程中,受地形匹配导航敏感器反照率限制,约束动力下降过程太阳入射角 $\beta_S \in [5°, 14°]$ [9],如图 8-3 所示。

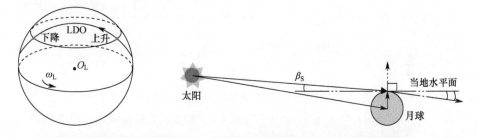

图 8-2 LDO 共面下降和上升示意图　　图 8-3 着陆点太阳入射角约束示意图

(2) 地月/月地转移轨道太阳入射角约束。为了保证长时间转移飞行过程中飞行器电源补给,要求太阳帆板具有较好的受晒性,即要求太阳入射角满足上下限约束:

$$\beta_S \in [\beta_{S\min}, \beta_{S\max}] \tag{8-1}$$

地月/月地转移轨道大部分阶段贴近白道面,飞行器大部分时间处于巡航状态,帆板与体轴垂直且具有单轴自由度,热电耦合的帆板在阳光入射角约大于 36°时即可到达额定发电功率要求($\beta_S \in [36°, 90°]$)[10]。黄白夹角仅 5°09′,所以,除非月食,绝大多数情况转移轨道太阳入射角都满足约束,只需避开月食即可,如图 8-4 所示。

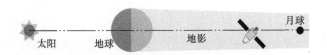

图 8-4　月食太阳入射角对航天器受晒影响示意图

3）测控约束

对于载人登月过程中，测控要满足任意时刻至少有一个地面站满足观测要求，即在飞行过程中的关键制动点（包括地月转移加速，近月制动、月面动力下降/上升、月地返回出发等）前 3 小时、后 4 小时连续测控，精确定轨[11]。

8.2.2　飞行方案总体规划策略

飞行方案规划问题实质是任务过程标称飞行窗口与轨道参数计算问题。如图 8-1 所示的任务飞行阶段剖面中，决定任务飞行窗口与轨道参数的关键窗口时刻、飞行任务和关键参数如表 8-1 所列。

表 8-1　全任务飞行阶段剖面中关键参数

关键窗口时刻	飞行任务	关键参数
$T_1^A \sim T_2^A$	着陆器地月转移	轨道参数
$T_1^B \sim T_2^B$	LEO 交会对接	交会完成轨道参数
$T_2^C \sim T_3^C$	绕月自由返回轨道地月转移段	轨道参数
$T_4^C \sim T_5^C$	LLO 第一次交会对接	LLO 参数
$T_5^C \sim T_6^C$	LLO 第一次交会完成等待时长	减少载人飞船月球捕获制动燃料
$T_5^A = T_6^A = T_6^C$	月面动力下降窗口	太阳入射角约束/着陆区约束
$T_7^A = T_8^A = T_7^C$	月面动力上升窗口	LDO 满足共面下降/上升要求
$T_{11}^C \sim T_{12}^C$	月地返回轨道	轨道参数

任务飞行方案规划问题是一个比较复杂的大系统规划与决策问题，目前并没有成熟的普适数学理论，也不能通过简单建立非线性规划模型直接优化计算，而需要根据经验，分析各个阶段约束条件性质，制定一定的策略，分层逐步分解计算。本节分析各个阶段的约束条件，制定总体规划策略方法。

在所有约束中，月面动力下降时刻太阳入射角由着陆区域在月固系中经纬度决定，任务事先往往给定着陆点，这时，动力下降时刻太阳入射角约束只能通过窗口调节。因此，月面动力下降窗口受到强约束。

在主要约束条件中，载人飞船月地返回轨道约束是较强的约束，如第 5 章所述，要想以较长航程直接再入大气返回我国内蒙古四子王旗着陆场，月地返回出发时刻，月球赤纬值需为负值（南纬）绝对值较大处。对于载人飞船绕月自由返回轨道而言，可以采用 5.6.2 节所述月心椭圆轨道三脉冲捕获制动形成 LLO，通过 LLO 第一次交会完成等待时长调节三脉冲捕获制动所需速度增量和从近地出发匹配 LEO 轨道倾角的日窗口。着陆器地月转移轨道虽然采用近地切向加速出发，近月点切向减速制动，但制动后等待时长有很大调整空间，只需在 LLO 第一次交会对接时与载人飞船共面即可。

考虑上述因素，本章提出按照以下步骤对全任务飞行方案问题进行规划。

步骤 1：给定载人飞船绕月自由返回轨道近月端椭圆轨道三脉冲捕获时长 $T_3^C \sim T_4^C$，LLO 第一次交会对接时长 $T_4^C \sim T_5^C$，月面动力下降到动力上升时长（包含月面科考）$T_5^A \sim T_8^A$，LLO 第二次交会对接时长 $T_8^A \sim T_9^A$，LLO 第二次交会完成后航天员和月球样品转移时长 $T_8^C \sim T_9^C$ 和从 LLO 三脉冲返回地球变轨时长 $T_{10}^C \sim T_{11}^C$，初值化月面动力下降时刻 T_5^A，判断是否为月昼早晨：是，转入步骤 2；否，以一定步长调整 T_5^A，再次搜索计算。

步骤 2：计算目标着陆区域该时刻太阳入射角 β_S，判断是否满足约束条件 $\beta_{Smin} \leq \beta_S \leq \beta_{Smax}$：是，转入步骤 3；否，返回步骤 1。

步骤 3：由 T_5^A 计算 T_{11}^C，计算 T_{11}^C 时刻月球赤纬值，判断能否返回目标着陆场：是，转入步骤 4；否，返回步骤 2。

步骤 4：初始化 $(T_5^A \sim T_4^A) = 0$ 天，计算 T_3^C 时刻是否存在 LEO 出发倾角满足约束的绕月自由返回轨道：是，转入步骤 5；否，调整 $(T_5^A \sim T_4^A)$，重复计算是否存在绕月自由返回轨道，直至 $(T_5^A \sim T_4^A) \leq 5$ 天，如果都不存在满足约束的绕月自由返回轨道，返回步骤 3。

步骤 5：计算 T_5^A 时刻月面共面下降和上升 LDO 轨道参数，根据步骤 4 计算的 $(T_5^A \sim T_4^A)$，计算出 $(T_3^C \sim T_4^C)$ 载人飞船绕月自由返回轨道三脉冲月球捕获速度增量，判断速度增量代价是否可以承受：是，转入步骤 6；否，返回步骤 4。

步骤 6：根据步骤 4 计算的 $(T_5^A \sim T_4^A)$，由 T_5^A 时刻月面共面下降和上升 LDO 轨道参数计算出 T_3^A 时刻 LDO 参数，搜索 $(T_3^A \sim T_2^A)$，计算着陆器地月转移窗口 $(T_1^A \sim T_2^A)$ 及对应轨道参数，通过调整 $(T_3^A \sim T_2^A)$ 使 T_1^A 时刻地心倾角满足发射场发射方位角约束，且使 $T_1^A < T_0^B$（着陆器发射失败则中止后续任务）。

步骤 7：由 T_2^C 时刻绕月自由返回轨道参数计算推进飞行器 LEO 交会窗口 $(T_1^B \sim T_2^B)$ 和发射调相段轨道参数 $(T_0^B \sim T_1^B)$。

8.3 主要阶段轨道窗口规划方法

如 8.2.2 节所述，全任务飞行方案可以按照以上 7 个步骤顺序反馈迭代总体规划。其中，步骤 1 和步骤 2 只需通过简单的日-地-月空间几何方位就可判断，步骤 3～步骤 6 需要计算环月目标轨道 LDO 参数、载人飞船月地定点返回轨道参数和绕月自由返回轨道参数、着陆器地月转移轨道参数，本节着重对这 4 段轨道窗口规划方法展开研究，由于推进飞行器 LEO 交会调相研究比较成熟，这里不展开讨论。

8.3.1 环月目标轨道窗口规划方法

月球表面无大气,单纯依靠着陆器化学发动机动力下降和上升至少需消耗约 4 km/s 速度增量,如果存在较大异面差,速度增量消耗更大,采用共面下降和上升是工程实际的必然选择。因此,可以在最初就设计出恰巧能够共面下降和上升的环月目标轨道 LDO。

1. 月固系中轨道面解析计算模型

一般而言,月面短期科考时长小于 14 天(半个阴历月),载人飞船采用绕月自由返回轨道或混合轨道进行地月转移,近月制动后形成月心逆行 LDO,与着陆器交会对接。如图 8-5 所示,在球面三角 △ABC 中和 △ADE 中,分别存在直角球面三角关系为

$$\begin{cases} \tan(\phi_p) = \sin(0.5(\pi - \dot{\lambda}t))\tan A \\ \tan(\pi - i_L) = \sin(0.5\pi)\tan A \end{cases} \quad (8\text{-}2)$$

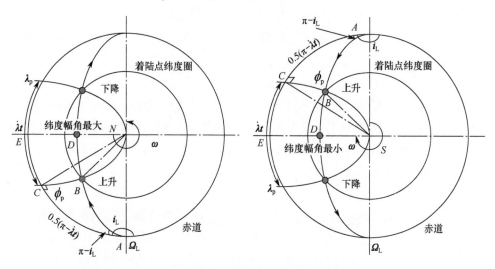

图 8-5 月固系中倾角和升交点经度几何关系

着陆点在月球北半球时,着陆时处于轨道降轨段,月固系中轨道倾角、升交点经度和近拱点角距分别为

$$\begin{cases} i_L = \pi - \mathrm{atan}(\tan(\phi_p)\sin(0.5\pi)/\sin(0.5(\pi - \dot{\lambda}t))) \\ \Omega_L = \lambda_p + 0.5(\pi + \dot{\lambda}t) \\ \omega_L = \mathrm{acos}(\cos(\phi_p)\cos(0.5(\pi + \dot{\lambda}t))) \end{cases} \quad (8\text{-}3)$$

着陆点在月球南半球时,着陆时处于轨道升轨段。此时,月固系中倾角、升交点经度和近拱点角距分别为

$$\begin{cases} i_L = \pi - \mathrm{atan}(\tan(-\phi_p)\sin(0.5\pi)/\sin(0.5(\pi - \dot{\lambda}t))) \\ \Omega_L = \lambda_p - 0.5(\pi - \dot{\lambda}t) \\ \omega_L = 2\pi - \mathrm{acos}(\cos(-\phi_p)\cos(0.5(\pi - \dot{\lambda}t))) \end{cases} \quad (8\text{-}4)$$

2. J2000 月心系 LDO 计算方法

求解了着陆时刻月固系中的 LDO 倾角、升交点经度和近拱点角距之后，只需知道 LDO 高度 h_{LDO}，即可通过坐标转化计算此时 J2000 月心系中轨道参数。假设月固系中修正轨道六根数近月距、偏心率和真近点角分别为

$$\begin{cases} r_L = R_M + h_{\mathrm{LDO}} \\ e_L = 0 \\ f_L = 0 \end{cases} \quad (8\text{-}5)$$

将修正轨道六根数转化为位置及速度矢量 (r_L, v_L)，通过 J2000 月心系和月固系转化关系，可以得到 J2000 月心系中该时刻 LDO 位置和速度矢量 $(r_{\mathrm{MJ2}}, v_{\mathrm{MJ2}})$。

以 Jan 1 2025 0:00:00.000 UTCG 时刻为例，将 J2000 月心系中 LDO 位置和速度矢量转化为轨道六根数。其中，倾角和升交点赤经如图 8-6 和图 8-7 所示。

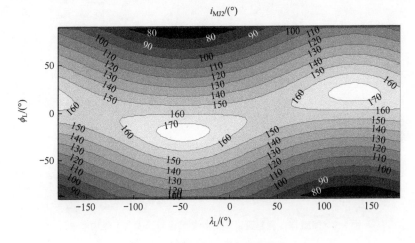

图 8-6　J2000 月心系中倾角变化

J2000 月心系中轨道倾角分布不再关于赤道对称，原因是该时刻月球天平动角度（进动角、章动角和自转角）分别为（−0.18163°，21.86922°，118.40185°）。月固系到 J2000 月心系坐标旋转矩阵由天平动角度 z–x–z 顺序旋转得到，J2000 月心系中倾角分布发生了一系列旋转扭曲。

3. 月面动力下降窗口计算方法

月面动力下降窗口只需计算着陆区域太阳入射角是否满足约束。图 8-8 给出了

虹湾（43°N,31°W）2025 年 1 月太阳入射角 5°≤β_S≤14°的窗口，可见，每个阴历月有两个窗口期，一个是月昼早晨，另一个是月昼黄昏（不可用），每月一次的月面动力下降窗口可持续约 24 小时。

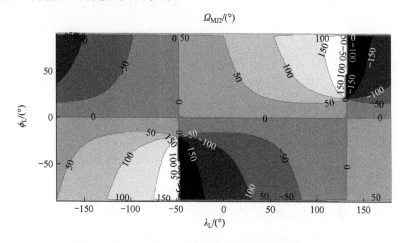

图 8-7　J2000 月心系中升交点赤经变化

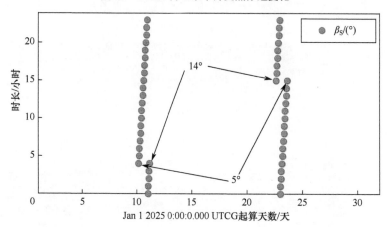

图 8-8　2025 年 1 月虹湾太阳入射角满足月面动力下降约束窗口

8.3.2　月地定点返回轨道窗口规划方法

1. 月地定点返回轨道出发窗口规划方法

如 8.2.2 节步骤 3 所述，如果将月面动力下降时刻到月地返回出发时刻时长（$T_6^C \sim T_{11}^C$）已给定，则月地定点返回轨道窗口与月面动力下降窗口存在耦合关系。基于第 6 章月地返回轨道可达域研究结论：月地返回轨道真空近地点在月地返回出发时刻月球反垂点附近，如需要返回中高纬度着陆场，除需调整月地返回出发时刻，使月球赤纬满足约束条件外，还需预留约 25 小时，匹配着陆场经度。因为月球公

转和地球自转同方向,周期为

$$T_9^C \sim T_{10}^C = \frac{2\pi}{\omega_E - \omega_M} \approx 24.9 \text{ 小时} \tag{8-6}$$

式中:ω_E、ω_M 分别为地球自转和月球公转角速度。

月地返回再入一般采用长航程(>6000 km),再入角 $\vartheta \approx -6°$,再入点到真空近地点地心扫角 Δf 满足

$$\tan\vartheta = \frac{e \cdot \sin(2\pi - \Delta f)}{1 + e \cdot \cos(2\pi - \Delta f)} \tag{8-7}$$

式中:e 为月地返回轨道偏心率,一般约等于 0.97;$\Delta f = 12.2°$。

如图 8-9 所示,以我国四子王旗(约 112° E,42° N)着陆场为例,考虑沿途地面测控需要,一般采用 43° 倾角弹道-升力式再入,弧长 $\overset{\frown}{BD}$=12.2°,地心航程扫角 $\overset{\frown}{BO}$=70°[11]。易知,在球面三角 ΔOAG 中弧长 $\overset{\frown}{GO}$ 为 42°,则球面三角形公式为

$$\sin(\overset{\frown}{GO}) = \sin(\overset{\frown}{AO})\sin(\angle OAG) \tag{8-8}$$

其中,弧长 $\overset{\frown}{AO}$ 为 78.8°,再入点 B 对应弧长 $\overset{\frown}{AB}$ 为 8.8°,真空近地点 D 对应弧长 $\overset{\frown}{AD}$ 为 21°。在球面三角 $\triangle DAF$ 中有

$$\sin(\overset{\frown}{DF}) = \sin(\overset{\frown}{AD})\sin(\angle DAF) \tag{8-9}$$

可知,$\overset{\frown}{DF}$ 弧长约为 14.2°,即真空近地点 D 纬度值。因此,想要以文献[11]所述航程和倾角返回四子王旗,在步骤 3 中,可以初步约束月地返回出发时刻月球赤纬值小于-14.2°。

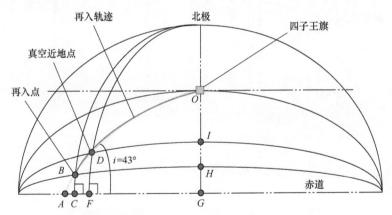

图 8-9 月地返回再入真空近地点纬度估算示意图

图 8-10 所示为 2025 年 1 月月球赤纬变化图,可以看出,月球赤纬每个阴历月周期变化一次,该月 4 日前和 27 日前后月球赤纬值均小于-14.2°,存在长航程返回四子王旗着陆场的月地返回轨道。

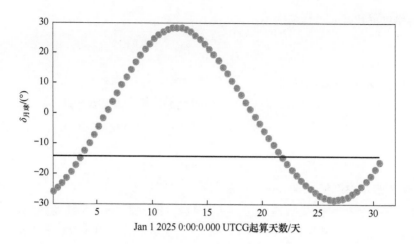

图 8-10　2025 年 1 月月球赤纬变化图

2. 验证算例

算例中设置 $(T_6^C \sim T_{11}^C) = 7.5$ 天，仍以虹湾着陆时太阳入射角 $5° \leqslant \beta_S \leqslant 14°$ 为例，则 2025 年着陆虹湾返回四子王旗着陆场的月面动力下降窗口如图 8-11 所示。

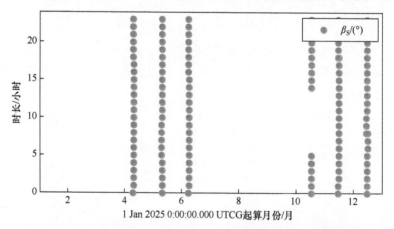

图 8-11　2025 年着陆虹湾且返回四子王旗着陆场月面动力下降窗口

可见，由于考虑返回地球中高纬四子王旗着陆场约束，虹湾月面动力下降窗口减小。2025 年只有 4 月、5 月、6 月、10 月、11 月和 12 月共 6 个月存在为期约 24 小时窗口。再向后推算 7.5 天，即可得到月地返回出发窗口区间。

要想定点返回四子王旗着陆场，需在月地返回出发窗口区间前 25 小时范围内，匹配地固系中着陆场经度。匹配着陆场经度时以 15（°）/小时地球自转角速度为牛顿迭代割线斜率，可 2~3 步匹配目标经度值，轨道设计方法如 5.3.1 节所述，这里不再赘述。

8.3.3 绕月自由返回轨道窗口规划方法

用 5.4.1 节提出的载人飞船绕月自由返回轨道设计方法可以计算得到匹配 LEO 倾角的绕月自由返回轨道。但基于 LEO + LLO 交会对接的载人登月任务中，绕月自由返回轨道出发窗口还需要匹配 LEO 交会对接完成后的相位，本节研究能够自适应 LEO 相位的绕月自由返回轨道精确窗口规划方法。

1. 自适应 LEO 相位精确窗口规划方法

采用 5.4.2 节所述方法，计算地月转移出发时刻倾角能够匹配 LEO 轨道倾角的一组绕月自由返回轨道参数作为初始值。设这组轨道近月点时刻为 $t_{\text{prl}}^{\text{old}}$，地月转移出发时刻与 LEO 交会对接完成时相位差为 Δu_{LEO}，则自适应 LEO 相位差的绕月自由返回轨道近月点时刻为

$$t_{\text{prl}}^{\text{new}} = t_{\text{prl}}^{\text{old}} + \Delta u_{\text{LEO}} \cdot T_{\text{LEO}}/2\pi \qquad (8\text{-}10)$$

式中：T_{LEO} 为 LEO 轨道周期。以 $t_{\text{prl}}^{\text{new}}$ 为新的近月点时刻，用 5.4.1 节高精度绕月自由返回轨道设计方法，计算新的绕月自由返回轨道，迭代直至 $\Delta u_{\text{LEO}} < \varepsilon$（容许误差）。

待计算完成后，采用 5.6.2 节所述方法计算月球捕获制动轨道及速度增量消耗，可通过调整 $(T_5^C \sim T_6^C)$ 使三脉冲月球捕获制动速度增量优化到最小值。

2. 验证算例

以 8.3.2 节算例中，8 Apr 2025 18:35:00.000 UTCG 为月面动力下降着陆虹湾窗口为例，设置 $(T_5^C \sim T_6^C) = 5$ 天，则按照 5.4.2 节所述方法，可以计算一条绕月自由返回轨道，该条轨道地月转移出发时刻为 28 Mar 2025 10:53:40.000 UTCG，约 31 Mar 2025 01:09:10.415 UTCG 到达近月点，2 Apr 2025 16:22:28.767 UTCG 自由返回地球大气层边界，再入角约为−6°，再入点在印度尼西亚加里曼丹岛南部海域，地月转移出发时刻，J2000 地心系中修正轨道六根数如表 8-2 所列，对应我国海南文昌发射基地最省燃料发射方位角（90°）情况。

表 8-2　绕月自由返回轨道地月转移出发参数

轨道参数	κ_{EJ2}/km	e_{EJ2}	i_{EJ2}/(°)	Ω_{EJ2}/(°)	ω_{EJ2}/(°)	f_{EJ2}/(°)
数值	6563.337	0.97389	20	338.941	242.145	0

以该条轨道近月点时刻为初值，采用 5.4.2 节高精度轨道优化设计方法，计算近月点在 ±45 min 邻域内的绕月自由返回轨道参数族，这些绕月自由返回轨道地月转移出发时刻轨道倾角和升交点赤经如图 8-12 和图 8-13 所示。

由图 8-12 和图 8-13 可知，自适应 LEO 相位绕月自由返回轨道会使轨道倾角和升交点赤经不严格等于理想的 20°，但倾角误差小于 0.1°，工程实际可以接受。

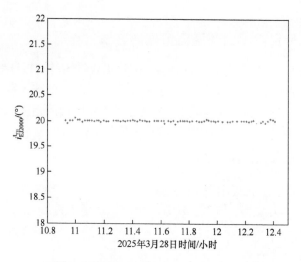

图 8-12 90 分钟邻域内绕月自由返回轨道地月转移出发时刻轨道倾角

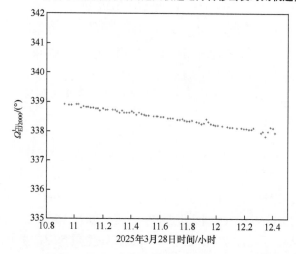

图 8-13 90 分钟邻域内绕月自由返回轨道地月转移出发时刻轨道升交点赤经

8.3.4 着陆器地月转移轨道窗口规划方法

着陆器地月转移轨道完成近月点切向制动减速后形成 LLO 轨道,等待若干天演化成环月轨道第一次交会的 LDO 轨道,其间不施加调整轨道面的轨道控制机动。这一约束使着陆器地月转移轨道窗口尤其关键,决定能否共面 LLO 交会及月面着陆点共面下降和上升,本节着重研究着陆器地月转移轨道窗口规划方法。

1. 精确窗口分层搜索方法

如 8.3.1 节和 8.3.3 节所述,后续任务已经给出了 LLO 第一次交会对接时 LDO 轨道参数,着陆器地月转移轨道窗口规划问题转变为设计环月等待时长 ($T_2^A \sim T_3^A$)

和月转移时刻 $(T_1^A \sim T_2^A)$ 对应轨道参数计算问题。

本节提出着陆器地月转移出发精确窗口三级分层搜索方法,如图8-14所示。

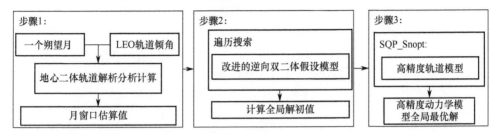

图 8-14 着陆器地月转移出发窗口三级分层搜索方法

步骤1:采用地心二体轨道解析公式,结合 LEO 倾角约束,在一个朔望月范围内搜索月窗口区间。

步骤2:采用 4.3.1 节逆向双二体假设模型,遍历逆向快速搜索窗口及轨道参数变化规律,获取窗口初值。

步骤3:采用 SQP_Snopt 和高精度轨道模型,优化求解零窗口及奔月轨道参数高精度值。

步骤1在地心二体轨道解析估计时,设置着陆器地月转移轨道远地距大于地月距,其结果只作为参数范围参考。步骤2逆向双二体假设模型循环快速搜索着陆器地月转移出发窗口及轨道参数变化规律,详细方法如 4.3.1 节所述。步骤3需要筛选逆行双二体假设模型计算参数,并将其作为迭代优化轨道参数初值,优化变量为

$$\boldsymbol{x} = \left[t_{\mathrm{prl}}, \omega_{\mathrm{MJ2}}^{\mathrm{prl}}, e_{\mathrm{MJ2}}^{\mathrm{prl}} \right]^{\mathrm{T}} \quad (8\text{-}11)$$

满足各自上下限约束 $t_{\mathrm{prl}}^{\mathrm{lb}} \leqslant t_{\mathrm{prl}} \leqslant t_{\mathrm{prl}}^{\mathrm{ub}}$,$0 \leqslant \omega_{\mathrm{MJ2}}^{\mathrm{prl}} \leqslant 2\pi$ 和 $1.1 \leqslant e_{\mathrm{MJ2}}^{\mathrm{prl}} \leqslant 1.5$。用优化变量替换原先 LDO 轨道 T_2^A 时刻对应的轨道六根数中相关参数,采用高精度动力学模型逆向积分至近地点,得到 T_1^A 时刻轨道参数。设置最优化目标函数和约束条件为

$$\begin{aligned} \min J &= \left| i_{\mathrm{EJ2}} - i_{\mathrm{EJ2}}^{\mathrm{tar}} \right| \to 0 \\ \text{s.t.} & \left| \kappa_{\mathrm{EJ2}} - \kappa_{\mathrm{EJ2}}^{\mathrm{LEO}} \right| = 0 \end{aligned} \quad (8\text{-}12)$$

2. 验证算例

与 8.3.3 节相同,仍以 8 Apr 2025 18:35:00.000 UTCG 为月面动力下降着陆虹湾窗口为例,设置月面科考活动3天,按照 8.3.1 节所述方法生成 LDO 修正轨道六根数如表8-3所列。

表 8-3 LDO 修正轨道六根数

轨道参数	κ_{MJ2} /km	e_{MJ2}	i_{MJ2} /(°)	Ω_{MJ2} /(°)	ω_{MJ2} /(°)	f_{MJ2} /(°)
数值	1849.2	0	148.5	63.752	112.28	0

仍假定$(T_5^C \sim T_6^C) = 5$ 天，以 27 Mar 2025 18:35:00.000 UTCG 时刻为 T_2^A 逆向搜索开始时刻，求解该时刻前一个月的月窗口，至 27 Feb 2025 18:35:00.000 UTCG 结束。将表 8-3 中 LDO 轨道参数高精度数值逆向积分至以 27 Mar 2025 18:35:00.000 UTCG 时刻，再逆向积分至 27 Feb 2025 18:35:00.000 UTCG，得到 LDO 在一个朔望月内轨道面摄动演化图如图 8-15 所示。可见高精度轨道动力学模型中，LDO 轨道摄动演化范围较大且不规律，采用高精度模型数值积分计算是十分必要的。

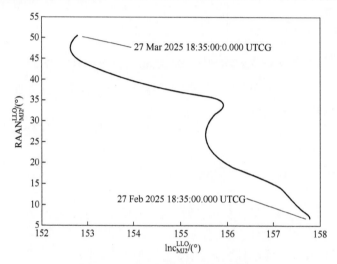

图 8-15　环月等待轨道面摄动演化图

设置近月点时刻 T_2^A (t_{prl}) 搜索步长为 10s，从 27 Mar 2025 18:35:00.000 UTCG 时刻逆向搜索至 27 Feb 2025 18:35:00.000 UTCG，设置月心近月点双曲轨道偏心率上下界为 $e_{MJ2}^{prl} \in [1.12 \sim 1.28]$，步长为 0.02，一个朔望月内着陆器奔月轨道出发时刻地心轨道近地距和倾角如图 8-16 和图 8-17 所示。可见，一个朔望月存在两个月窗口区间，窗口区间大小与 LEO 倾角正相关。以近月点时刻 T_2^A（27 Mar 2025 18:35:00～27 Mar 2025 14:41:50 UTCG）和月心近月点双曲轨道偏心率 e_{MJ2}^{prl} 为轴，地月转移出发时刻近地距和轨道倾角等高线分布如图 8-18 和图 8-19 所示。

由图 8-18 和图 8-19 可见，影响窗口的短周期时长约为 2 小时，即 LLO 轨道周期。

考虑发射场指挥协调时间，如图 8-16 中 27 Mar 2025 18:35:00.000 UTCG～20 Mar 2025 17:50:00.000 UTCG 月窗口不可用，设置搜索区间为 11 Mar 2025 04:35:0.000～16 Mar 2025 04:35:00.000 UTCG，采用步骤 3 方法，得到 T_2^A 时刻为 9 Mar 2025 01:18:00.000 UTCG，T_1^A 时刻为 3 Mar 2025 19:57:32.000 UTCG 的一条高精度动力学模型着陆器地月转移轨道。J2000 月心系中，该条轨道近月点修正轨道六根数如表 8-4 所列。

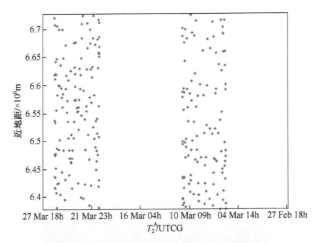

图 8-16　逆向双二体模型计算地心轨道近地距

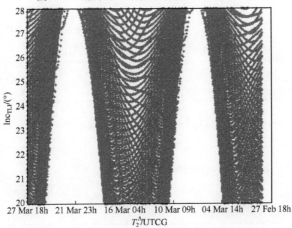

图 8-17　逆向双二体模型计算地心轨道倾角

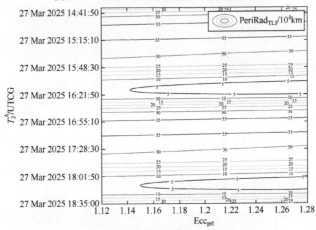

图 8-18　逆向双二体模型计算近地距等高线图

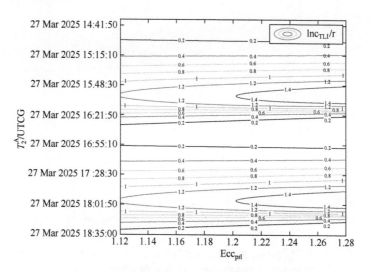

图 8-19　逆向双二体模型计算轨道倾角等高线图

表 8-4　着陆器地月转移轨道近月点修正轨道六根数

轨道参数	κ_{MJ2}/m	e_{MJ2}	i_{MJ2}/(°)	Ω_{MJ2}/(°)	ω_{MJ2}/(°)	f_{MJ2}/(°)
数值	1849200	1.18472	157.387	24.307	339.224	0

J2000 地心系中，该条轨道近地出发时刻修正轨道六根数如表 8-5 所示，空间飞行轨迹如图 8-20 所示。

表 8-5　着陆器地月转移轨道近地点修正轨道六根数

轨道参数	κ_{EJ2}/m	e_{EJ2}	i_{EJ2}/(°)	Ω_{EJ2}/(°)	ω_{EJ2}/(°)	f_{EJ2}/(°)
数值	6563337	0.96623	28.000	359.740	290.230	0

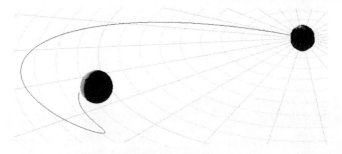

图 8-20　着陆器地月转移空间飞行轨迹

8.4　飞行方案规划软件

本节作为本书研究成果的一个应用，介绍了作者独立研制的载人登月任务优化与系统仿真软件。该软件是作者完成的载人航天工程办公室预先研究项目"载人登月任务优化与系统仿真研究"的一部分,功能已经得到国内多家行业内单位验证,对载人登月论证任务和预先研究项目起到了很好的支撑作用。

任务规划软件在 Microsoft Visual C++平台下开发,采用了面向对象软件开发技术,分为标称任务规划软件和实时在线轨控规划软件两类。标称任务规划软件提供全任务标称飞行方案窗口和轨道参数信息,软件开始界面如图 8-21 所示,包括 6 个 Tab 页,分别用于计算月面动力下降窗口、环月共面下降/上升轨道、载人飞船自由返回轨道、着陆器地月转移轨道、月地定点返回轨道和火箭发射共面窗口。其中,月面动力下降窗口计算界面如图 8-22 所示,用户需要输入目标月面着陆区月理经纬度和搜索时间区间及步长,采用 JPL 星历计算着陆区不同时刻阳光入射角及月球赤纬变化曲线,根据月面动力下降时刻到月地返回出发时刻时间间隔、阳光入射角约束范围和月球赤纬对月地返回轨道可达域的影响,选出月面动力下降着陆窗口。

图 8-21 全任务标称飞行方案规划软件界面

环月共面下降/上升轨道计算界面如图 8-23 所示,用户将选出的月面动力下降着陆窗口、着陆点经纬度、月面活动时长、LLO 第 2 次交会对接时长、人/月壤转移时长、环月三脉冲月地返回变轨时长、环月圆轨道高度、能否返回四子王旗可达域分析经验判据以及 LDO 基本方向作为输入参数,根据 7.2.1 节方法计算 LDO 轨道参数,并给出能否返回四子王旗标识。

载人飞船绕月自由返回轨道计算界面如图 8-24 所示,需要输入前两步计算的月面动力下降着陆时刻、LDO 轨道参数、LLO 交会对接时长与之前的等待时长、三脉冲月球捕获制动时长、近月点高度、近月点参考速度、近月点参考伪倾角、近地出发 LEO 高度、LEO 倾角及自由返回地球真空近地点时的参考高度，采用 5.6.2 节提出的方法，计算载人飞船绕月自由返回轨道参数及月球捕获三脉冲制动及变轨速度增量。

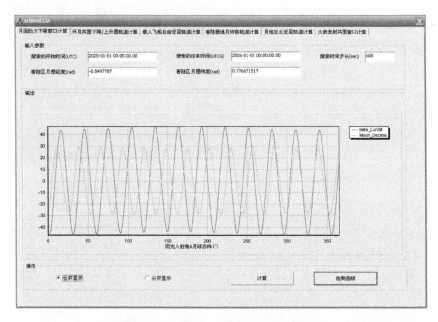

图 8-22　软件 Tab 页（月面动力下降窗口计算）

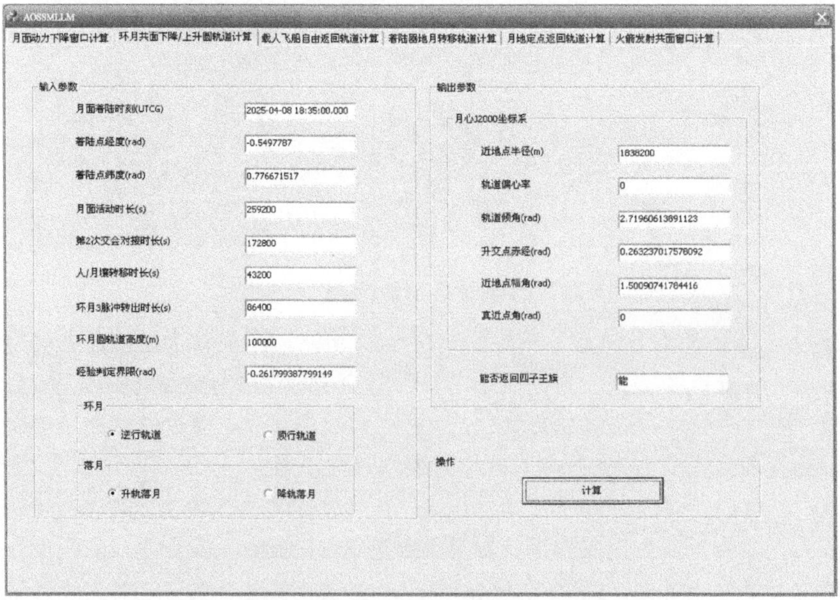

图 8-23　软件 Tab 页（环月共面下降/上升轨道计算）

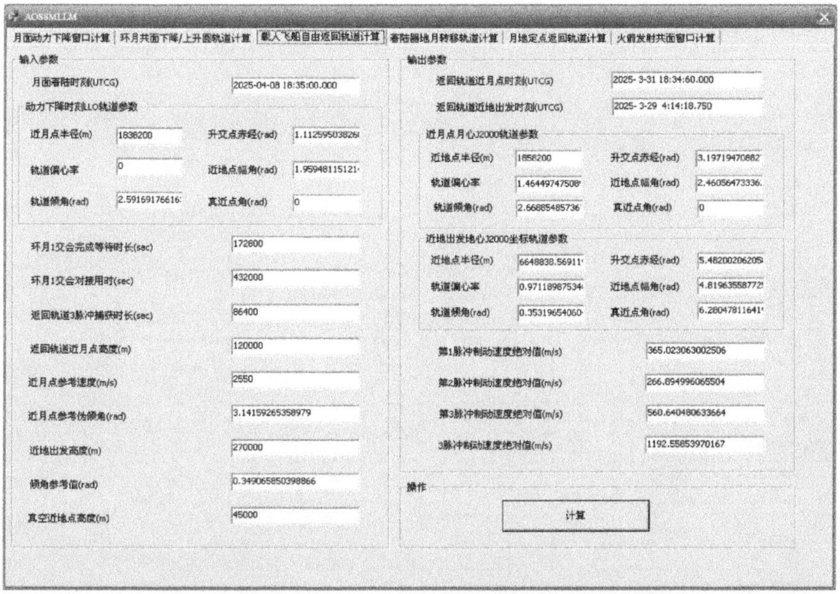

第 8 章
近地一次环月两次交会的载人登月任务规划

图 8-24 软件 Tab 页（载人飞船绕月自由返回轨道计算）

着陆器地月转移轨道计算模块和月地定点返回轨道计算模块界面分别如图 8-25 和图 8-26 所示，分别采用 4.4.1 节和 6.4.1 节提出的轨道设计方法，根据前面几步计算的轨道参数，计算出着陆器地月转移轨道和月地定点返回轨道，完成飞行方案规划问题中主要阶段轨道窗口设计工作。

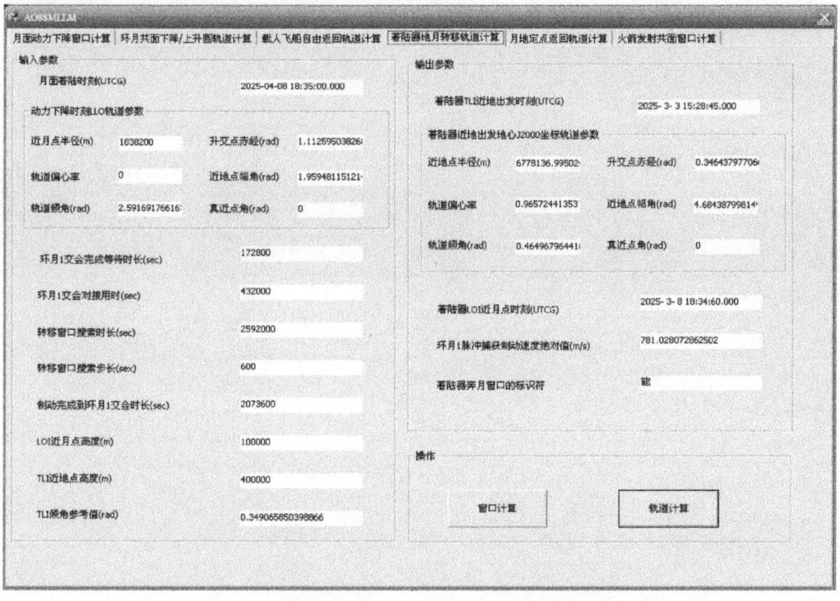

图 8-25 软件 Tab 页（着陆器地月转移轨道计算）

图 8-26 软件 Tab 页（月地定点返回轨道计算）

火箭发射共面窗口计算模块可以包括地面三次火箭发射共面窗口和月面动力上升共面窗口，界面如图 8-27 所示。用户输入发射之后的轨道参数、发射场经纬度及逆向轨道外推时长，输出参数为轨道与发射场异面角变化列表，查看选取最小值对应时刻。

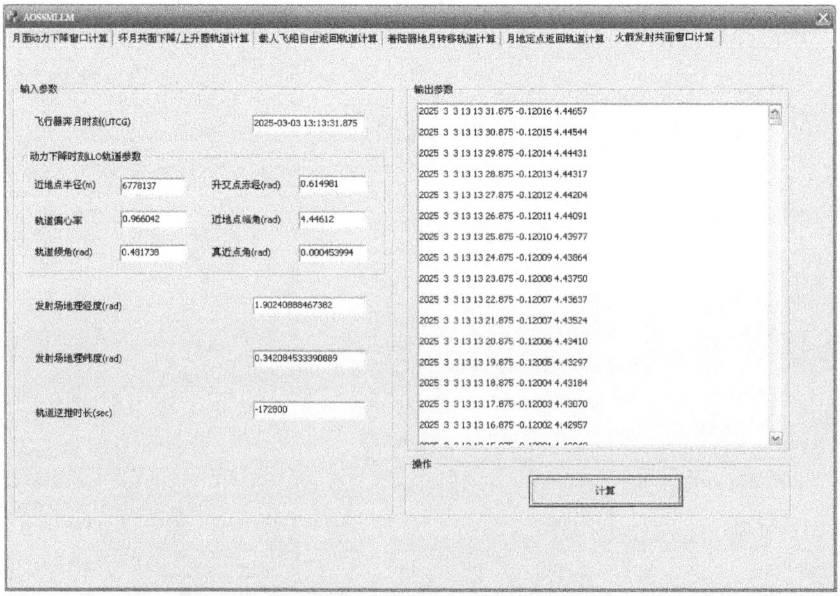

图 8-27 软件 Tab 页（火箭发射共面窗口计算）

实时在线轨迹控制规划软件负责在多家单位参与的全任务系统联合仿真过程中,修正拉偏仿真实验中偏差轨道。该类软件从轨道测量预测模块接收偏差轨道数据,计算含偏轨道控制速度增量,界面设计简单明了,主要用于判断接收数据和计算数据通信链路是否正常,计算结果是否正确。

以载人飞船两脉冲中止返回制动控制指令在线计算软件为例,该软件界面如图 8-28 所示。该软件是仿真计算载人飞船以绕月自由返回轨道地月转移出发后不久,由于故障导致任务中止,此时飞船还未进入月球影响的情况,计算两脉冲任务中止机动轨道参数,为总体论证分析提供速度增量需求等数据支撑。

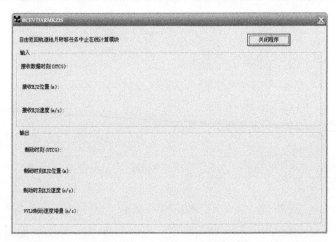

图 8-28　载人飞船两脉冲中止返回制动控制指令在线计算软件界面

8.5　小结

本章首先分析了载人登月全任务飞行方案规划问题及主要约束条件,制定了飞行方案总体规划策略,并分步提出了主要阶段轨道窗口规划方法,主要结论如下。

(1) 建立的全任务飞行方案总体规划方法按步骤逐步实施,使全任务飞行方案规划问题得以分解分步计算。

(2) 全任务飞行方案主要由几个主要阶段轨道窗口问题组成,本文提出的模型或方法经算例验证,可以解决主要窗口规划问题。

(3) 介绍了作者研制的载人登月任务优化与系统仿真软件,简单阐述了标称任务规划和实时在线轨道控制规划的软件功能。

参 考 文 献

[1] 彭祺擘. 基于空间站支持的载人登月方案研究[D]. 长沙: 国防科技大学, 2007.
[2] 沈红新. 载人登月定点返回轨道问题研究[D]. 长沙: 国防科技大学, 2009.

[3] 黄文德, 郗晓宁, 王威. 载人登月返回轨道发射窗口分析与设计[J]. 飞行器测控学报, 2010, 29(3): 310-319.

[4] LI J Y, GONG S P. Launch windows for manned moon-to-earth trajectories[J]. Aircraft Engineering and Aerospace Technology, 2012, 84(5): 344-356.

[5] 郑爱武, 周建平. 直接再入大气的月地返回窗口搜索策略[J]. 航空学报, 2013, 35(8): 2243-2250.

[6] 张祖鹤. 载人登月综合任务窗口问题研究[D]. 长沙: 国防科技大学, 2012.

[7] 沈红新. 基于解析同伦的月地应急返回轨迹优化方法[D]. 长沙: 国防科技大学, 2014.

[8] 黄文德, 郗晓宁, 王威. 载人登月返回轨道发射窗口分析与设计[J]. 飞行器测控学报, 2010, 29(3): 310-319.

[9] BERRY R L. Launch window and trans-lunar, lunar orbit, and trans-earth trajectory planning and control for the Apollo-11 lunar landing mission [C]. AIAA 8th Aerospace Science Meeting, AIAA Paper 70-24, 1970: 1-18.

[10] 任德鹏, 贾阳, 刘强. 月面巡视探测器太阳帆板热电耦合仿真计算[J]. 航天器环境工程, 2008, 25(5): 423-427.

[11] 张磊, 于登云, 张熇. 直接再入大气的月球返回轨道设计研究[J]. 航天器工程, 2010, 19(5): 50-55.

[12] 郗晓宁, 曾国强, 任萱, 等. 月球探测器轨道设计[M]. 北京: 国防工业出版社, 2001.

[13] STANLEY D, COOK S, CONNOLLY J, et al. NASA's exploration system architecture study [R]. NASA Report, 2005: TM-2005-214062.

第 9 章 L2 点空间站支持的载人登月任务规划

9.1 引言

地月 L2 点空间站支持的载人月球探测任务具有发射窗口范围广、易扩大月面覆盖范围等优点。随着我国平动点技术的日益成熟和载人月球探测技术的不断发展,开展地月 L2 点空间站支持的载人月球探测轨道研究,不仅能提供创新性的任务轨道方案,还能为未来月球资源长期开发与利用、火星与深空探测等拓展任务提供数据支撑。本章研究的地月 L2 点空间站支持的载人登月任务轨道窗口规划方法,为我国载人航天预先研究项目提供了计算方法。

9.2 空间站支持的飞行轨道窗口规划

9.2.1 L2 点空间站支持的飞行规划问题描述

第 8 章中我们研究的近地一次环月两次交会的载人登月飞行模式导致各段飞行轨道窗口耦合衔接关系复杂,飞行轨道窗口设计规划问题难度较大。与此不同的是,L2 点空间站支持的载人登月飞行模式可将各段飞行轨道窗口解耦,降低了轨道窗口设计规划的难度。本节主要描述 L2 点空间站支持的飞行规划问题。

$$x = [\Delta v_{\text{LEO}}, \Delta t_{\text{ES}}, X_{\text{IS}}, \Delta v_{\text{IS}}]^{\text{T}} \tag{9-1}$$

本章所述工作开始于我国载人登月概念研究与可行性论证阶段的一项内容,得到了载人航天工程办公室相关预研项目支持。由于 L2 点空间站飞行于不稳定的(拟)周期轨道上,因此轨道自身维持控制需要一定的燃料消耗。为降低整体燃料消耗,在飞行轨道窗口设计时,应在满足所有必要约束条件的前提下,使转移轨道加速或减速燃料消耗尽可能小。

如 1.1.3 节所述,L2 点空间站支持的载人登月任务中,着陆器事先从地球出发通过 1.3.4 节所述低能转移方式转移至地月 L2 点附近(拟)周期轨道,插入 L2 点(拟)周期轨道时,位于该轨道的空间站恰好也飞行至插入点附近(留一定安全距离),便于交会对接。

载人飞船从 LEO 出发，通过 1.3.5 节所述直接转移方式快速插入 L2 点（拟）周期轨道，与着陆器和空间站组合体进行交会对接。可以看出，着陆器和载人飞船从 LEO 出发，飞往 L2 点（拟）周期轨道的 LEO-L2 转移轨道出发窗口，需根据运行于 L2 点（拟）周期轨道上的空间站（后者是空间站和着陆器组合体）相位设计，使两个飞行器到达 L2 点（拟）周期轨道的插入点满足交会对接的适合条件。

而如 1.3.6 节所述，从 L2 点空间站出发转移至 LLO 的转移轨道的出发窗口需根据月面科学考察目的地经纬度设计。月球受地球潮汐锁定，自转随公转同周期，地月 L2 点附近只能看见月球背面（恰如地球上只能看见月球正面一样）。如第 6 章研究结论，仍以南向 Halo 轨道为例，当幅值大于 40000 km 时，L2 点空间站转移至月球附近切向制动形成的 LLO 轨道时才具备逆行条件，且形成的 LLO 轨道倾角和升交点经度与从 L2 点（拟）周期轨道出发的相位相关。

综上所述，在不讨论 L2 点空间站建设诸多情况时，单次 L2 点空间站支持的载人登月飞行方案规划问题可以解耦为着陆器从 LEO 转移至 L2 点空间站的低能转移轨道窗口规划问题、载人飞船从 LEO 快速直接转移至 L2 点空间站的转移轨道窗口规划问题和从 L2 点空间站至月球 LLO 转移轨道窗口规划问题。除满足与 L2 点空间站交会组装的相位约束和环月目标轨道（lunar destination orbit，LDO）参数外，变轨燃料最优是这 3 段转移轨道设计时应该考虑的指标。

9.2.2 主要约束条件

L2 点空间站支持的载人登月任务需考虑一些工程约束，包括轨道运动学约束、光照约束和测控约束。

1. 轨道运动学约束

按照时间先后顺序论述不同阶段约束条件。

（1）着陆器从 LEO 转移至 L2 点空间站的低能转移轨道飞行时长需在地面深空测控代价容许限度内，一般时间不宜太长，LEO 出发轨道倾角 i_E 需与地面发射场纬度 B_0 和射向角 A_0 匹配，如式（4-3）所示，出发窗口需瞄准 L2 点空间站相位；

（2）载人飞船从 LEO 快速直接转移至 L2 点空间站的转移轨道飞行时长应与变轨燃料消耗兼顾，寻找综合最优时长，LEO 出发轨道倾角需考虑地面发射场情况，也需考虑出发窗口瞄准 L2 点空间站与着陆器组合体相位；

（3）载人飞船和着陆器组合体从 L2 点空间站至月球 LLO 转移轨道的出发窗口需考虑 LDO 参数，尽可能地使出发点和 LLO 制动是切向加速或制动；

（4）月面共面下降和上升约束与 8.2.1 节相同，这里不再赘述。

2. 光照约束

L2 点空间站支持的载人登月飞行任务中，月面动力下降和科学考察活动对光照的约束条件与第 8 章相同，转移轨道也需避开月食。

3. 测控约束

7.4.2 节研究表明只有 L2 点空间站运行的（拟）周期轨道具有幅值大于 40000 km 的基本要求，才具备到达月球 LLO 逆行的条件。这一要求使地面测控约束中避免月掩的问题得以基本解决[1]。其余测控约束与 8.2.1 节相同。

9.2.3 空间站支持的飞行任务总体规划策略

9.3 主要阶段轨道窗口规划方法

如 9.2.1 节所述，L2 点空间站支持的载人登月任务飞行方案规划问题主要由着陆器从 LEO 转移至 L2 点空间站的低能转移轨道、载人飞船从 LEO 快速直接转移至 L2 点空间站的转移轨道和从 L2 点空间站至月球 LLO 的转移轨道 3 段转移轨道窗口规划问题组成。本节着重对这 3 段轨道窗口规划方法展开研究。

9.3.1 空间站货运补给轨道窗口规划方法

L2 点空间站建设、货物补给运输和着陆器从 LEO 转移至 L2 点空间站均对转移飞行时长要求不高，因此在进行轨道设计时，可以弱化时间约束，以总速度增量消耗为优化目标。本节针对 LEO 出发达到地月 L2 点空间站的着陆器转移轨道设计任务，综合不变流形与月球借力两种节省燃料方式，提出了基于不变流形和月球借力的间接转移方案，相应的轨道称为 LEO-地月 L2 点空间站间接转移轨道。如图 9-1 所示为 LEO-地月 L2 点空间站间接转移轨道示意图。

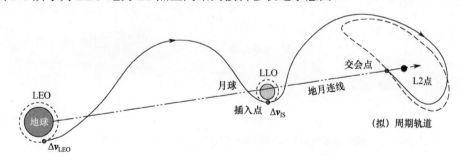

图 9-1　LEO-地月 L2 点空间站间接转移轨道示意图

1. 着陆器转移轨道优化求解方法

本节将着陆器至 L2 点空间站间接转移轨道设计问题，转换为有约束非线性规划求解问题，在此基础上构造了优化模型，并提出一种解析初值猜想与局部梯度优化相结合的求解策略。

仍以 Halo 轨道为例，设计变量为逃逸点高度 h_E、逃逸点切向逃逸脉冲 Δv_{LEO}、稳定流形（可由近月点高度 h_S 确定）、直接转移段转移时间 Δt_{ES}、稳定流形插入位置 X_{IS}，稳定流形插入脉冲 Δv_{IS} 以及 Halo 轨道幅值 A_z。设计变量均已知时，在 CR3BP 模型下可唯一确定一条 LEO-地月 L2 点 Halo 间接转移轨道。其中，$h_E = h_{LEO}$ 由发射系统确定；h_S 由测控系统精度确定；A_z 由任务目标给定。因此，该条转移轨道可由式（9-1）所示设计变量确定。

$$x = [\Delta v_{LEO}, \Delta t_{ES}, X_{IS}, \Delta v_{IS}]^T \tag{9-2}$$

约束条件主要考虑转移时间和近地点高度约束。本节将约束简化为

$$\begin{cases} \Delta t_{ES} \leqslant 7.4 \text{天} \\ h_E = h_{LEO} \end{cases} \tag{9-3}$$

实际任务中，往往希望转移过程中燃料消耗最少或者飞行时间最短，考虑到我国当前火箭的运载能力和货物补给的任务目标，本节将优化目标函数设为总速度增量消耗最少，即目标函数为

$$\min J = \Delta v_{\text{total}} = |\Delta v_{LEO}| + |\Delta v_{IS}| \tag{9-4}$$

由式（9-1）～式（9-3）组成的优化问题可以通过设计变量初值解析猜想与局部梯度优化相结合的求解策略求解，求解流程如图 9-2 所示。

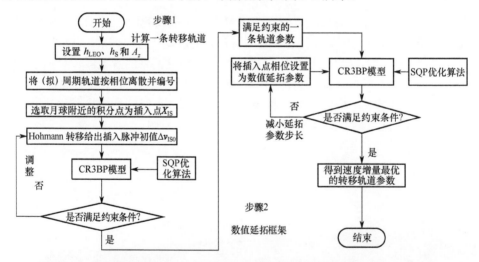

图 9-2 基于数值延拓遍历 LEO 至 Halo 轨道燃料最优间接转移轨道求解流程图

求解步骤如下。

步骤 1：根据火箭运载能力与任务目标，确定 LEO 轨道高度 h_{LEO}，稳定流形近月点高度 h_S 和目标 Halo 轨道幅值 A_z。

步骤 2：计算目标流形轨道。首先，将 Halo 轨道按时间等间距离散成 360 份，并按时间顺序对离散点进行编号 $n = 1 \sim 360$；其次，计算 360 个离散点对应的稳定流形（Halo 轨道左侧），并选出近月点高度与 h_S 一致的稳定流形，作为目标流形轨

道。定义目标流形轨道上位于月球附近的积分点为插入点，其相对月球的相位记为 ϕ，ϕ 的定义如图 9-3 所示。ϕ 与插入点位置 X_{IS} 形成一一对应关系。

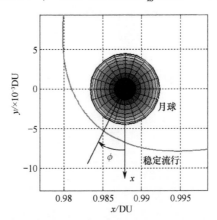

图 9-3　不变流形插入点相位定义

步骤 3：基于时间逆向积分求解思路，采用 SQP 算法优化一条从 LEO 出发到达 $\phi=90°$ 插入点的直接转移轨道。优化变量为

$$\Delta \boldsymbol{v}_{IS} = [\Delta v_{ISx}, \Delta v_{ISy}, \Delta v_{ISz}]^T \tag{9-5}$$

迭代初值由二体模型 Hohmann 转移理论给出，计算式如下：

$$\Delta v_{IS0} = \sqrt{\frac{u_E}{r_2}} \left(1 - \sqrt{\frac{2r_1}{r_1 + r_2}}\right) \tag{9-6}$$

式中：r_1 为 LEO 轨道半长轴；r_2 为 $\phi=90°$ 插入点的地心距。优化变量 Δv_{IS} 的迭代初值可取为

$$\Delta \boldsymbol{v}_{IS0} = [0, \Delta v_{IS0}, 0]^T \tag{9-7}$$

约束条件为式（9-2）列举的等式与不等式约束。当约束条件满足时，通过活力公式即可解析计算出 Δv_{LEO}。优化目标为总速度增量消耗最少，目标函数见式（9-3）。优化得到的 $\phi=90°$ 插入点对应的最优插入脉冲记为 $\Delta v_{ISopt}^{\phi=90}$，对应的入轨点切向逃逸脉冲大小记为 $\Delta v_{LEO}^{\phi=90}$。

步骤 4：采用数值延拓策略计算从给定高度 LEO 出发到达其他插入点的直接转移轨道。由于上一步已经得到从 LEO 出发到达 $\phi=90°$ 插入点的直接转移轨道，在求解 LEO 出发到达 $\phi=91°$ 或 $\phi=89°$ 插入点的直接转移轨道时，将优化变量初值设为 $\Delta v_{LEO}^{\phi=90}$ 即可。依次递推，可计算出从 LEO 出发到达任意插入点的直接转移轨道。

步骤 5：分析插入点相位与总速度增量之间的关系，得到燃料最优的 LEO-Halo 间接转移轨道。

2. 出发窗口与插入点相位关系

针对上述轨道优化与求解步骤，下面给出一组算例验证。初始参数及约束条件

配置如下：LEO 高度 h_{LEO}=185 km；目标流形轨道近月点高度 h_S=200 km；目标流形轨道插入点相位 ϕ=124.9872°；直接转移段飞行时间 Δt_{ES}≤7.4 天；Halo 轨道幅值 A_z = 10000 km，为地月 L2 点南向 Halo 轨道。

首先，将 Halo 轨道离散成 360 份，如图 7-2 所示。

其次，计算 360 个离散点对应的稳定流形（Halo 轨道左侧），并选出近月点高度满足约束的稳定流形轨道，如图 9-4 所示。可知，满足近月点高度约束的稳定流形轨道有两条，分别为"A 型"和"B 型"稳定流形轨道。其中，"B 型"稳定流形绕月后径直奔向 Halo 轨道，不适用于从地球出发到达 Halo 轨道的转移任务，因此，选用"A 型"稳定流形轨道作为目标流形轨道。

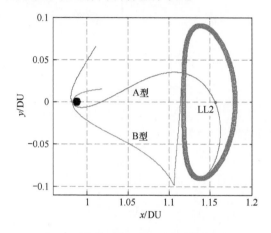

图 9-4 满足近月点高度约束的稳定流形

采用 9.3.1 节 1 中求解步骤，求解燃料最优的 LEO-Halo 间接转移轨道参数如 9.3.1 节 3 中表 9-1 所示为燃料最优 LEO-（LL2）Halo 间接转移轨道参数，图 9-5 所示为相应的轨道飞行轨迹。

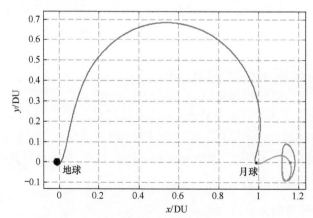

图 9-5 h_S=200 km 的目标流形轨道对应的 LEO-Halo 间接转移轨道

该条轨道优化求解过程在计算机 CPU 为 2.67 GHz 点 MATLAB 环境下进行，单条轨道的求解时长不超过 30 s。因此，利用此求解策略进行 LEO-（LL2）Halo 间接转移轨道设计时，收敛速度很快，适用于大规模的轨道特性分析。

以该算例参数设置为基础，将插入点相位约束放宽，研究转移速度增量与插入点相位之间的关系。首先，将目标流形轨道插入点相位设置为 $\phi=0\sim180°$，以目标流形轨道上自然积分点为插入点，采用 9.3.1 节求解步骤，逐条计算出从 LEO 出发达到所有月球附近的插入点的直接转移轨道。其次，计算各插入点对应的相位，分析插入点相位 ϕ 与总速度增量 Δv_{total} 的关系，如图 9-6 所示。

由图 9-6 可知：

（1）目标流形插入点相位对转移速度增量的影响较为显著，当 $\phi\approx120°$ 时，转移速度增量取极小值，约为 3.4818 km/s。

（2）当 $\phi<120°$ 时，ϕ 越小，转移速度增量越大。产生上述现象的原因可通过图 8-3 解释：当 ϕ 减小时，插入点与目标流形近月点之间的间距将增大，导致月球借力效果变差，转移所需速度增量增加。

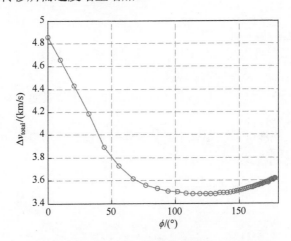

图 9-6　插入点相位 ϕ 与总速度增量 Δv_{total} 的关系

（3）当 $\phi>120°$，ϕ 减小时，转移所需的速度增量将略微增大，这一点是由目标流形的"走向"所致的。

3. 近月点高度和 Halo 轨道幅值的影响

1）近月点高度的影响分析

本节放宽近月点高度约束，研究转移所需的最小速度增量与目标流形近月点高度之间的关系。除近月点高度外，其余参数及约束条件配置与 9.3.1 节相同。首先，选出近月点高度 $h_s=0\sim5000$ km 的"A 型"目标稳定流形族，如图 9-7 所示。

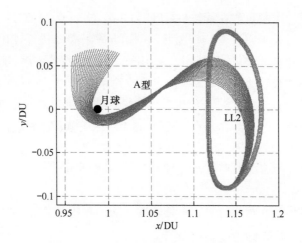

图 9-7 满足近月点高度约束的稳定流形

其次,采用 9.3.1 节的求解步骤,逐条计算出 LEO 出发达到所有目标稳定流形的速度增量最优的直接转移轨道,得到近月点高度 h_S 与总速度增量 Δv_{total} 的关系,如图 9-8 所示。

由图 9-8 可知:

(1) 目标流形近月点高度对总速度增量的影响较为显著,当 $h_S \approx 1300$ km 时,总速度增量取极小值,约为 3.482 km/s;

(2) 当 $h_S > 1300$ km 时,h_S 越大,转移所需的速度增量越多,上述现象与文献 [2] 中借力飞行理论吻合;

(3) 当 $h_S < 1300$ km 时,h_S 减小时,转移所需的速度增量将略微增加,但增加的量很小,工程上可忽略不计。

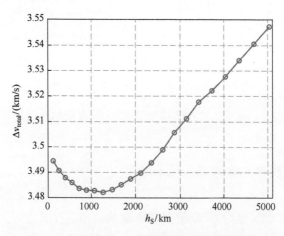

图 9-8 目标流形轨道近月点高度与转移总脉冲的关系

2）Halo 轨道幅值的影响分析

分析 Halo 轨道幅值对间接转移轨道燃料消耗影响时，需将 A_z = 5000，10000，…，30000 km 作为变量，其余参数配置与 9.3.1 节相同，仍采用 9.3.1 节数值延拓策略，逐步求解"A 型"稳定流形并将其作为目标流形轨道。表 9-1 所列为不同幅值 Halo 轨道对应的燃料最优 LEO-（LL2）Halo 间接转移轨道参数信息，相应的 Halo 轨道幅值 A_z 与总脉冲消耗 Δv_{total} 关系，如图 9-9 所示。

表 9-1　不同幅值 Halo 轨道对应的 LEO-（LL2）Halo 间接转移轨道参数信息

轨道参数	A_z / km					
	5000	10000	15000	20000	25000	30000
轨道编号(n)	1	2	3	4	5	6
h_E / km	185	185	185	185	185	185
ϕ / (°)	74.0727	124.9872	148.8000	164.5021	179.5152	187.4660
Δv_{LEO} / (km/s)	3.1082	3.1135	3.1140	3.1125	3.1113	3.1110
Δv_{IS} / (km/s)	0.2435	0.3799	0.5074	0.6017	0.6748	0.7313
Δv_{total} / (km/s)	3.3517	3.4934	3.6214	3.7142	3.7860	3.8422
t_{ES} /天	6.1008	6.8979	7.3822	7.3822	7.3822	7.3822
t_{SH} /天	15.9402	16.0270	16.1703	16.3831	16.6936	17.0974
Δt_{total} /天	22.0410	22.9249	23.5525	23.7653	24.0758	24.4796

由图 9-9 可知，Halo 轨道的幅值对转移所需总速度增量的影响较为显著，幅值越大，速度增量越大；反之亦然。产生上述现象的原因，可通过目标流形轨道近月点时刻的速度矢量与白道面的夹角 β 解释。如图 9-10 所示，给出了不同幅值的 Halo 轨道对应的目标流形轨道三维图。

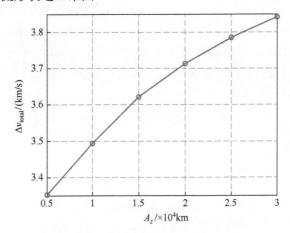

图 9-9　Halo 轨道幅值与总脉冲消耗关系

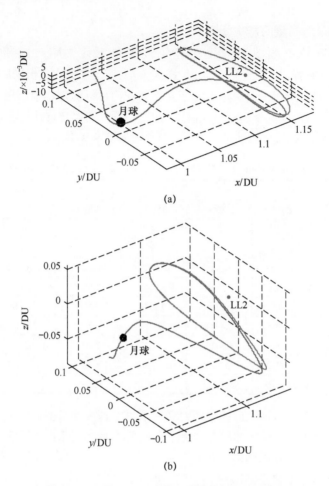

图 9-10 不同 Halo 轨道对应的目标流形的三维图

(a) 小幅值 Halo 轨道的目标流形轨道；(b) 大幅值 Halo 轨道的目标流形轨道。

由图 9-10 可知：对于小幅值（如 $A_z = 5000$ km）的 Halo 轨道，β 比较小，月球借力效果较为显著；而对于较大幅值（如 $A_z = 30000$ km）的 Halo 轨道，β 比较大，导致月球借力效果不佳，转移所需的速度增量比较大。因此，基于不变流形和月球借力的 LEO-地月 L2 点 Halo 间接转移更适用于地球出发到达小幅值 Halo 轨道的低能转移任务。

9.3.2 空间站人员运输轨道窗口规划方法

与着陆器转移轨道不同，载人飞船考虑航天员及轨道舱内生命保障系统代价，要求从 LEO 转移至 L2 点空间站转移飞行时间较短，允许适当增加变轨燃料消耗代价，以换取一定转移飞行时长。本节针对载人飞船从 LEO 出发到达地月 L2 点（拟）周期轨道空间站的人员运输任务，提出了 LEO-地月 L2 点（拟）周期轨道的直接转移轨道方案,将转移时间设定为 5.8~6.1 天,其直接转移轨道示意图如图 9-11 所示。

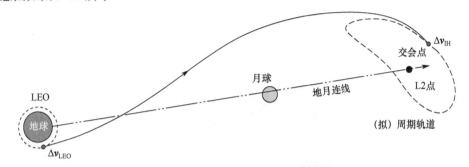

图 9-11　LEO-地月 L2 点(拟)周期轨道直接转移轨道示意图

由图 9-11 可知:LEO-L2 点直接转移与 Hohmann 转移类似,需要两次脉冲机动:第一次脉冲机动的位置为近地 LEO,方向为速度方向,作用是使航天器逃离 LEO 进入直接转移轨道;第二次脉冲机动的位置为地月 L2 点(拟)周期轨道,作用是使航天器被(拟)周期轨道捕获。

1. 载人飞船转移轨道优化求解方法

仍将载人飞船从 LEO 至 L2 点直接转移轨道设计问题转化为非线性约束优化求解问题,下面从设计变量、约束条件和目标函数三方面介绍其优化模型。

设计变量为入轨点高度 h_E、入轨点切向逃逸脉冲 Δv_{LEO}、Halo 轨道插入相位 ϕ、转移时间 Δt_{EH}、Halo 轨道插入脉冲 Δv_{IH} 以及 Halo 轨道幅值 A_z。设计变量均已知时,在 CR3BP 模型下可确定唯一一条 LEO-地月 L2 点(拟)周期轨道的直接转移轨道。

$$x = [\Delta v_{LEO}, \Delta t_{EH}, \phi, \Delta v_{IH}]^T \tag{9-8}$$

约束条件仍为转移时间和近地点高度约束,形式与式(8-3)相同,但限定转移时长为 $\Delta t_{EH} \in [5.8, 6.1]$ 天。保证转移时间满足约束条件情况时,仍将优化目标设为燃料消耗最少,即

$$\min J = \Delta v_{total} = |\Delta v_{LEO}| + |\Delta v_{IH}| \tag{9-9}$$

求解步骤策略与 9.3.1 节基本相同,首先根据 Hohmann 转移估算脉冲初值,然后利用 SQP 算法优化求解一条燃料最优直接转移轨道,最后利用数值延拓策略求解不同插入点相位的燃料最优直接转移轨道,找出最优插入点相位。

仍以 Halo 轨道为例,设 Halo 轨道幅值 A_z = 30000 km,其余参数设置与 9.3.1 节相同。

首先将 Halo 轨道离散成 360 份,并对离散点(插入点)进行编号 n =1~360;其次,通过 Hohmann 转移二体轨道活力公式估算 n =180 插入点对应的插入脉冲

迭代初值，即 $\Delta v_{\text{IH0}}^{180} = [0, -0.777, 0]$ km/s；再次，基于逆向积分求解思路，利用 SQP 优化求解一条从 LEO 出发到达 $n=180$ 插入点的燃料最优的直接转移轨道，插入脉冲为 $\Delta v_{\text{IHopt}}^{180} = [0.0298, -0.915, 0.0235]$ km/s；最后，采用数值延拓策略，逐步计算出从 LEO 出发到达 Halo 轨道全相位的直接转移轨道族，如图 9-12 所示。

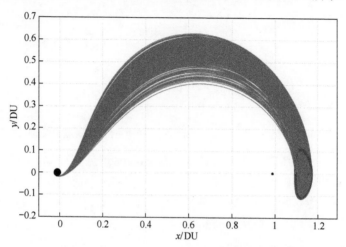

图 9-12 LEO-地月 L2 点 Halo 直接转移轨道族

优化求解过程在 CPU 为 2.67 GHz 的 PC 机 MATLAB 环境下进行，单条轨道的求解时长不超过 20 s。因此，利用此求解策略收敛速度很快，适用于大规模的轨道特性分析。

对比 360 条 LEO-L2 点 Halo 直接转移轨道的总速度增量，从中选出燃料最优的轨道作为设计结果，给出燃料最优的 LEO-（LL2）Halo 直接转移轨道飞行轨迹，如图 9-13 所示，详细的轨道参数如表 9-2 所列。

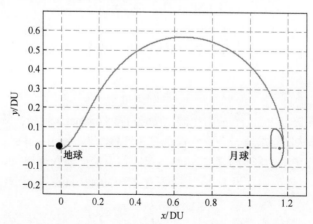

图 9-13 燃料最优的 LEO-（LL2）Halo 直接转移轨道飞行轨迹

表 9-2 不同幅值 Halo 轨道对应的燃料最优 LEO-（LL2）Halo 直接转移轨道参数

轨道参数	A_z / km		
	5000	15000	30000
h_E / km	185	185	185
Δv_{LEO} / (km/s)	3.157	3.157	3.155
n	177	178	177
Δv_{IH} / (km/s)	0.936	0.925	0.893
Δv_{total} / (km/s)	4.093	4.082	4.048
Δt_{EH} /天	6.076	6.078	6.074

2. Halo 幅值与插入点相位分析

将 Halo 轨道幅值 A_z 设为 5000 km、15000 km、30000 km，其余参数设置与 9.3.2 节相同，则利用 9.3.2 节直接转移轨道求解方法计算得到不同 Halo 轨道幅值入轨点切向逃逸脉冲 Δv_{LEO} 与插入点相位 n 之间的关系如图 9-14 所示。

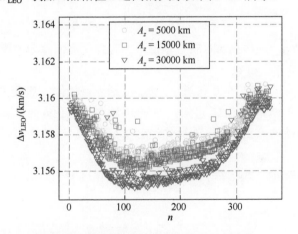

图 9-14 不同插入点相位对应的 LEO 逃逸脉冲

由图 9-14 可知：Halo 轨道幅值和插入点相位对入轨点切向逃逸脉冲均有影响，但影响不大。例如，对于 A_z = 30000 km 的 Halo 轨道，当 n 由 0 变化到 360 时，Δv_{LEO} 先减小后增大，最大值与最小值相差约为 5 m/s；对于不同幅值的 Halo 轨道，同一插入点相位对应的 Δv_{LEO} 最大相差为 1 m/s。

如图 9-15 所示为不同 Halo 轨道幅值下，插入脉冲 Δv_{IH} 与插入点相位 n 之间的关系。由图 9-15 可知：

（1）Halo 轨道幅值 A_z 和插入点相位 n 对 Δv_{IH} 均有影响，相比之下，后者的影响较为显著。例如，对于 A_z = 30000 km 的 Halo 轨道，当 n 由 0 变化到 360 时，Δv_{IH} 的最大值与最小值相差约为 400 m/s，而对于不同幅值的 Halo 轨道，同一相位对应的 Δv_{IH} 相差较小，最大相差约为 50 m/s。

（2）对于不同幅值的 Halo 轨道，Δv_{IH} 随插入点相位 n 的变化趋势基本相同。

（3）当 $n \approx 180$ 时，Δv_{IH} 取得极小值，且极小值随着 Halo 轨道幅值的增大而略减小。

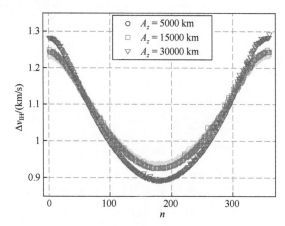

图 9-15 不同插入点相位对应的 Halo 轨道插入脉冲

如图 9-16 所示为不同 Halo 轨道幅值下，转移所需的总速度增量 Δv_{total} 与插入点相位 n 之间的关系，可知：

（1）对于不同幅值的 Halo 轨道，Δv_{total} 随插入点相位 n 的变化趋势基本相同；

（2）对比图 9-15 和图 9-16 可知，当 Halo 轨道幅值相同时，转移总脉冲 Δv_{total} 和插入脉冲 Δv_{IH} 随插入点相位 n 的变化趋势基本相同，该结论与图 9-14 的分析结果相吻合；

（3）当 $n \approx 178$ 时，Δv_{IH} 取得极小值，且极小值随着 Halo 轨道幅值的增大而略减小。

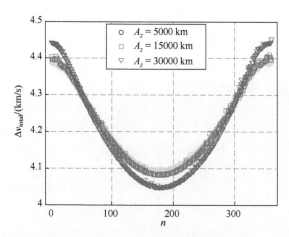

图 9-16 不同插入点相位对应的转移总脉冲

如表 9-2 所列为不同幅值的 Halo 轨道对应的燃料最优的 LEO-（LL2）Halo 直接转移轨道的参数，包括插入点相位、两次脉冲消耗大小及转移时间等。

由表 9-2 可知：

（1）当 Halo 轨道幅值增大时，其对应的燃料最优 LEO-L2 点 Halo 直接转移轨道所需的总速度增量略减小，而转移时间几乎不变；

（2）对于转移时间约为 6 天的 LEO 出发到达 LL2 点 Halo 轨道的人员运输任务，整个过程需要 4.05~4.10 km/s 的速度增量，其中近地逃逸脉冲约为 3.16 km/s，Halo 轨道制动脉冲为 0.89~0.94 km/s。

3. 发射月窗口计算模型与特性分析

在航天器发射任务阶段，发射时机的选择至关重要，合适的发射时机不但可以保证任务顺利实施，而且能减少修正成本。本节将以 CR3BP 下的轨道设计结果为基础，通过坐标转换建立轨道发射月窗口计算模型，分析月窗口变化规律。

1）发射月窗口计算模型

发射月窗口是指某月内连续某几天可供航天器从某点发射的时间段。对于由近地出发飞往地月 L2 点空间站的航天器而言，由于瞬时 L2 点相对于月球的位置几乎不变，发射月窗口主要取决于月球的位置。如图 9-17 所示为发射场纬度对应的 LEO 轨道、月球绕地球公转形成的白道和地球赤道的相互关系。其中，白道相对于地球赤道的倾角为 i_L，LEO 轨道倾角为 i_{LEO}。当 $i_L \neq i_{LEO}$ 时，当且仅当月球运行到白道面与 LEO 轨道面的交线时，航天器才具有 LEO 切向加速奔向地月 L2 点空间站的能力。

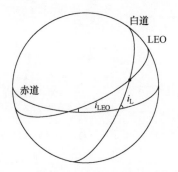

图 9-17 LEO 轨道、白道和地球赤道的相互关系

假设航天器入轨时刻为 t_{LEI}，CR3BP 模型质心会合坐标系中转移轨道的入轨点位置和速度矢量为 $[r_0, v_0]$，二者均与 t_{LEI} 无关。通过 7.4.1 节提供的坐标系转换方法，将 $[r_0, v_0]$ 转换到地心 J2000 坐标系中，对应的位置和速度矢量记为 $[R_0, V_0]$。由 7.4.1 节坐标转换过程可知，给定不同的入轨时刻，转换得到的 $[R_0, V_0]$ 不同。进一步地，可通过 $[R_0, V_0]$ 计算得到 J2000 坐标系下转移轨道的倾角 i_E，即

$$i_\mathrm{E} = \arccos(h_z/h) \tag{9-10}$$

式中：h 为转移轨道角动量矩；h_z 为角动量矩矢量 $\boldsymbol{h} = \boldsymbol{R}_0 \times \boldsymbol{V}_0 = [h_x, h_y, h_z]^\mathrm{T}$ 在 z 方向的投影分量。由前面的分析可知，给定不同的入轨时刻，由 $[\boldsymbol{R}_0, \boldsymbol{V}_0]$ 计算得到的 i_E 也不相同。因此当发射场位置给定时，若要求航天器 LEO 切向加速入轨，可通过分析 i_E 随 t_LEI 的变化规律选出合适的入轨时刻，即月窗口。

2) 发射月窗口特性分析

以我国 2025 年（白道面倾角约 28°）实施地月 L2 点空间站人员运输任务为假想背景，选用四川西昌发射基地（28.233°N，102.016°E）执行发射任务；火箭弹道射向角为 90°，对应的 LEO 轨道倾角为 28.233°；任务要求航天器从 LEO 切向加速进入转移轨道。以 t_LEI = 1 Jan 2025 00:00:0.000 UTCG 为起始入轨时刻，采用上述方法，计算 2025 年前 180 天的 LEO-地月 L2 点 Halo 直接转移轨道在 J2000 坐标下的倾角 i_E（步长为 1 天，共 180 组数据），得到入轨时刻 t_LEI 与倾角 i_E 的关系，如图 9-18 所示。

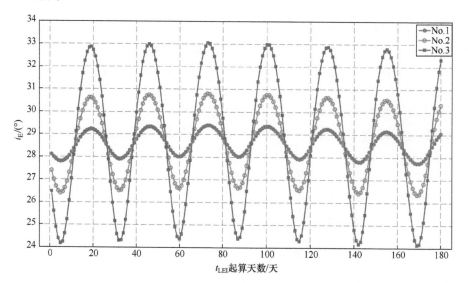

图 9-18 LEO-地月 L2 点 Halo 直接转移轨道不同入轨时刻对应的轨道倾角

由图 9-18 可知：

（1）地心 J2000 坐标系下，LEO-地月 L2 点 Halo 轨道直接转移轨道倾角随地月空间位置变化而变化；

（2）不同幅值的 Halo 轨道对应的 LEO-地月 L2 点 Halo 轨道直接转移轨道的倾角变化范围不同，Halo 轨道幅值越大，LEO-地月 L2 点 Halo 轨道直接转移轨道的倾角的变化范围越大，反之亦然；

（3）2025 年的每个朔望月（约 27.32 天）存在两次月窗口，能使航天器从倾角为 28.233° 的 LEO 轨道直接切向加速进入 LEO-地月 L2 点 Halo 轨道直接转移轨道，

9.3.3 空间站至月球转移轨道窗口规划方法

载人飞船和着陆器在 L2 点空间站上交会组合后飞往月球 LLO 的转移轨道设计方法见第 7 章，出发窗口主要由 LDO 参数决定，这时应放宽该段轨道两脉冲速度增量最优要求，本节不再赘述。

9.4 小结

本章针对 L2 点空间站支持的载人登月任务规划问题，简述了主要约束条件，给出了飞行任务总体规划策略，并针对空间站货运补给轨道窗口和人员运输轨道窗口给出了规划方法，得到以下结论。

（1）空间站货运补给任务应采用不变流形与月球借力的间接转移方案，算例验证了本节建立的基于 CR3BP 的 LEO-L2 点 Halo 间接转移轨道计算模型的可行性和有效性。

（2）大量仿真算例分析给出了 LEO-L2 点 Halo 间接转移轨道特性，包括转移所需的总速度增量与月球借力高度、目标流形插入点相位、Halo 轨道幅值等之间的关系。

（3）人员运输任务应采用直接转移方案，仿真算例表明：LEO-L2 点 Halo 直接转移轨道所需的总速度增量受 Halo 轨道插入点相位的影响比较大，当 $n \approx 178$ 时，总速度增量取得极小值；Halo 轨道幅值对转移燃料消耗的影响很小，几乎可忽略不计。

（4）对于 LEO-L2 点 Halo 直接转移轨道而言，转移轨道月窗口变化有如下规律：当 LEO 轨道倾角与月球轨道倾角不相等时，每个朔望月（约 27.4 天）存在两次合适月窗口，能使航天器从 LEO 直接切向加速进入 LEO-（LL2）Halo 直接转移轨道，且不同幅值 Halo 轨道对应的月窗口在时间上比较接近。

参 考 文 献

[1] 梁伟光,周文艳,周建亮. 地月系 L2 平动点卫星月掩规避问题分析[J]. 航天器工程, 2015, 24(1):48-53.

[2] 刘林,汤靖师. 卫星轨道理论与应用 [M]. 北京: 电子工业出版社, 2015.